LE GRAND PRIX SIEMENS DE L'INNOVATION

ET LE LIVRE MONDIAL DES INVENTIONS

VALORISENT LES INNOVATIONS QUI CHANGENT LA VIE

GRAND PRIX SIEMENS DE L'INNOVATION

Chers lecteurs,

Siemens, premier déposant mondial de brevets d'invention (plus de 4000 par an), est à l'origine des découvertes les plus marquantes des XIXe et XXe siècles.
Siemens travaille aujourd'hui sur les innovations qui vont bouleverser notre vie dans les décennies à venir : le téléphone de troisième génération (UMTS), l'imagerie médicale en 3 dimensions, les transports urbains automatiques (Val, Météor), les détecteurs d'incendie par fibre laser, les instruments anti-somnolence dans les voitures, le détecteur de pression des pneus au tableau de bord, le démarrage d'une automobile sans clé de contact…
Dans le passé, Siemens a contribué, entre autres, à développer le télégraphe, le standard téléphonique, les rayons X, la lampe à incandescence, la locomotive électrique, le tramway, le projecteur…
En tant qu'entreprise innovante, nous savons combien les avancées technologiques permettent d'améliorer la vie des citoyens en leur permettant de mieux profiter de leur quotidien. C'est pourquoi nous avons créé en 2000 « le Grand Prix Siemens de l'Innovation », afin de valoriser et distinguer l'innovation des entreprises européennes.
Les plus grandes entreprises internationales ont participé à la première édition de ce « Siemens de l'Innovation ».
Dix-sept innovations majeures ont été sélectionnées tout au long de l'année 2000 (certaines d'entre elles figurent d'ailleurs dans le présent ouvrage et y sont signalées par notre logo).
En juin 2001, trois innovations ont été élues : le nouveau moteur HPI, de PSA Peugeot-Citroën (1er prix), qui réduit de 19 % la consommation de carburant et diminue l'émission de gaz, le premier ascenseur sans machinerie d'Otis (2e prix) et la nouvelle génération de bitumes lumineux de Colas (3e prix).
Il était naturel que Siemens, leader mondial de l'innovation, et le fameux *Livre Mondial des Inventions*, décident d'unir leurs efforts. D'abord pour mieux recenser les innovations déterminantes qui vont changer notre vie, et ensuite pour valoriser l'innovation européenne et mondiale, afin de lui offrir la reconnaissance qu'elle mérite.

Merci à Valérie-Anne Giscard d'Estaing, artisan de ce *Livre Mondial des Inventions*.
Son expérience et sa compétence enrichiront notre travail. Sa présence dans notre jury apportera une dimension supplémentaire à notre « Siemens de l'Innovation », qui s'affirme d'ores et déjà comme la référence des entreprises qui veulent changer la vie.

Bien cordialement.

Michel Robin
Président de Siemens France

M. Robin

Valérie-Anne
Giscard d'Estaing

Le livre mondial des inventions 2002

XO Editions

SOMMAIRE

HI-TECH p. 8

Jeux vidéo p. 10
Téléphones p. 22
Musique p. 30
Photo p. 34
Films & vidéo p. 38
PDA p. 42

DEMAIN CHEZ NOUS p. 46

Jouer p. 48
Maison p. 50
Mode p. 64
À table p. 72
Herbes folles p. 78

INFO TECHNO p. 82

Robots p. 84
Softs p. 94
Web p. 98
Puces p. 102
Matos p. 104
Bluetooth p. 112

PLUS VITE p. 116

Autos p. 118
Sur l'eau p. 134
Motos p. 142
En l'air p. 146

EURÊKA p. 154

La ferme p. 156
Médecine p. 162
Armes p. 170
Espace p. 172

X-TRÊME p. 180

Ça glisse p. 182
Ça roule p. 192

HISTORIQUE p. 202
LES SALONS ET CONCOURS p. 214
LE PARCOURS DE L'INVENTEUR p. 216
INDEX p. 217

POUR EN SAVOIR PLUS SUR L'HISTOIRE DES INVENTIONS

Retrouvez toute l'histoire des inventions, sur **www.lelivremondialdesinventions.com**.
Vous y lirez toute l'histoire des inventions, de l'âge de pierre à la fin du XXe siècle. Ce sont plus de 2 000 articles détaillés, présentés chronologiquement par thème, qui vous renseigneront de manière claire sur toutes les inventions ainsi que sur l'évolution de notre civilisation.
Mais derrière ces objets, outils et ustensiles se cachent toujours un homme ou une femme ; c'est pourquoi une partie du site est dédiée aux inventeurs eux-mêmes : une centaine de biographies retracent la vie et l'œuvre de ces hommes et de ces femmes sans qui notre quotidien serait tout autre en ce début de troisième millénaire. Vous y trouverez également tous les renseignements sur les salons d'inventeurs français et étrangers, les concours et les institutions qui vous aideront dans vos démarches pour protéger vos inventions. Vous pourrez enfin vous connecter à d'autres sites sur les inventions.
Alors venez dès à présent nous rendre visite sur **www.lelivremondialdesinventions.com**
Un accès réservé à nos lecteurs, mot de passe : **eureka.**

hi-tech

hi-tech
hi-tech

Jeux vidéo p. 10
Téléphones p. 22
Musique p. 30
Photo p. 34
Films & vidéo p. 38
PDA p. 42

En quelques années, les jeux vidéo ont conquis le monde et fait la fortune de leurs inventeurs. Il y en a pour tous les goûts! Tous aussi fabuleux les uns que les autres, ils promettent pour 2002 une année virtuelle en bonne et due forme.

PlayStation2, une console de jeux ou un ordinateur?

Difficile de le dire depuis que Sony a mis en ligne, au Japon, un nouveau service exclusivement réservé aux détenteurs de la PS2. Sony propose un espace-disque de 15 Go accessible via Internet, moyennant un modeste abonnement. PlayStation2 le deux en un: une console de jeux et un ordinateur.

JEUX VIDÉO

Mon nom est Archer, Cate Archer.

Parodie kitch des films d'espionnage sixties, *No One Lives Forever*, disponible sur PC depuis décembre 2000 et sur PS2 depuis peu, est un jeu d'action éminemment sympathique, bourré d'humour et d'inventions. Complot mondial, répliques décalées, musiques de circonstance, les aventures de la jeune Cate Archer fleurent bon le James Bond croisé aux jupons des Drôles de Dames. Mais attention, la force brute peut-être mais tout en finesse. La discrétion a aussi ses vertus. Ultime gadget: les programmeurs du jeu, Monolith, ont fourni en bonus des outils libres de droits pour la création de nouveaux niveaux.

www.the-operative.com

Noir ou blanc?

Black and White, le nouveau jeu PC de l'Anglais Peter Molyneux, légende vivante du jeu vidéo, vous transforme en divinité toute-puissante, présidant au quotidien de vos fidèles ou à l'éducation de votre avatar.
Mi-stratégie, mi-tamagoshi, Black and White offre une absolue liberté de choix. Vous faites ce que vous voulez ! Si on y rajoute la qualité de la réalisation et les innovations en matière d'intelligence artificielle et d'ergonomie (tout se gère à la souris… même les baffes), voilà le jeu ovni incontournable depuis sa sortie, en avril de cette année.

www.bwgame.com

Un casque bien réel pour des sensations bien virtuelles

Pour ne faire qu'un avec ton héros de jeux en 3D, une seule solution : le *3D Motion Sensor* du japonais Tokin. Quèsaco ? Un casque équipé d'un capteur de mouvements.
Une fois calé sur la tête, le casque transmet le moindre mouvement. Il suffit de tourner la « caboche » à gauche, à droite, en haut, en bas, en avant ou en arrière pour se retrouver face à l'élément aperçu. Petit gloups : la disponibilité du 3D Motion Sensor n'a pas encore été annoncée !

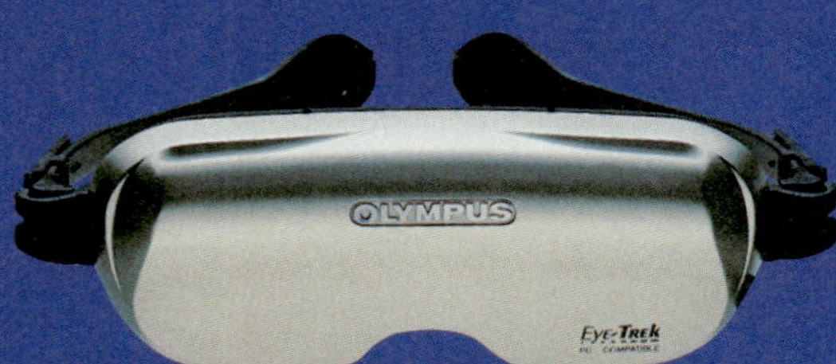

PS2, une console pleine de ressources !

Colle ton effigie au corps de ton héros de jeu vidéo avec *DSC-P1*. Cet appareil photo numérique est exclusivement compatible avec la PS2. Sony lance aussi l'imprimante qui n'a d'autre intérêt que d'être en totale osmose avec la console. Mais ces périphériques sont déjà arrivés en France, depuis octobre 2001, avant le second arrivage de… PlayStation2. Intéressant, hein ?

Les 12 travaux d'Herdy

Cette fois, il s'agit d'une histoire de berger. Sorti en octobre sur PS2, *Herdy Gerdy* est graphiquement un chef-d'œuvre, très proche d'un cartoon en 3D. On sent ici l'influence des animateurs formés aux studios Disney. Ensuite le jeu est construit autour d'un écosystème enchanteur, où coexistent une trentaine d'espèces, aux comportements complémentaires et variés. L'objectif du petit Herdy dans tout ça : mener ses troupeaux à bon port en évitant les (nombreux) périls. À la fois jeu d'aventure et de stratégie, *Herdy Gerdy* enchaîne avec intelligence les niveaux et les casse-tête. Vous avez dit bucolique ? Que nenni !

www.herdygerdygame.com

Y'a plus de jeunesse !

Nouveau volet sur Dreamcast de la série Rival Schools, *Project Justice* multiplie les personnages et les panoplies d'attitudes forcément typés mangas. Très riche et à haute jouabilité, ce jeu de baston des lycées américano-nippons autorise des combats spectaculaires et tactiques, avec jusqu'à trois personnages par équipe. Sorti au printemps dernier, *Project Justice* a été boosté à l'école « street fighter » et réunit tout ce qui se fait de meilleur dans le genre. Normal, ce sont des jeux made in Capcom. Alors, on se retrouve en bas, dans la cour ?

www.virgininteractive.fr

Qu'est-ce qui...

est rectangulaire, se tient à l'horizontal, a un écran à cristaux liquides, dispose de 32 000 couleurs avec une résolution de 240 X 160 pixels ?

Indice : elle est sortie le 21 mars 2001 au Japon en blanc, violet ou Milky Blue, et le 11 juin 2001 aux States en arborant les couleurs Arctique, Indigo et Glacier.

Langue au chat : la *Game Boy Advance* de Nintendo. Et, pour ne déplaire à personne, elle « accepte » tous les anciens jeux de Game Boy et Game Boy Color ! Sortie en France depuis juin 2001.

Shadows of memories joue avec le temps

Ne vous étonnez pas si votre personnage meurt dès les premières minutes. C'est normal, c'est *Shadow of Memories* qui veut ça.
Ce jeu d'aventure, réalisé par les Japonais de Konami et sorti en avril 2001 sur PlayStation2, c'est un peu « retour vers le passé ». Vous ne savez rien, il vous faut tout découvrir, votre vie en dépend… et votre principal atout sera une machine à remonter le temps, le digipad. Progressif, le scénario est donc retors à souhait, avec des énigmes qui s'emboîtent au fil des époques. L'idéal pour se torturer les méninges aujourd'hui, demain…

www.shadowofmemories.com

La révolte des Cosaques

Depuis avril 2001, vous pouvez vous plonger dans l'histoire des guerres européennes aux XVIIe et XVIIIe siècles grâce à *Cossacks*. 16 nations, 85 batailles, des campagnes de longue haleine… Cossacks se veut réaliste et superbe, fourmillant de détails graphiques irréprochables. D'ailleurs l'équipe ukrainienne de GSC Game World s'est adjoint le savoir d'un conseiller historique lors du développement du jeu. L'aspect stratégie est donc à la hauteur avec six ressources à gérer et des armées pouvant compter jusqu'à 8 000 unités (soit dix fois plus que d'habitude). Des troupes qu'il faut ravitailler et organiser en différentes formations. Autant d'options tactiques qui viennent intelligemment renouveler le genre des jeux de stratégie historique en temps réel.

www.cossacks.com

UN BON RIDE SINON RIEN !

Multi-champion de la planche à roulettes, le skater Tony Hawk a accepté un jour d'associer son nom à un jeu de chez Activision. Bien lui en a pris. Et c'est tout auréolé de la gloire du premier (pensez donc, avec 2,5 millions d'unités vendues à travers le monde) que sa suite officielle, *Tony Hawk Pro Skater 2* a débarqué sur nos machines. Outre la treizaine de skateurs authentiques à incarner et les huit différents skateparks du monde à votre disposition (dont celui de Marseille, yeah !), on peut tout y créer : ses figures, la couleur de son baggy ou le skatepark de ses rêves. Rails, rampes, bowls… Voilà du skate virtuel à mettre entre toutes les mains et au fil de l'année, peu à peu disponible sur toutes les plates-formes (PS one, PC, DC, GBA, X-Box).

www.activision.com/games/th2/index.asp

C'EST L'HEURE DE MON COURS DE SAMBA !

Vous avez déjà joué des maracas ? Malheureusement distribué à Noël 2000 à seulement 500 exemplaires en France, beaucoup considèrent toutefois *Samba de Amigo* comme le meilleur jeu musical existant. Tout à la fois hilarant et épuisant. Livré donc avec sa paire de maracas et un tapis de danse (décidément en vogue en cette année 2001), *Samba de Amigo,* sous ses atours latinos de bon aloi est en fait un piège, une épreuve terrible. Où l'on s'agite dans le rythme, on s'escrime à tenir des poses – maracas en l'air, puis s'ingénie à suivre les trompettes de la Macarena, de la Bamba, de… SAMBA !!! LA-LA-LA-LA…

samba.dricas.ne.jp/2000hp/e_top.html

De l'amour et des héros

Après un 8e épisode décevant, la série de *Final Fantasy* célèbre ici un spectaculaire et rafraîchissant retour aux sources. Sorti en février 2001 sur PS one, *Final Fantasy 9* a mobilisé une cinquantaine d'infographistes chez Square Soft, le développeur du jeu, afin de réaliser les dizaines de minutes en images de synthèse disponibles. Personnages hauts en couleur, grands sentiments, récit parsemé de clins d'œil et d'intrigues trépidantes ou humoristiques. Le tout dans un décor de théâtre, entre médiéval fantastique et machineries à la Jules Verne. En voilà de l'aventure, et de la vraie, palsambleu !

www.square-europe.com/ff9/

Nintendo sort ses griffes

Avec la *Gamecube*, Nintendo entend bien rivaliser avec la Xbox de Microsoft. Non seulement elle en a les moyens mais en plus sa taille est étonnamment petite : 15 cm de largeur, 11 cm de hauteur et 16,1 cm de longueur, sans compter les 8 cm de diamètre du mini DVD.

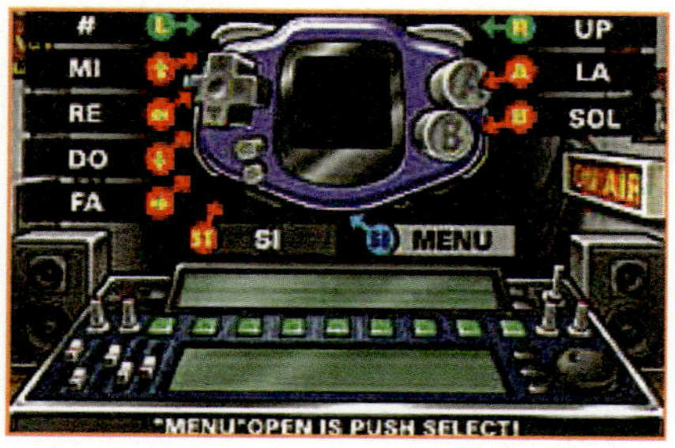

Game Boy Music...

Ou comment transformer sa console portable en véritable synthétiseur de poche. Livré avec un câble stéréo et une enceinte à relier à la console, *Jam Session* va permettre à tous les DaftPunk en herbe de s'essayer sur Game Boy Advance à la musique électronique, seul ou en groupe. Une cinquantaine de morceaux pré-enregistrés et d'instruments – de la guitare wah-wah au clavecin – sont accessibles, et l'orchestre symphonique n'est pas loin. Disponible depuis septembre au Japon, voilà une curiosité inutile et donc rigoureusement indispensable !

www.gameboy.com/music.html

Amped sort la poudre et la frime

De la glisse avec *Amped Freestyle Snowboarding*. Cette simulation de snow sur Xbox est une ode à la liberté et à l'attitude freeride. Huit domaines skiables (issus de la réalité) sont à la disposition des boarders pour… faire ce qu'ils veulent. Totale liberté. Prendre la face sud, remonter la piste en tire-fesses, s'arrêter et faire des sauts dans la poudreuse lorsqu'il y aura des passants…
Objectif réputation maximum ! Tout l'esprit du snow est là – soutenu par une bande-son qui défrise. Et visuellement on s'y croirait. Attention aux boules de neige !

www.xbox.com/games/amped/

Mordu de surf, le Freestyler Board est pour toi !

Tu l'as rêvé, Thrustmaster l'a réalisé. Raccorde le *Freestyler Board* à une PlayStation et monte dessus pour d'autres glisses entre le virtuel et le réel !

Snake Story

Disponible en toute fin d'année 2001 sur PS2, la nouvelle aventure de Snake, l'agent secret taciturne et furtif, accumule les trouvailles ludiques et le souci du réalisme. Réduisant d'autant la barrière entre le jeu et le film interactif. Angles de vue, dialogues, seconds rôles, intelligence artificielle, décors détaillés. La liberté d'action est complète… Et le tout si possible sans tirer un seul coup de feu ! Depuis le premier *Metal Gear*, Hideo Kojima, le jeune concepteur du jeu est devenu l'un des game designers les plus réputés et fait l'objet d'un véritable culte au Japon.

www.konami.co.jp/kcej/products/mgs2/index.html

Sortie : décembre 2001

Pilotage virtuel pour voitures de rêve

Longtemps attendu, souvent espéré, *Gran Turismo 3* a enfin daigné sortir en juillet 2001 de son garage. Et visuellement ça le fait. Véritable simulation d'arcade, les véhicules présents sont tous l'exacte réplique de l'original (si détaillés que, en moyenne, deux semaines étaient passées sur chaque modèle). Outre la débauche de voitures de rêve ou la diversité des circuits et des modes de jeu, l'autre principal apport de cette version exclusive à la PS2 tient à l'incroyable réalisme de son moteur physique. Vagues de chaleur, reflets en temps réel, routes peu à peu détrempées…
C'est bon, c'est bon, je quitte ma trottinette.

fr.scee.com

Conker ou le meilleur du pire

Franchement incorrect, voire totalement grossier, *Conker's Bad Fur Day* a causé un choc lors de sa sortie en mai 2001 sur N64. Réalisé par Rareware, les développeurs vedettes sur N64, ce jeu accumule plus de rots, de bêtises et de vannes qu'une cour de récré aux heures de pointe. Et tout ça dans une ambiance à se tordre de rire. Qui a dit le meilleur du pire, on aime bien ?

www.thq.fr

SEGAGAGA, LE JEU FOU, FOU, FOU !!!

Qui rêve de multinationales et de conquête du marché ? Et bien tout cela est désormais à la portée du joueur de Dreamcast, grâce à *Segagaga*, le simulateur de Sega Entreprises. Oui, à vous l'objectif suprême de devenir en 2025 numéro 1 mondial de l'industrie du jeu vidéo. Mélange de gags bien lourds, de dessins animés et d'épreuves diverses, *Segagaga* emporte la gestion au pays du loufoque, des états d'âme des équipes au diktat du marketing et les assauts de la concurrence… Bref voilà bien un jeu comique et férocement culte, sorti depuis mai 2001 mais malheureusement uniquement disponible au Japon (donc difficile à trouver et tout en japonais). Argh !

www.segagaga.com

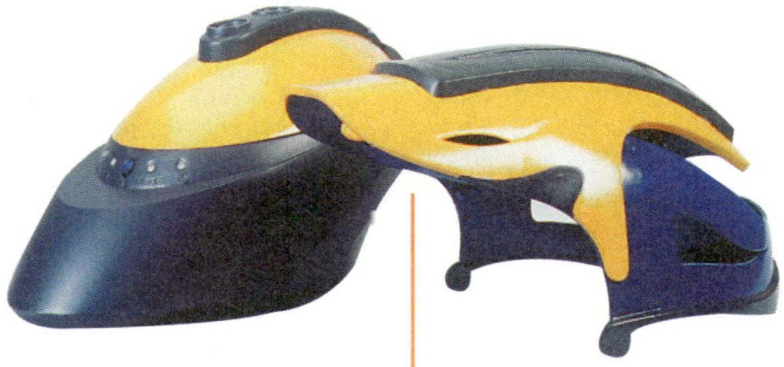

Je pense donc je clique !

L'*Attention Trainer* est la première interface destinée à contrôler les jeux vidéo par la pensée, ou plutôt par l'attention consacrée au jeu. Imaginez une course de voitures où la vitesse des bolides, leur accélération, la précision de leurs virages dépendent du niveau de concentration du joueur. Bardé de capteurs en tous genres, le casque de l'*Attention Trainer* enregistre les ondes cérébrales émises par son porteur et les convertit en commandes de jeu. Théoriquement commercialisée cet hiver 2001-2002, cette technologie jusqu'ici réservée aux labos est utilisée depuis une vingtaine d'années pour l'entraînement des astronautes et des athlètes de haut niveau.

www.attention.com

LE JEU DU BUSHIDO

Voici le premier jeu vous permettant d'incarner sur PS2 la dure vie de l'apprenti samouraï dans le Japon médiéval. Réaliste et épuré, *Kengo* nous plonge depuis avril 2001 dans l'art subtil du Bushido. Choix du dojo, premiers défis, entraînements, nouveaux duels… toute la progression de votre samouraï s'inscrit dans un lent cheminement, destiné à affûter les techniques de sabre. Il est d'ailleurs possible d'établir ses propres « bottes secrètes » : attaque, parade, esquive. *Kengo* est un jeu de combat particulièrement original et exigeant, proche d'une simulation par son ambiance très zen.

www.scee.com/ps2/games/kengo.jhtml

Exile, un nouveau tome pour Myst

Huit ans après *Myst* l'original, quatre ans après Riven sa suite, voici *Myst 3 : Exile*. Un nouveau chapitre de cet univers étrange, intemporel, envoûtant, à base de civilisations disparues, d'énigmes tordues, alliées à une immersion naturelle, toute en ambiance. Un classique vendu à plus de dix millions d'exemplaires.
Même si cette fois les frères Miller – initiateurs inspirés de la saga – ne sont plus à l'œuvre, la magie opère à nouveau dans ce jeu d'aventure graphique toujours aussi beau et mystérieux. Disponible depuis septembre sur PC et Mac.

www.myst3.com

@§?%&#*, j'ai perdu ma lampe !

Et voici le retour des aventures de Edward Carnby, le détective de l'horreur ! Déferlant depuis juillet 2001 sur PS one, PC, Dreamcast et PS2, *Alone in the Dark 4* plonge Edward et sa ravissante alliée au cœur d'une île aux sombres menaces dont ils doivent s'enfuir. L'angoisse et le stress font partie intégrante de ce jeu d'aventure réalisé par des Français : l'équipe de Darkworks. Tous ces effets sont savamment orchestrés via la musique ou la lumière, qui joue ici un rôle prépondérant. Veillez bien à ne pas perdre votre lampe torche, il s'agit peut-être de l'unique moyen de vous éclairer… et de vous défendre ! Brrr, on en frissonne…

www.aloneinthedark.com

Et le ballon d'or est remis à...

Réaliste et tactique, *ISS Pro Evolution 2* est devenu en avril dernier la nouvelle référence des jeux de foot sur PS one. Création des joueurs, entraînement des équipes, feintes de corps, plongeons en tous genres, émotions des grands stades, intelligence artificielle, jouabilité naturelle… (et on pourrait continuer longtemps). Décidément, tout est réussi sur ce titre de Konami aussi passionnant en solitaire qu'inusable à plusieurs.

www.konamieurope.com/english/games/playstation.html

La console « à » Bill Gates

Dotée d'un disque dur de 10 gigas, d'un processeur 3D inédit, de connexions Internet et réseau local, d'un lecteur DVD en option, la dernière-née des consoles nouvelle génération est signée Microsoft. Oui, Bill Gates, alias Mr Windows, change de casquette et va nous livrer une machine à jouer imposante et surpuissante. Prometteuse en tout cas, à la frontière des mondes PC et consoles. Lancement prévu cet automne aux États-Unis, mais pas avant 2002 en Europe. Son nom : Xbox.

www.xbox.com

À toute berzingue avec *F-Zero Maximum Velocity*

Initiée il y a une dizaine d'années, la série des *F-Zero* demande de la conduite réflexe et des doigts en Téflon. Cette mouture sur GBA reste fidèle à la tradition de la course futuriste à suspension électromagnétique. Gadgets à gogo, finesse des graphismes, circuits et véhicules originaux. Tout est là pour rester scotché à l'écran, de l'image qui bouge à l'impression de vitesse incluse. Tout ça grâce au principe d'affichage du Mode-7, mis au point par l'équipe. Whoua, une démonstration qui décoiffe !

www.gameboy.com/fzero/index.html

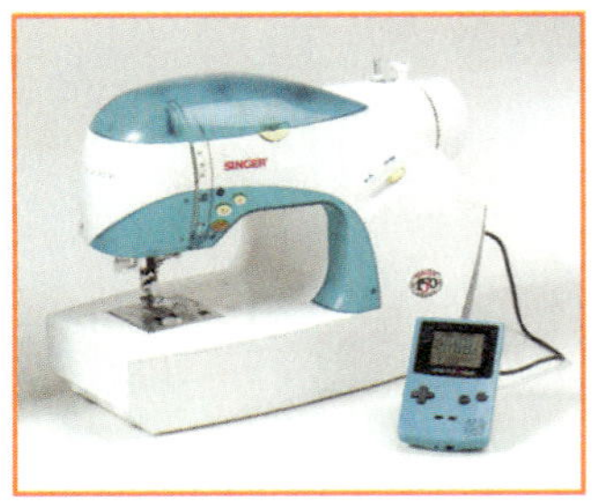

Points parfaits

Doigts de fée de la couture, prenez garde : un mariage exceptionnel vous menace ! Les parents Singer et Nintendo ont uni une machine à coudre mécanique et une Game Boy ! Pour quoi faire ? Pour réaliser des points de couture, des motifs ou encore des alphabets toujours réussis à souhait. Comment ? En insérant une cassette de points dans la console et en sélectionnant son choix, la Game Boy commande la machine qui exécute. Point final !

IL ÉTAIT UNE FOIS, DANS UNE GALAXIE FORT LOINTAINE…

Prévu au plus tôt pour la fin de l'année, *Star Wars Galaxies* est un jeu de rôle multijoueurs tout en 3D réalisé par Verant, des habitués du genre (*Everquest*, c'est eux !). Évitant la course à la puissance et aux changements de niveaux, le jeu repose sur des mécanismes originaux, privilégiant l'aventure et les interactions entre joueurs. Wookie, courtisan ou chevalier Jedi, il ne vous reste plus qu'à créer votre personnage, choisir sa race et son métier…
Et que la force soit avec vous !

www.starwarsgalaxies.com

SCIENCE-FANTASY POUR TOUS

Premier jeu de rôle en ligne massivement multijoueurs de la Dreamcast, *Phantasy Star Online* (PSO) tient du phénomène ludique avec ses 235 000 joueurs connectés recensés en avril dernier, seulement deux mois après sa sortie. Défriché dès 1987 (à l'ère de la Master System), le monde de PSO mêle sans mal magie et science-fiction. Un jeu apprécié et fertile qui permet la personnalisation graphique des personnages, le téléchargement de quêtes secondaires via le net, un système de combat original, un mode coopératif… Un jeu distingué à Tokyo aux « Entertainment Software Awards 2001 » par les prix du design, de la programmation et du meilleur nouveau jeu.

www.sonicteam.com/pso/english/home.html

Pendant le siècle qui a suivi son invention par Graham Bell, le téléphone n'a guère changé. Et voilà qu'il mue, se transforme, se métamorphose, se déforme et se diversifie. Il ne fait plus seulement téléphone, aujourd'hui il est multifonctionnel.

TÉLÉPHONES

Appareil à multi têtes

France Telecom joue la carte du tout en un avec son prototype développé par Orange. C'est un appareil portable (quoique encore embarrassant) qui est à la fois un PDA, un téléphone et un appareil photo numérique.
Ce bijou coûtera, semble-t-il, autour de 13 000 FF (1 981 euros).

Un rectangle électronique

Encore au stade de proto', le Post-it électronique pourrait envahir nos bureaux. *Hand Mail* a été créé par le Français Bernard Dias. De la forme d'un boîtier plat ergonomique discret, il est accompagné d'un stylet.
Hand Mail se pose directement sur le bureau ou s'intègre à un téléphone fixe ou portable. Il communique par réseau téléphonique ou par courant porteur. Ainsi, à l'aide du stylet, écrivez ou réalisez des graphiques, Hand Mail se charge de les transmettre, sans aucun logiciel, à votre interlocuteur, que vous soyez en ligne ou non !

Répondre au téléphone quand ton stylo le dit

C'est *Phonepen*. Ce stylo remplace les sonneries du téléphone portable en s'allumant par intermittence, évitant ainsi toute cacophonie en plein cours. Seul hic, il est infidèle.
Phonepen clignote aussi si un autre portable que le tien sonne et se trouve dans son champ d'action (1 m). Soutenons la firme américaine Buca Incorporation pour un dernier effort de fiabilité.

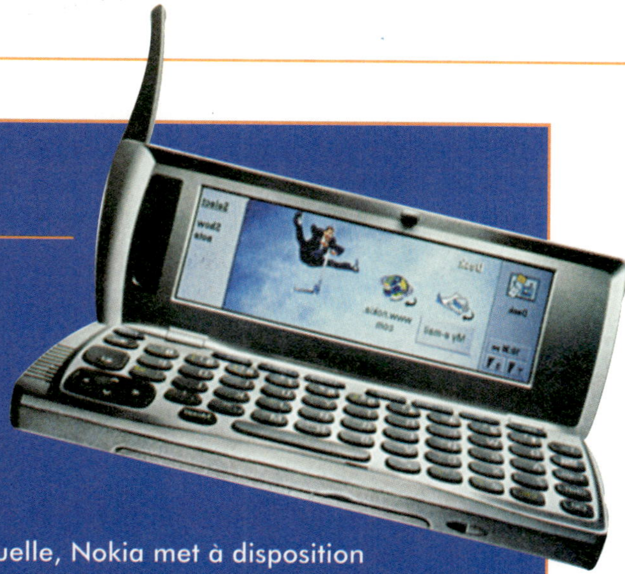

Ordi' et tél

Pour ne pas démentir la mode actuelle, Nokia met à disposition du grand public un nouveau produit high-tech avec une pointe de « tout en un ». Le *9210 Communicator* est un ordinateur de poche et un téléphone. Il est compatible à Mac OS et à Windows, et sa carte mémoire est de 8 Mo. Sa particularité est d'avoir été conçu pour évoluer sur les sites Wap. À tester !

Le téléphone s'arrondit

Quelles seront la forme et les diverses fonctions des téléphones de demain ? *Amnonite* en est une belle réponse. Ce prototype de Siemens a un design totalement innovant et surprenant. Fermé, *Amnonite* ressemble à une amulette en forme de coquillage. C'est seulement à la vue des 3 boutons sur le côté qu'on en devine sa fonction. Ouvert, il est la réplique d'un poudrier et révèle un large écran et un clavier !

Le téléphone photonumériquement modifié

Pour être « hype » il ne suffit plus d'arborer son téléphone portable, encore moins quand ce dernier ne fait que téléphone. Et oui, le nouveau millénaire annonce le tout en un. J-Phone l'a compris. Ce réseau régional japonais de la téléphonie a conçu et fait fabriquer par Sharp le *J-SH 07*. Outre ses grandes capacités et services en téléphonie, ce mobile a l'extraordinaire particularité de servir d'appareil photo numérique capable de stocker des images à 110 000 pixels au format jpeg. Mot d'ordre : toujours plus fort !

Christophe Dugarry, photographié lors d'un entraînement des Girondins de Bordeaux.

Le grand retour du talkie-walkie façon Cybiko

Aux États-Unis il fait des ravages parmi les teenagers. Il est devenu l'objet indispensable pour être dans le « moove ». C'est *Cybiko* : envoi et réception de messages avec 99 personnes simultanément, lecteur MP3, console de jeux, calculatrice, mini agenda, dictaphone, dictionnaire numérique anglais-espagnol. Bref Cybiko est le talkie-walkie du troisième millénaire revu et corrigé façon high-tech.

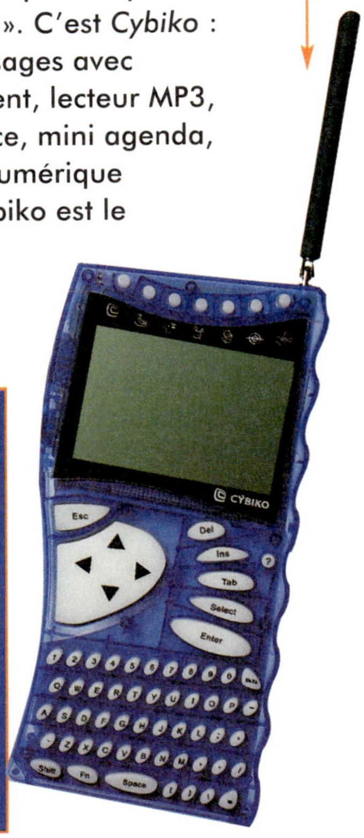

Un Finlandais chez les Japonais

Quand Nokia s'intéresse aux Japonais, cela donne le *J-NM1*, un téléphone portable pliable à écran couleur, de 100 grammes. Bravo à nos amis finlandais!

Le boîtier communicant et ludique

En octobre 2001, *V100* va faire des ravages. Motorola a conçu ce boîtier haut en couleur et au look « trashy » pour tous les passionnés de mails, de jeux vidéo et de téléphone. V100 est tout cela à la fois. D'accord, avec ses 10 cm de long et ses 7 cm de large, il n'est pas à la hauteur des mini cellulaires d'aujourd'hui mais V100 n'est pas qu'un téléphone!

Il appelle le SAMU

Un téléphone portable qui contacte de lui-même le SAMU en cas d'infarctus n'est pas un scénario totalement utopique.
Des ingénieurs des Bell Labs ont observé que les micro-ondes d'un mobile sont renvoyées en partie par les tissus humains. En les analysant, ils ont remarqué qu'ils pouvaient déceler la respiration et le rythme cardiaque d'une personne. Alors pourquoi ne pas insérer une puce dans les cellulaires reliée à des services de secours pour le cas où? Le projet est en cours d'étude.

Le téléphone portable santé!

Top « ringue » si le portable n'est que multifonctionnel! Maintenant il faut que le mobile protège aussi des ondes émises lors des appels. Comment? Grâce à son armure en magnésium! Ce portable vient de Norvège et il s'appelle *MagCom*, commercialisé par la société du même nom.
Hormis la nouveauté santé, MagCom fait office de PDA avec un agenda, une messagerie et un navigateur Web. Et pour ne pas déplaire, il est doté d'un écran LCD d'une résolution de 64 000 pixels. Disponible en Europe pour l'hiver 2001-2002.

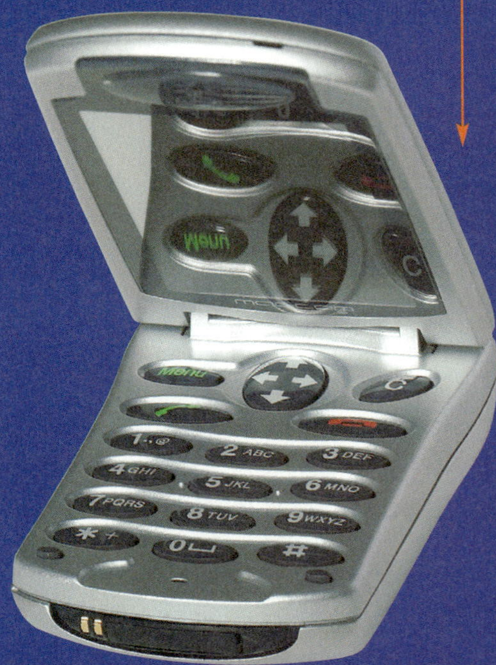

CONCEPTS D'AUJOURD'HUI, PRODUITS DE DEMAIN ?

À l'époque de Shakespeare la question était « To be or not to be ? », aujourd'hui, au XXIe siècle, Alcatel se pose celle-ci : « To wear or not to wear ? ». L'idée du constructeur français de téléphonie est de simplifier le plus possible la vie du citoyen en offrant plus de communication, c'est-à-dire plus de fonctions, mais avec toujours plus de simplicité.
Ainsi, le concept du serpent est ni plus ni moins une radio-télévision ambulante. Quant au chapeau-bob, il représente le baladeur-radio du futur. Terminé le petit rectangle relié au casque par un fil, place au chapeau-FM ! Sans complexe, il capte et communique les infos et la musique. Enfin, les barrettes sont les nouveaux supports enregistrables du IIIe millénaire. Fini les CD et les DVD, voilà le seul et unique support enregistrant aussi bien le son que les images : les barrettes mémoires, qui communiqueront par le système Bluetooth.

Téléphone puis jette !

Pour l'Américaine Randice-Lisa Altschul, le téléphone doit durer 60 minutes, se jeter et se recycler. Oui, elle l'a fait. Le téléphone en papier recyclable débarquera en automne aux États-Unis à 10 $ (70 F). Et pour les sentimentaux, ils peuvent toujours le recharger à partir d'une carte de crédit, si !

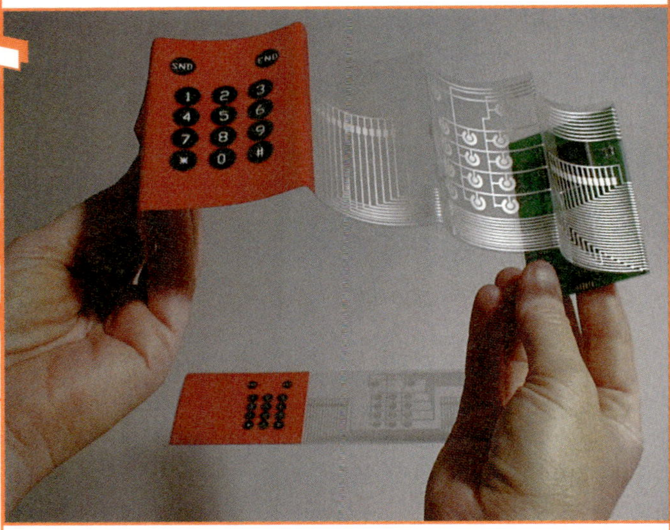

Téléphoner, faxer, mailer et surfer par satellite

Avec les téléphones satellites *Inmarsat-RNIS* de France Telecom on peut tout faire 24 heures/24, n'importe où, à n'importe quelle température (de - 25 °C à + 55 °C). Lorsqu'il est relié à un ordi' portable il accède au Net rapidement et ce de n'importe quel point du globe hormis les pôles Nord et Sud. Une merveille de la technologie à un prix beaucoup moins merveilleux, 85 000 FF (12 958 euros), sans compter le prix de la minute de communication à 45 FF (6,86 euros) ! Dommage !

Cerveau protégé !

De quoi ? Des ondes du téléphone portable. Petite et discrète, la pastille *Waveblocker* se colle sur le boîtier du mobile au niveau du haut-parleur et fait office de bouclier contre les ondes. Sa botte secrète ? Elle est équipée de deux fines couches de métal déviant le champ magnétique. Ainsi le cerveau est préservé ! L'ingénieuse idée vient de la société danoise Conceptech. Déjà 200 000 Britanniques et Scandinaves ont été séduits par Waveblocker !

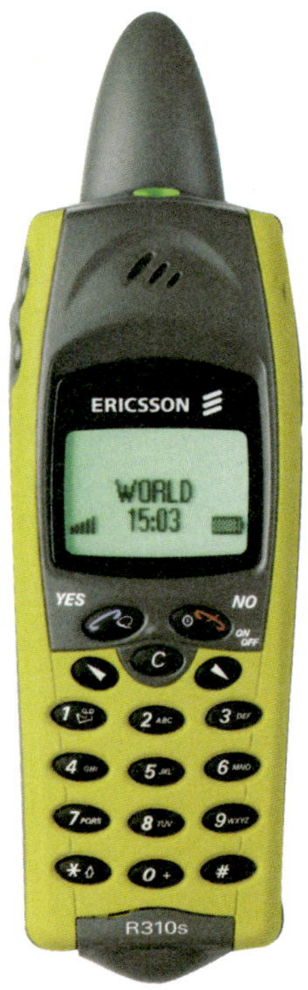

Le superman des téléphones portables

Un téléphone qui résiste à l'eau, à la poussière et aux chocs ! Oui, il existe, c'est le nouveau *R310S* de Ericsson. Comme Superman, il est invincible grâce à sa coque renforcée, à ses protections en caoutchouc, et à son revêtement en Goretex. Le must, son antenne est entièrement souple. Il est incassable !

Coordonnées imprimées

Fini, terminé, zéro le stylo et le bout de papier pour donner ses coordonnées. Le truc c'est de les imprimer de son téléphone portable. Comment ? Avec la « mini-print » de Sharp, *Mobile Printer*. Conçue pour les mobiles, elle est aussi petite et large qu'eux. Ok, sa résolution n'est pas exceptionnelle mais suffisante pour éditer de petites images, des mails ou des bulletins d'info, et tout s'imprime en différents gris !
Le seul problème : Mobile Printer a été exclusivement conçue pour le réseau de téléphonie japonais !

Quand le téléphone se porte comme un gant

Trium fait du téléphone portable le bijou incontournable de la main. Le mobile japonais *Hand View* s'enfile comme un gant et offre une multitude de services. Il sait envoyer et recevoir des images, les visualiser sur l'écran couleur, disposer d'un système de reconnaissance vocale et...
à l'occasion, téléphoner !

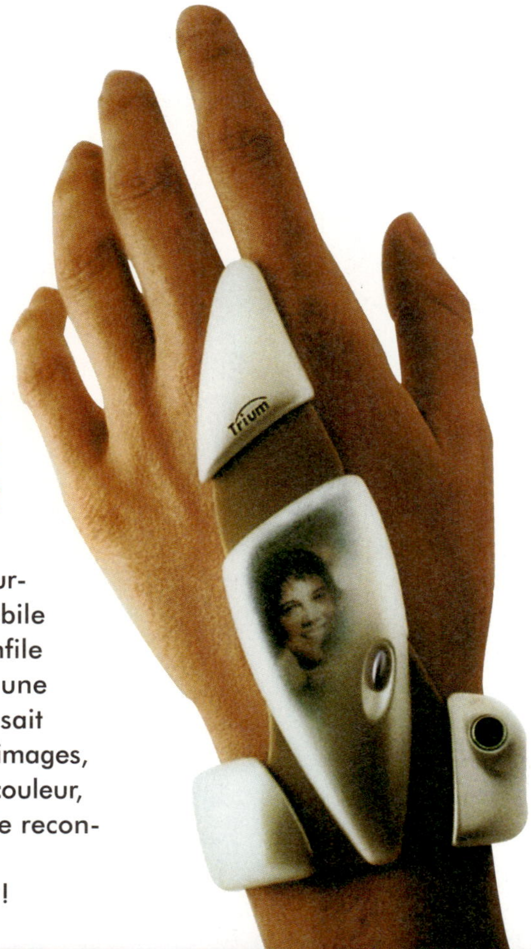

Le téléphone « télévisionnement » modifié

« Mater » la TV sur un téléphone portable, c'est possible. Et Samsung est le premier à le commercialiser.
C'est grâce à la puce conçue par Geo, société israélienne. Elle permet d'émettre de la vidéo en temps réel sur tout type de mobile : GSM, GPRS et UMTS. Un nom à retenir : *Emblaze A2 video ASIC*.

Mon mobile et moi, on ne fait qu'un !

Bientôt ton téléphone fonctionnera uniquement parce que c'est toi ! La société anglaise SearchSpace met au point un logiciel qui détermine ton profil de « consommateur téléphonique » (nombre d'appels, durée, quand et à qui). Si, par exemple, un numéro ne correspond pas à tes habitudes, il demande un code. Attention, ce logiciel est, soi-disant, intelligent puisqu'il sait que le 31 décembre tu risques de téléphoner plus. Mais si on te le vole ce soir-là, alors, c'est pas de bol !

Étui signé !

Le téléphone portable *SL 45* de Siemens s'est vu « greffer » un étui haute couture taillé par Jean-Charles de Castelbajac. Loin du strass et des paillettes, l'étui se fond dans le camouflage, grande tendance de la mode de la rentrée 2001.

Harcèlement textuel

Le vol de téléphones portables est combattu ardemment par la police d'Amsterdam.
Comment ? En envoyant des messages SMS du type « cet appareil a été volé. L'acheter ou le vendre est un délit. Signé : la police ». Ces messages sont expédiés par un ordinateur toutes les 3 minutes sur les portables dérobés, créant ainsi une sorte de harcèlement psychologique. Voleurs, attention à la profusion de spams !

« L'œil numérique »

Il ressemble à un PDA mais ce n'en est pas un. *CaraMio* est certes équipé d'un clavier et d'un écran couleur mais ses capacités et sa mémoire sont moindres, comparées à celles d'un PDA. Il envoie et reçoit des mails et surfe sur la Toile. L'intérêt ? *CaraMio* est doté d'un œil numérique juste au-dessus de l'écran. Il pivote jusqu'à 180 degrés et capte des images à envoyer « rapidos » aux amis. *CaraMio* a été conçu par la société japonaise KDDI, en complément des téléphones portables connectables à Internet. Juste pour le fun !

Batteries ensoleillées

La société allemande Solarc a eu la chaude idée d'élaborer un chargeur de 125 g en utilisant notre source commune calorifique, le soleil. *Scotty* est un chargeur solaire idéal à emporter en voyage dans les pays chauds. Pas de problème de compatibilité de prise et pas de problème de poids. En 2 heures il recharge les PDA et les téléphones portables. Bon d'accord, Scotty n'est pas encore compatible avec tous ces types de produits mais d'ici peu ce sera le cas grâce à des cordons de liaison !
Autre projet, celui de CR (Corée) Telecom. Ses batteries ne se rechargent pas seulement au soleil mais aussi à la lumière d'une lampe. Restées au soleil pendant 10 minutes, les batteries offrent au portable une autonomie d'une durée équivalente. En revanche, rechargées à la lumière électrique, elles sont moins performantes. Conçues par deux équipes universitaires dirigées par les professeurs Kim Dong-whan et Kim Hee-jun, les batteries s'emboîtent uniquement sur les téléphones utilisant le 6 volts. Toutefois, CR Telecom travaille au développement de la technologie pour la rendre universelle et l'élargir aux batteries d'ordi' portables !

Les téléphones se portent

Après le téléphone qui se porte et s'enfile comme un gant, Trium fait dans le bijou : une montre téléphone et un collier téléphone. Pour Trium, le XXIe siècle doit joindre la communication à l'esthétique. Croisons les doigts pour que ces deux concepts aboutissent.

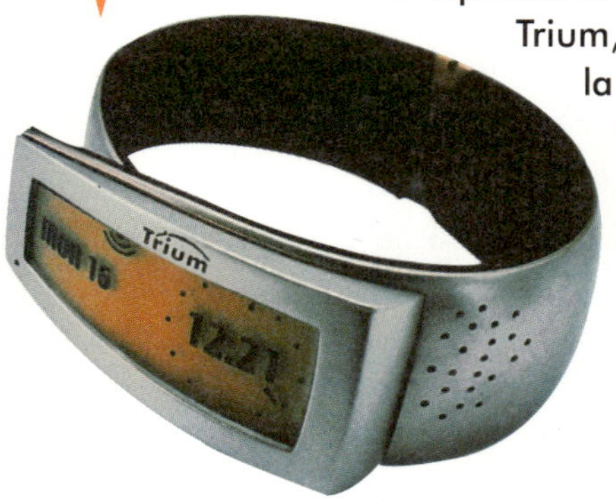

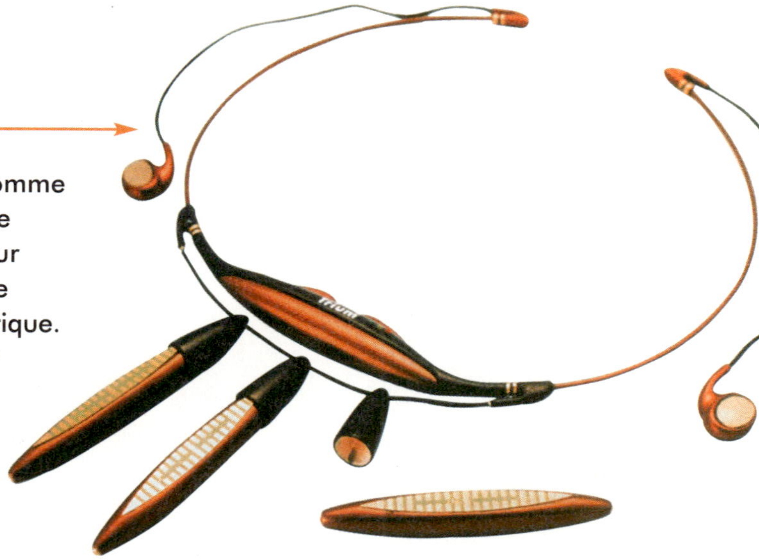

Quand le téléphone chante

Sony se jette dans la téléphonie cellulaire Wap mais n'oublie pas ses premières amours. *CMD-MZ5* est un mobile Wap et aussi un baladeur. Pour ne rien gâcher, ce « balado-téléphono » a un look très « trendy » surtout avec ses deux enceintes.

L'agent double

Il a le physique d'un téléphone portable compact mais il ne fait pas seulement téléphone, l'*Accompli 008* de Motorola est aussi un PDA avec tout ce que cela sous-entend : e-mail, messages courts, synchronisation avec un PC... Accompli 008 tient dans la main bien qu'il regroupe cellulaire et PDA. Un gain de place pour un maximum de services.

La vérité si je mens 3

Un téléphone portable entièrement serti d'authentiques diamants noirs naturels, de diamants blancs et de 8,65 carats de rubis, cela existe et cela s'achète. Il s'appelle *Cœurs*, c'est un Ericsson et il a été personnalisé par le joaillier suisse de Grisogono !

Batterie à manivelle

Batterie de téléphone portable vide ? Au fin fond du monde ? Et un besoin urgent de téléphoner ? ! Pas de prob', il suffit de remonter votre téléphone comme les montres de nos ancêtres ! Quèsaco ? Un remontoir intégré au mobile permettant ainsi, une fois remonté, de téléphoner pendant 6 minutes. L'ingénieuse idée vient de la société anglaise Freeplay Energy. Cette dernière est sur le point de signer avec des constructeurs de mobiles pour équiper de remontoirs certains portables.

Supports et instruments de musique s'épanouissent. 2002, c'est : le couple laser-vinyle, les instruments bio, les lecteurs MP3 qui se condensent et grossissent en mémoire, la radio rayonnante…

MUSIQUE

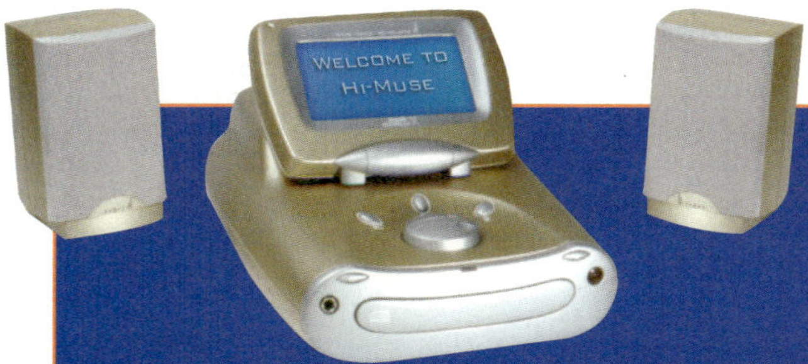

QUAND LA MUSE SE FAIT HI-FI

Hi-Muse de Future Sound Technologies est le best de la hi-fi moderne nouvelle génération. Elle est aussi bien une micro-chaîne stéréo autonome qu'un périphérique lorsqu'elle est connectée à un ordinateur. « Moralité » : elle lit, stocke, traite, enregistre, classe, monte et mixe la musique et à ses heures-Internet elle accède à toutes les radios du monde en ligne et à un catalogue musical, télécharge des fichiers musicaux, dispose du paiement sécurisé… bref une véritable bombe ! Sans compter sa capacité de lecture hors Internet qui s'élève à 350 albums ou à 6 000 titres !

Qu'est-ce qui…

… est fait de carton, de bois, de cuillères en olivier et d'un manche à balai ?

Indice : la « chose » a deux cordes accordées en *mi* et *la*.

Réponse : la contrebasse-carotte, créée en 1999 par le Français Pascal Gayaud.

Le baladeur n'est plus !

Sony attaque « sévère » le baladeur en le réduisant à deux simples écouteurs. Terminé le baladeur dans la poche. *NE-E8P* est un casque de 95 g intégrant un lecteur de musique MP3. Son autonomie est de 7 heures et sa mémoire de 64 Mo peut contenir 80 minutes de musique. Enfin, tout se contrôle des écouteurs : le volume, la lecture, l'arrêt et même l'affichage de la plage ! Aucun prix, ni aucune date de sortie n'ont été annoncés !

Clavier exclu !

L'Américain Alesis ouvre la porte de sortie au clavier du synthétiseur. *Air Synth* est un synthé sans clavier ! Il se commande à distance et par infrarouges. Tout se gère à partir des mouvements de la main effectués au-dessus de la sphère de contrôle pourvue de capteurs. Avec *Air Synth* une nouvelle génération d'instruments de musique électroniques s'amorce !

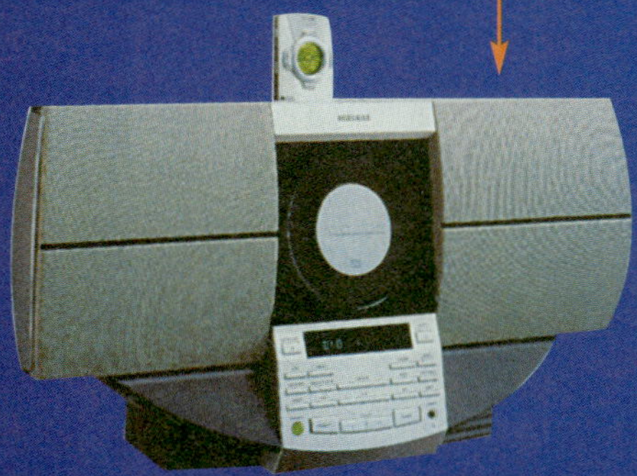

Deux en un

Avoir une chaîne stéréo, c'est bien. Avoir aussi un baladeur, c'est bien. Mais avoir les deux en un, c'est mieux, et en plus si le tout est mini avec la possibilité de télécharger des fichiers MP3, c'est « hype ». Samsung présente la micro-chaîne *MP3 S-P2450* avec son baladeur MP3 amovible (avec ampli 2x5 W, turner RDS et lecteur CD vertical motorisé !). Qu'est-ce que tu attends pour être dans le « moove » ?

Une radio rayonnante

Elle s'appelle *Freeplay S360*. Elle a été conçue par Baygent. Et elle carbure aux rayons solaires. Oui, elle n'a aucune batterie. Grâce au soleil, elle fait hurler la musique non-stop. Rechargée à bloc, elle la diffuse pendant 12 à 14 heures. Le son est d'une extrême qualité et le constructeur a su allier design et écologie. Enfin, pour les récalcitrants, *Freeplay S360* peut être livrée avec un adaptateur AC/DC pour une recharge électrifiée.

Cerné par le son

Quatre haut-parleurs dotés de 970 grammes d'électronique vont faire vibrer les oreilles. Jeux vidéo PC et home cinéma ont trouvé un fidèle « transmetteur » pour encore plus de réalisme dans le son : *Surrender Sennheiser* sur www.le-webstore.com

Enceintes

Des enceintes au son pur et précis, telles sont les nouvelles enceintes de Thomson Multimedia, les *SPL 2000*. Elles se composent de quatre enceintes satellites, d'une enceinte centrale, d'un caisson de basse actif et ont une puissance de 100 watts RMS. Le tout donne une qualité hi-fi enveloppant l'auditeur. Et ce n'est pas fini, elles s'intègrent aisément à un ensemble home cinéma. Quant à leur installation, elle peut surprendre : en position horizontale ou verticale, c'est au choix, et accrochées à un pied de table ou sur le mur. SPL 2000, à voir et à écouter !

Les murs chantent

Non, ce n'est pas de la science-fiction mais bien la réalité ! Faire chanter murs, portes, frigo... c'est possible avec *Ceramic Speaker System*. Ce boîtier, large de 10 cm et long de 14 cm, met à disposition un mini amplificateur audio et deux pastilles autocollantes. À quoi servent-elles ? À transmettre des vibrations et le support sur lequel elles sont collées se comportera comme une membrane audio traditionnelle. *Ceramic Speaker System* est produit par la société japonaise Sanei House et peut être acheté sur leur site pour 500 FF (76,22 euros).

Un mix' pas cher

Envie de musique, de l'enregistrer et de la mixer ? Difficile sans un studio. Mais Edirol a pensé à tous les mixeurs en herbe de musique numérique. Leur joujou s'appelle *Roland SoundCanvas SC-D70* et ce module est un véritable studio. Il met à dispo' toutes les applications nécessaires pour enregistrer et mixer. Il se compose d'une interface audionumérique via le port USB, d'un synthétiseur MIDI avec les sorties numériques, d'une table de mixage interne et d'une interface MIDI Audio Numérique. Et, pour ne pas ternir le tableau, Roland SoundCanvas SC-D70 est à moins de 5 000 FF (762,25 euros).

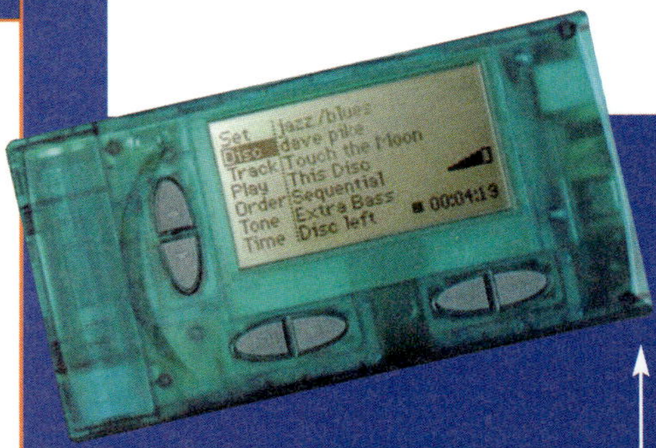

Un lecteur MP3 terrible

Contrairement à ses prédécesseurs, le lecteur MP3 d'Hango n'est pas limité par sa mémoire. *Hango PJB 100* stocke jusqu'à 100 heures de musique ce qui revient à 1 500 morceaux soit 150 CD audio. Son secret ? Il renferme un véritable disque dur ! mais aussi des mini disques durs IBM, un processeur DSP Motorola et un port USB pour un transfert facile des fichiers ! Et en plus, il a une autonomie de 10 heures. *Hango PJB 100*, la perle des lecteurs MP3 !

Musiciens, promenez-vous !

Artistes musiciens, sortez de vos studios ! Si l'inspiration vous prend dans la rue, pas de problème, *PS-02* est là. Il se transporte facilement dans un sac à dos (9x8x3,3 cm). Outre ses mensurations attrayantes, PS-02 enregistre sur 3 pistes séparées et met à disposition un générateur de sons de batterie et de basse. Voilà pour les grandes lignes. Sinon, il faudra se procurer plusieurs cartes Smart Media pour s'éclater car une carte de 64 Mo équivaut à 17 minutes de stéréo.

La capuche amie

Il sera impossible de s'en séparer une fois essayée. Y goûter, c'est tomber dans l'engrenage. Qu'est-ce qu'une capuche high-tech ! Son petit nom est *Mood Hood* et elle a été pensée par Motorola. Elle est encore au stade de concept mais un jour, si elle devient réalité, alors ce sera le bonheur : on pourra rester en permanence relié à ses amis ! Et ce n'est pas tout, *Mood Hood* diffuse de la musique intelligemment. Le rythme de cette dernière s'accorde au rythme de la marche ! Un p'tit sprint ? Et la zic' se « speede » !

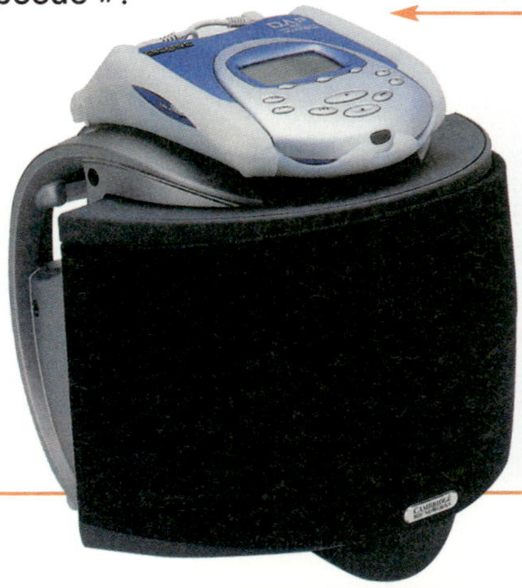

Quand le laser fait ami-ami avec le vinyle

La platine laser qui lit des disques vinyles (33, 45 et 78 tours) est arrivée. Elle est née d'un projet américain racheté par la société japonaise ELP. Il aura fallu 7 longues années pour la mise au point de cette technique. Tout fonctionne comme une chaîne laser : lecture analogique du disque noir, chargement du vinyle sur un plateau, avance rapide, programmation etc. Bref, tout est laser sauf le disque. Un véritable joyau que son prix ne contredira pas : plus de 100 000 FF (15 300 euros).

Le baladeur mue

On connaissait le baladeur *DAP Jukebox* de Creative Labs pour sa capacité à enregistrer sous n'importe quel format. Aujourd'hui, Creative Labs se lance dans la transformation du baladeur en une véritable mini-chaîne. *PD200* convertit tout type de lecteur, qu'il soit MP3, CD ou MD portable en chaîne-hifi. Physiquement il ressemble à un petit haut-parleur et pèse 6,2 kg. Il renferme deux voies, un caisson de basse et un réceptacle dans lequel se place le baladeur. *PD200*, c'est aussi 10 heures d'autonomie.

Physiquement et techniquement, les appareils photo se démarquent de leurs prédécesseurs. En ce XXIe siècle, l'appareil photo surfe sur le web, envoie des mails, faxe…
Et le numérique ne cesse de rejoindre l'argentique, la pellicule traditionnelle. Une véritable explosion !

Recette numérique

Canon perfectionne son appareil photo numérique l'*Ixus Digital* selon la recette suivante. Prendre un Ixus Digital. Y appliquer un zoom X3. Y ajouter un caisson d'étanchéité résistant jusqu'à 30 m de profondeur. Y annexer l'option « films animés ». Saupoudrer le tout de 50 g de poids en plus que la première version. Laisser cuire le temps d'aller le chercher au Japon. Et vous obtenez le nouvel Ixus : *Ixus 300*.

PHOTO

L'Instax 20, un instantané dans la cour des grands

Instax 20 de Fuji a un design totalement fun et sa qualité d'optique fait de lui un appareil photo haut de gamme. Il réalise des clichés à développement instantané au format atypique de carte de visite. Attention, il ne s'agit pas de photos numériques mais bien argentiques. Fuji fait un pied de nez au numérique.

L'appareil photo branché Web

Ricoh RDC7 est un appareil photo numérique doté d'un modem et d'un stylet. Pour quoi faire ? Le stylet permet au « photographe » de parapher ses photos s'il le désire et, grâce au modem, il peut les balancer sur le Net ou encore les joindre à ses mails ! Chaque photo détient une résolution de 2 048 x 1 536 pixels.

Appareil photo enfantin !

Oui, il est d'une utilisation enfantine malgré ses nombreux services mais avant tout, il est destiné aux enfants. Découvrir les joies de la photographie, telle est l'ambition de Berchet Media avec *E-L@@k*. Cet appareil ne prend pas seulement des photos. Connecté à un PC, il fait office de Web Cam ou alors son logiciel s'active pour truquer le moindre tirage. De plus, une fois le maquillage réalisé, il suffit de se connecter au site www.berchetmedia.com pour s'échanger les photos.

Nouveau look !

Seul, il prend des photos et se porte en pendentif. Lorsqu'il est encastré sur un téléphone GSM d'Ericsson, il peut aussi envoyer les clichés par mail (comptez une minute). Il pèse 25 g et stocke 5 photos en basse définition de 352 x 288 pixels. *CommuniCam* d'Ericsson est une belle réussite pour les photographes en herbe.

Cliché, vidéo et musique

Petit, léger, compact c'est *e-mini D* de Konica. Cet appareil fait à la fois photo, vidéo, MP3 et enregistreur. Il dispose d'un écran couleur, d'un lecteur de carte pour se métamorphoser en lecteur MP3 ou en enregistreur, stocke 99 photos et des dizaines de secondes de vidéo. Il se branche facilement sur le port USB d'un PC pour transférer ses images. Seule sa résolution est décevante : 300 000 pixels.

Qu'est-ce qui...

... a le format d'une carte de crédit, est épais de 6 mm, pèse 63 g, stocke une quarantaine de photos et effectue des photos en résolution Internet ?

Réponse : l'appareil photo *Ultra Pocket Digital* de la firme SMal Camera Technologies.

Polyvalence

Le *Digimax 210 SE* de Samsung a tout pour satisfaire chaque membre de la famille. Non seulement il permet de réaliser des photos avec un capteur de 2,1 millions de pixels mais en plus il peut réaliser des petits films animés de 15 images par seconde. *Digimax 210 SE*, c'est aussi un zoom optique et un zoom numérique avec des vitesses d'obturation de 1/2 secondes à 1/7 500e seconde. Et c'est sans compter son accord parfait avec PC et Mac. Ce bijou numérique est disponible au prix de 4 490 FF (684,50 euros).

Poudrier ? Yo-yo ? Boîte à pilules ? Chronomètre ?

Non, tout simplement un appareil photo numérique exclusivement réservé aux « jeunes », dixit Tomy. Le *Me:2 Plum* est doté d'un logiciel de retouche pour des montages funs, moins fun est la qualité des images. Elles sont uniquement en basse résolution et essentiellement publiables sur Internet. Bref, on ne peut pas tout avoir et d'ailleurs c'est le cas de le dire car Me:2 Plum n'est disponible qu'au Japon !

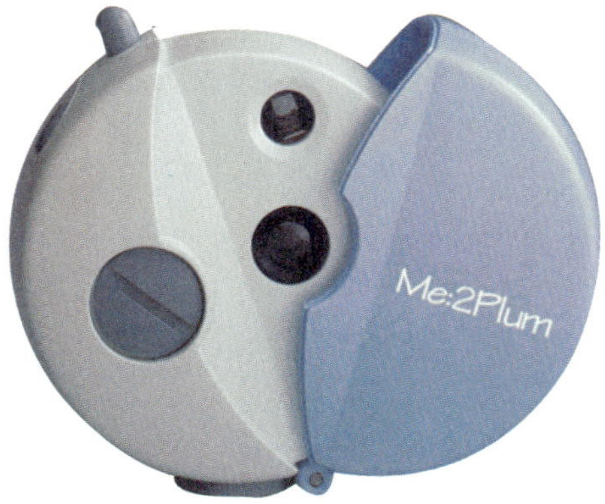

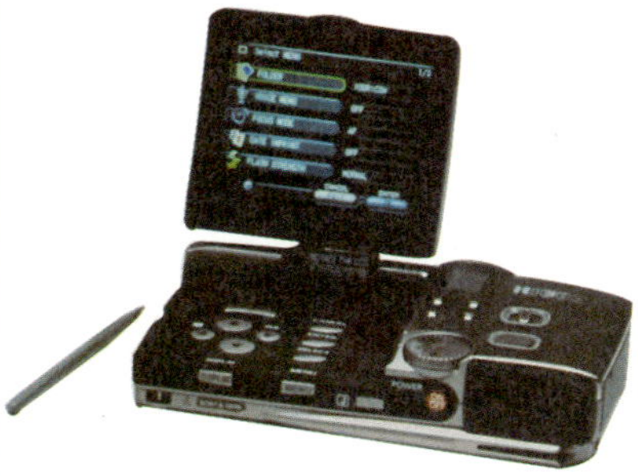

Surfe et shoote

Il fait tout ! *RDC-i700* de Roch surfe sur le web, envoie des mails et des fax, met à disposition un carnet d'adresses à remplir, et... fait des photos numériques. Le « must » : chacune de ses photos peut être mise sur la Toile sans passer par un PC. Le seul petit problème est que RDC-i700 est uniquement disponible, pour l'instant, au Japon.

6,3 millions de pixels

Argentique ? Non, numérique. Fuji est fier de son dernier-né *Fine Pix 6800Z*. Cet appareil photo numérique commence à faire de l'ombre à ses concurrents traditionnels car il est maintenant possible d'obtenir une impression papier proche du format A3 avec une qualité digne de l'argentique. Et pour ne rien gâcher *Fine Pix 6800Z* a été « looké » par le cabinet autrichien Porsche Design, rien que ça !

Deux appareils photo atypiques

Avec *Photo Max MP3* tu pourras photographier en numérique mais aussi écouter de la musique encodée MP3. Et ce n'est pas tout, il peut se transformer en baladeur à l'aide d'une télécommande-casque. *PDC-640M* n'offre pas la possibilité d'écouter de la musique mais... une prise téléphonique pour se connecter sur Internet et sans PC grâce à un numéro pré-enregistré. Certes, tu pourras uniquement surfer sur le site concerné mais tu pourras y laisser tes photos. Deux appareils photo signés Polaroid.

Impression Net

L'appareil photo numérique *eCL34* d'Agfa a plus d'un tour dans son boîtier ou plutôt il a été doté d'un don ! Sa touche « imprimer » permet de lancer une impression directement sur l'imprimante mais aussi d'envoyer une commande d'impression photos sur du papier photo en se connectant au site Agfanet Print Service. Le « photographe » les récupère dans une boutique ou les reçoit par courrier. Hormis cette particularité, eCL34 est équipé d'un flash, d'un écran à cristaux liquides et d'une connexion USB. Il peut faire office de Web Cam, stocker des photos de 1,3 million de pixels et dispose de logiciels de retouche. Simple d'utilisation et à un prix abordable, eCL34 a de grandes chances d'en séduire plus d'un !

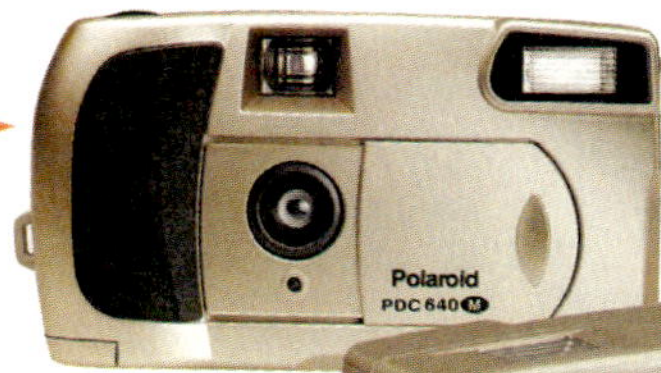

Quand le numérique se fait « pola »

Micro Bubble Jet Camera de Canon bouscule le polaroid. Cet appareil photo est non seulement numérique mais en plus il a sa propre imprimante intégrée à jet d'encre. Les photos s'impriment en couleurs et au format très trendy de la carte bancaire.
Ce n'est pas tout, chaque photo imprimée reçoit un code-barres qui, une fois scanné et reporté sur un PC, transmet en son l'ambiance de la prise de vue.
C'est génial, non ?

Photos argentiques ou numériques ?

C'est comme tu veux avec la cartouche *EFS-1*.
Mise au point par la firme américaine Silicon Film Technologies, *EFS-1* se glisse à la place d'une pellicule dans n'importe quel appareil photo Canon et Nikon. Te voilà « paré » pour effectuer 24 photos numériques à partir de ton traditionnel appareil !

SpyPen porte bien son nom

James Bond va en « baver » d'envie. Petit, discret, léger, *SpyPen* se transporte partout, dans une poche de veste, dans un étui à cigares… Son look rappelle celui des objets utilisés par les espions dans les films. Bref, on n'y prend pas garde et pourtant il est fort. Il prend des photos, il filme et se branche sur Internet. SpyPen l'espion à la taille d'un stylo.

Un canard pas comme les autres !

Hormis le fait que tout le monde reconnaît Gako, le personnage de Von Traümer, méfiez-vous de ce canard !
Dans son chapeau, il cache un déclencheur et son ventre renferme un objectif. Oui, il shoote. Non ! Il ne tue pas, il prend des photos.
C'est un canard « photographiquement » modifié.
Cet appareil photo est bien évidemment numérique et la quarantaine de clichés qu'il prend, peut être éditée sur un PC. La société japonaise B-Brave a vu ludique mais local : le produit restera dans l'archipel, un point c'est tout !

Des écrans TV « intelligents », un PC portable qui se mue en caméscope, un nouveau format de compression vidéo, Titeuf, Spider-Man et une invasion de monstres... voilà ce que nous assure 2002 !

FILMS & VIDÉO

Écrans charmeurs

Une qualité d'image toujours égale quelle que soit la luminosité ambiante, c'est ce que propose, entre autres, *Aquos* de Sharp. *Aquos* est la nouvelle gamme d'écrans à cristaux liquides pour les téléviseurs du constructeur japonais. Elle se décline en 3 modèles et tous ont été dessinés par le designer japonais Toshiyuki Kita. La gamme Aquos est compatible avec la majorité des standards de diffusion et en plus chaque poste est pourvu d'une poignée au dos facilitant son transport. DVD, consoles, bref toutes les variétés d'appareils vidéo peuvent s'y connecter.

Ciao Pokemon !

Rondeur, petite taille et look de cochon d'Inde ne sont plus à la mode. Voilà l'ado Yugi, le héros du dessin animé *Yu-Gi-Oh* (à prononcer « lou-guoi »), le roi Yugi. Croqué par le dessinateur Kazuki Takahashi, Yugi est un adolescent ordinaire, excepté peut-être son physique quelque peu électrifié, qui se bat contre les forces du mal à travers un jeu appelé le jeux des Ténèbres. Pour être tout à fait exact, c'est son clone, euh non, son quasi-double qui lutte dans une dimension fantasmagorique. Tout se gère à travers des cartes comme dans les jeux de rôles... Après trois ans de succès au Japon, *Yu-Gi-Oh* débarque en Occident !

Des monstres !

Les héros du prochain film de synthèse de Walt Disney sont des monstres poilus. Il est signé Pete Docter et sortira à Pâques 2002 en France. L'intrigue ? L'arrivée impromptue d'une petite fille, appelée Boo, dans l'univers « paisible » des monstres, habitués à faire peur aux enfants. Le titre du film ? *Monstres & Cie*, tout simplement !

Minolta fait dans les lunettes !

Minolta, fabricant d'appareils photo et prince de l'optique, s'est lancé dans la conception d'une paire de lunettes dites holographiques. En d'autres termes, elles tromperaient son homme. Ce dernier aurait l'illusion, en les chaussant, de regarder un écran de 14 pouces placé à une distance de 50 cm. Des lunettes beaucoup plus confortables que celles dotées d'un écran intégré. Minolta espère connecter ses lunettes à Internet par l'intermédiaire d'un téléphone portable et ce sans fil grâce à Bluetooth. Ainsi l'heureux porteur pourra lire ses mails tout à son aise sur ses lunettes. Pour l'instant pas d'écho sur sa disponibilité et son prix !

Des lunettes pour paresse télévisuelle

Amis binoclards, n'ayez crainte, *Square Eyes* a pensé à vous. Lorsque vous êtes allongés sur votre canapé à regarder la télévision, rien de plus pénible que de relever la tête pour que yeux, lunettes et télé soient « en phase ». Les lunettes *Square Eyes* aux verres obliques (mais non amovibles) vous permettent de ne penser à rien d'autre qu'à « légumer » devant la télé sans effort.

Titeuf, star du petit écran

Titeuf, le héros de la bande dessinée du même nom, édité par Glénat, s'anime ! Eh oui, ce personnage au vocabulaire cru débarque à la télévision pour la plus grande joie des enfants de 8 à 12 ans. Sa houpette est toujours de la fête et ne cesse de bouger. Sa « bouille » est fidèle à elle-même. Seule sa voix est nouvelle ! Quant aux aventures, elles restent ancrées dans la réalité sociale actuelle. Zep, créateur suisse du bonhomme, est satisfait du résultat. Tous à nos écrans !

AlphaGrip, l'indispensable objet domestique

Télécommande de télévision, manette de jeu et clavier, *AlphaGrip* est le tout en un. La société américaine AlphaGrip a pensé au côté pratique. À partir de ce seul objet tu peux zapper sur la télévision, taper tes disserts ou encore jouer à ton jeu vidéo préféré. Et tout ça dans n'importe quelle position : assis, debout, allongé ou encore à cloche-pied. Chacun son truc !

Le CD se fait image

Compresser deux heures de vidéo sur un simple CD avec une qualité d'image quasi équivalente à celle du DVD, c'est ce que vient de réaliser la société bordelaise 3D Production Multimédia (3DPM). Le *Codec 3DPM* est un codeur-décodeur qui offre donc deux heures de films, à plein écran avec 25 images par seconde. La compression s'effectue sous la norme MPEG-4 et le *Codec 3DPM* fonctionne sous Windows MediaPlayer à partir de la version 6.0. Pour le lire, il faut donc un lecteur compatible avec MPEG-4 et DirectX8. La société bordelaise a aussi développé son propre lecteur CD avec uniquement les fonctions lecture/pause. Courant automne 2001, une version Macintosh s'affichera à côté de la version Windows. Enfin, et c'est une bonne nouvelle, le *Codec 3DPM* demande peu : un processeur cadencé à 400 MHz, 32 Mo de mémoire vive et une carte vidéo.

Vidéo 3e génération

Elle est compressée au format MPEG-4 adopté par l'industrie et de gros organismes comme IETF (Internet Engineering Task Force), ITU (International Telecommunication Union) et 3GPP (Third Generation Partnership Project). *MPEG-4* a été spécialement conçu et standardisé pour tous les appareils dits de 3e génération c'est-à-dire les terminaux UMTS. Attendre 2003 en France pour savourer les résultats.

Il filme et il grave

Le caméscope *DVD Cam* d'Hitachi est le plus « trendy » qui puisse exister. Avec lui, il suffit de filmer et de graver directement sur DVD, et qui dit DVD dit recherche de séquence facilité, identique au CD audio.
Suivant la résolution, *DVD Cam* enregistre jusqu'à 2 heures de prise de vue. Le montage du film peut aussi s'effectuer du DVD. Et à ses heures perdues, il se transforme en appareil photo numérique.

Un totem vidéo mouvant

Des images vidéo visibles recto et verso, c'est possible ? Oui. Comment ? La « bête » s'appelle le *Piège à images* et se présente sous la forme d'un cylindre en plastique gonflable transparent comprenant un vidéo projecteur dissimulé dans le socle. Ce projecteur envoie les images sur un écran à 45° et le tour est joué, les images se « lookent » de dos comme de face ! De plus, le *Piège à images*, démontable, se transporte dans une mallette. À qui doit-on cette merveille ? Au designer français Thomas Klug, soutenu par la direction de l'Architecture et du Patrimoine, et édité par FNAC Vidéo et Créative Agent Consultants.

Ça tourne!

Intel a spécialement pensé au cinéaste en herbe en créant la caméra *Digital Movie Creator*. Avec elle, il pourra réaliser son premier court-métrage de 47 minutes ou encore stocker 2 000 photos. Via le port USB et le logiciel adapté, il pourra aussi goûter aux joies du montage vidéo sur un PC.

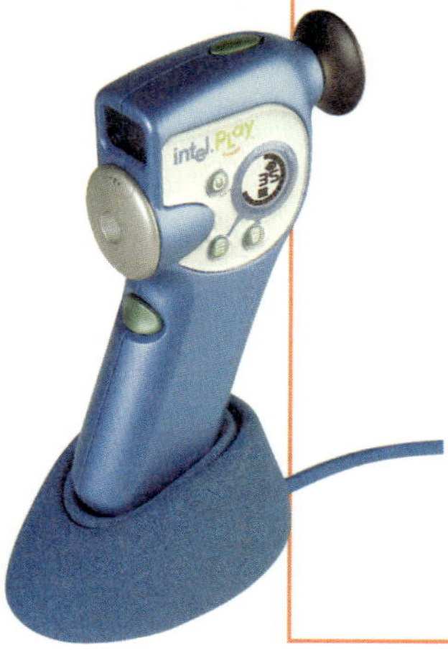

L'HOMME-ARAIGNÉE REVIENT !

Mais cette fois-ci, il revient en chair et en « toile » au cinéma. Pour le première fois Spider-Man quitte la BD pour envahir le grand écran. Les studios Columbia Tristar promettent un film haut en effets spéciaux. Tobey Maguire, l'interprète de Spider-Man, et Willem Dafoe alias le Buffon vert, l'ennemi juré de l'homme-araignée, ont déjà été scannés des pieds à la tête pour deux clones en 3D. Ainsi, sauts et performances sont amplifiés pour plus d'éblouissement. Mais il faudra attendre 2002 pour savourer les prouesses de Spider-Man au cinéma !

Films compressés

Après le JPEG pour la photo, le MP3 pour la musique, voilà le *DIVX* pour la vidéo. Cette technologie, mise au point par un jeune Français de Montpellier Jérôme Rota, compresse un film jusqu'à 15 % de sa taille. Résultat : deux heures de long métrage tiennent sur un unique et « vulgaire » CD avec une qualité d'image et de son DVD. On peut donc espérer télécharger des films via Internet dans un proche avenir !

Les assistants personnels numériques se « moovent » dans la diversité, du pro' au très « groove ». On choisit son PDA en fonction de son centre d'intérêt : professionnel, musical, photographique... Bref, tous les PDA sont dans la nature !

PDA

Bill Gates, PDA en main, lors du COMDEX 2000 à Las Vegas.

Un PDA encore plus pro'

Handera 330, de la firme américaine Handera, est un assistant personnel aux applications encore plus professionnelles. Sans compter qu'il est équipé du système d'exploitation Palm, son écran offre 16 niveaux de gris avec une définition séduisante. Il est doté d'un port d'extension mémoire SD et d'un port Compact Flash, mettant ainsi à disposition 1 Go stockable de données ou permettant de rajouter des modules tels que le téléphone... Il est équipé d'un micro pour les mémos vocaux. Enfin, il renferme le logiciel Graffiti qui donne la possibilité d'écrire directement sur l'écran. En un mot, c'est un bijou.

Le Palm fait sa musique

Musiciens transis, vous allez être satisfaits de votre Palm Pilot. Grâce à la cartouche *SG20* de Swivel, composez des morceaux musicaux quel que soit le style : rap, pop, rock, blues, techno, classique... Ce sont 128 instruments de musique qui s'exécuteront, non pas à la baguette du chef d'orchestre, mais au stylet fourni avec *SG20*.

Une imprimante « Palmée » !

Monarch a sorti l'imprimante spécialement taillée aux dimensions des Palm de la série III et des Symbol SPT 1500. Son petit nom de code est *Monarch 6015*. Elle épouse parfaitement ces PDA pour ne faire qu'un avec eux et peser seulement 600 g. Elle imprime alors des vignettes de 5 cm de large dont la définition atteint 200 dpi.

Multimédias

Sony fait des gorges chaudes avec son PDA couleur *Clié PEG-N700C*. En faisant ami-ami avec le Palm OS, *Clié PEG-N700C* offre de sacrés services multimédia. La liste serait trop longue à citer mais il faut souligner son lecteur musique, son casque audio, sa télécommande, une qualité d'affichage de 320 x 320 points et un confort de lecture grâce à une police très perso' de Sony. Le nec plus ultra, sur *Clié PEG-N700C*, on peut « looker » la TV et en se fournissant une carte de stockage Memory Stick de 128 Mo on pourra enregistrer entre 1 h et 2 h 40 de vidéo. En bref, c'est un joyau de la technologie mais qui n'est pas prêt, malheureusement, de « pointer le bout de son nez » en France. Il n'est disponible qu'au Japon.

Ils sont tout-terrain

Les PDA sont de pures merveilles technologiques mais extrêmement fragiles : la moindre goutte d'eau ou petite chute, et paf ! c'est la fin. C'est sans compter sur *SPT 1 700* et *PPT 2700*, les robustes assitants perso' de la firme américaine Symbol. Aucun choc, aucune humidité ou haute température ne pourront les arrêter : ce sont les 4x4 des PDA. Seul hic, ils sont destinés aux professionnels et, vu leur prix (près de 10 000 FF ou 1 500 euros), on va attendre la déclinaison grand public.

Un PDA ultra high-tech

Multimobile SX45 est un assistant perso' à la pointe de l'high-technologie. Il offre énormément de services, qu'ils soient audio ou vidéo. Et surtout, en novembre 2001, il troquera sa liaison GSM contre une GPRS !

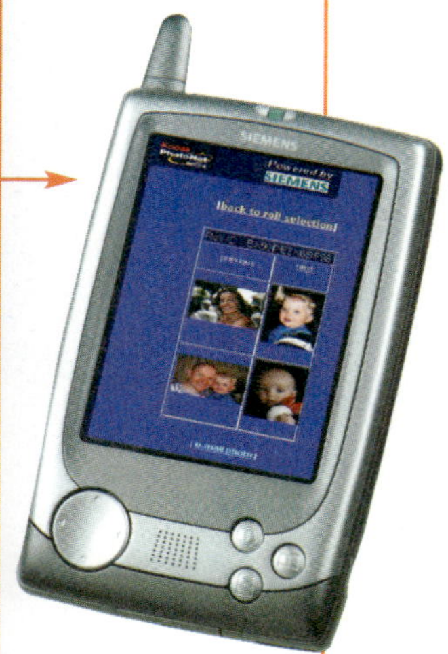

PDA ou Téléphone ?

Il fait les deux et en plus il surfe sur le Web, sans compter sa compatibilité Bluetooth. Il s'appelle *PC-Ephone* de la société nord-américaine du même nom. Il est déjà disponible aux États-Unis.

Le PDA, une autre façon de payer

Carl Yankowski, le PDG de Palm, lance le projet fou de mettre au piquet le paiement traditionnel par carte bancaire. Comment ? Avec l'*e-Wallet*, le portefeuille électronique. Il sera donc possible de payer à distance par infrarouges en insérant une carte dans son Palm. Finis les nombreux reçus, ils seront directement envoyés sur le PDA. Ah ! On n'arrête pas le progrès. Euh, la commercialisation de l'*e-Wallet* n'est pas encore à l'ordre du jour !

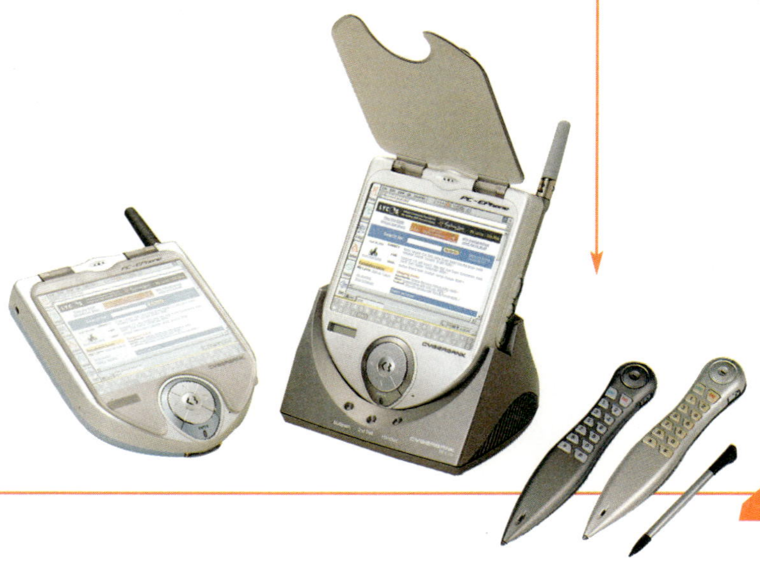

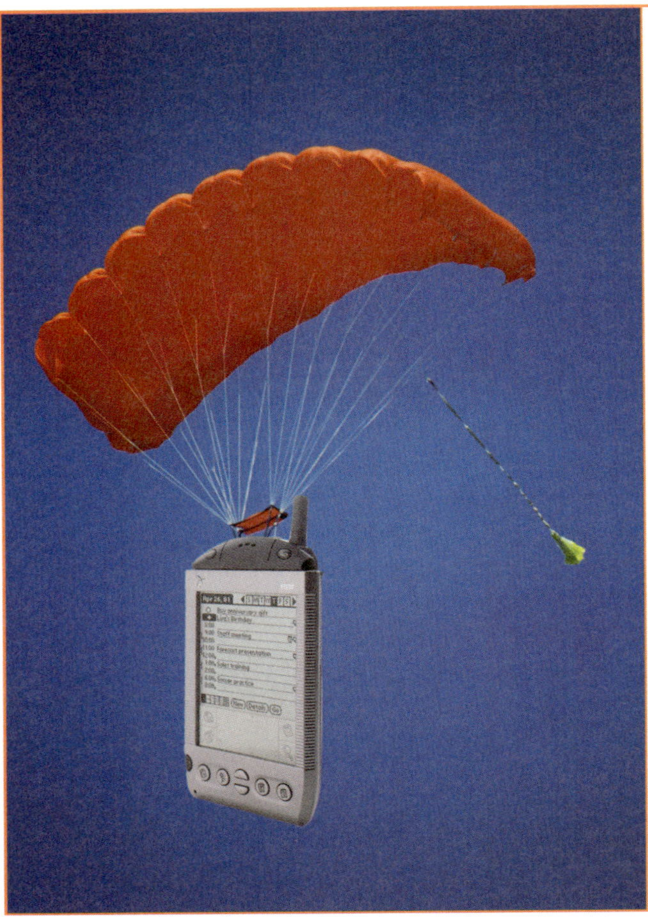

Un parachute pour Palm et WorkPad

Non, Palm et WorkPad ne vont pas se mettre à voler. *Parachute* permet d'obtenir de la mémoire Flash, d'accéder à ses mails et de surfer sur le Net sans passer par un téléphone portable. En insérant l'organiseur dans *Parachute*, toutes ces fonctions sont mises à dispo'. Mince (12 mm d'épaisseur), légère (79 g sans les piles), cette nouveauté est compatible avec PalmIII, PalmIIIx, PalmIIIe et le PC de poche d'IBM, WorkPad. Parachute sera parachuté fin 2001.

PDA câblé !

Targus, constructeur américain d'accessoires, met sur le marché un câble malin et peu encombrant au service des PalmV. Son nom ? *Targus USB Charge-Sync Cable*. Terminé l'adaptateur série-USB et le sabot de synchronisation, le petit câble de Targus synchronise à lui tout seul le PDA et l'ordi' par le port USB. Terminé aussi le chargeur externe, Palm tire directement son énergie sur le port USB lorsqu'il est connecté à l'ordi'.

PDA et téléphone portable ne font plus qu'un chez Trium !

Pourquoi s'embarrasser d'un PDA et d'un mobile quand il existe *Mondo* de Trium, le deux en un ? 200 g de technologies pour une multitude de services : Word, Excel, Outlook, Web, Wap, lecture de fichiers audio mais aussi vidéo et livres électroniques. Mondo allie la complexité high-tech à la simplicité de l'utilisation. Problème : l'écran tactile a tendance à coller à la joue lorsqu'on téléphone.

Le PDA se fait coach

L'assistant personnel Visor d'Handspring se voit doter d'un nouveau « joujou » appelé *Step Keeper*. Conçu par le japonais Hagiwara, ce module est un podomètre électronique spécialisé dans la remise en forme. Il ne calcule pas seulement les mètres parcourus par l'utilisateur dans l'effort, il propose aussi un régime en fonction de l'objectif à atteindre. Et en plus, il motive le « sportif » dans ses moments de découragement. Tout ça grâce à un petit logiciel intégré à Step Keeper. Mais attention, « il n'aime que le Visor » et n'est dispo' qu'au Japon, lui aussi.

Un PDA qui en jette

En fait, il projette. Il s'agit d'un assistant personnel numérique sur lequel on a branché un module qui lui permet de projeter des présentations ou des photos sur un rétroprojecteur ou sur un écran d'ordi'. Le module s'appelle *Presenter-to-Go* et a été confectionné par l'Américain Margi Systems. Le PDA en question est Visor de Handspring et seulement lui. Les documents projetés peuvent être des fichiers Word, Excel, Powerpoint ou encore HTML. Quant aux photos, il est capable d'en présenter 100. Son prix est de 2 100 FF (320,14 euros) et est distribué en France chez Widget.

Sans fil ni couture !

C'est sans fil et sans câble que Visor de Handspring se connecte à Internet et envoie des mails au rythme de 64 Ko par seconde ! Comment est-ce possible ? Grâce à l'adaptateur du fabricant de périphériques japonais Hagiwara, spécialement et exclusivement conçu pour le port d'extension Springboard, griffe de Visor ! Ainsi, la carte modem Compact Flash est acceptée et les portes du Net s'ouvrent au protégé de Handspring. « Bien évidemment », tout cela fonctionne uniquement au Japon !

Le Visor, un PDA caméléon

Handspring n'a de cesse d'ajouter des modules à son Visor couplé au système Palm. Le dernier en date est le *VisorPhone*. Son plus ? Il transforme le PDA en un téléphone portable bibande GSM avec vibreur. Ainsi, les numéros enregistrés sur l'assistant perso peuvent être directement composés depuis le répertoire, l'accès Web se fait en un clin d'œil et les mails « pleuvent » !

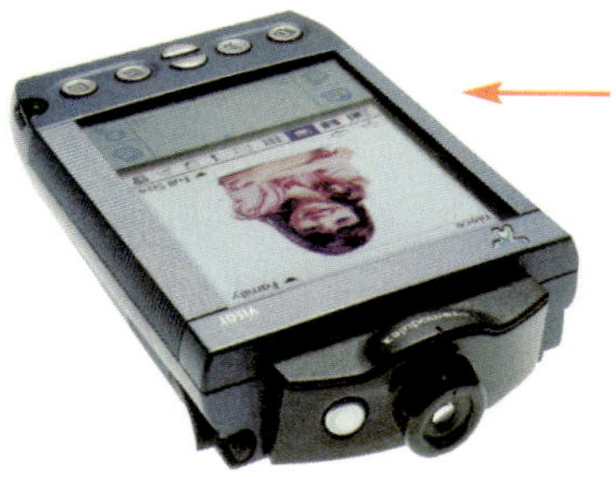

Le complice d'Electronique Visor

Petit (2 cm), léger (30 g), *Eyemodule 2* se clippe sur un agenda Electronique Visor et joue les « paparazzis ». Il prend donc des photos numériques et les affiche en vignettes sur l'écran du Visor. Le nec plus ultra : il est possible d'associer une image à un nom contenu dans le carnet d'adresses, tout comme transférer le tout sur un autre Visor ou Palm est une possibilité !

Visor affiche ses couleurs

Handspring adopte la couleur pour ses assistants personnels numériques. *Visor Prism* est le premier de la gamme haute en couleur. Il gère 65 000 couleurs ! De plus, il possède un processeur plus rapide et un OS plus évolué. Il exécute ainsi les opérations en 2 fois moins de temps que ses prédécesseurs. Ses batteries sont rechargeables et il accueille de nombreuses applications multimédia (lecture vidéo, importation de musique, cartographie...). Et toujours le port de carte d'extension Springboard cher à Handspring qui permet à *Visor Prism* de se métamorphoser en appareil photo numérique, en joystick...

Retrouvez-les...

Jeux vidéo

www.gameboy.com
www.playstation.com
www.xbox.com
www.attention.com

Téléphone

www.alactel.com
www.bell-labs.com
www.cybiko.com
de Grisogno, 106 rue du Rhône, 1204 Genève (Suisse)
www.dtcproducts.com
www.ebuca.com
www.ericsson.com
http://mobile.ericsson.com
www.francetelecom.fr
www.freeplay.net
www.j-phone.com
www.magcom.no
www.motorola.com
www.nokia.fr
www.orange.com
www.samsung.com
www.searchspace.com
www.sharp.co.jp
www.ic.siemens.fr
www.solarc.de
www.trium.net

Musique

www.alesis.com
www.edirol.com
www.elpj.com
www.europe-creative.com
www.freeplay.net
www.futuresoundtech.com
www.le-webstore.com
www.motorola.com
www.pjbox.com
www.samsontech.com/zoom/personal.html
www.samsung.com
www.saneihouse.co.jp
www.sony.com
www.thomson-multimedia.coms

Appareils photo

www.agfa.fr
www.b-brave.co.jp
www.berchetmedia.com
www.canon.com
www.ericsson.com
www.fujifilm.com
www.konika.co.jp
www.plawa.de
www.polaroiddigital.com
www.ricoh.fr
www.samsung.com
www.siliconfilm.com
www.smalcamera.com
www.tomy.co.jp

Images vidéo

www.alphagrip.com
www.canalj.fr
www.cthv.com
www.disney.com
www.intel.com
www.minolta.com
www.sharp.co.jp/aquos/
www.sony.com
www.3dpm.com

PDA

www.handera.com
www.handspring.fr
www.margi.com
www.microsoft.com
www.monarch.com
www.paxar.com
www.pc-ephone.com
www.siemens.fr
www.sony.com
www.symbol.com
www.swivelsystems.com
www.targus.com
www.trium.net

demain chez nous

demain chez nous

demain chez nous

Jouer p. 48
Maison p. 50
Mode p. 64
À table p. 72
Herbes folles p. 78

Jouer n'est pas exclusivement réservé aux enfants. La preuve, la télévision ne cesse d'innover dans les jeux pour adultes. Le dernier en date, en France, a été le célèbre et très contesté Loft Story. Jouer, c'est aussi des jeux de société, des vêtements interactifs… Bref, à chaque âge son jeu !

JOUER

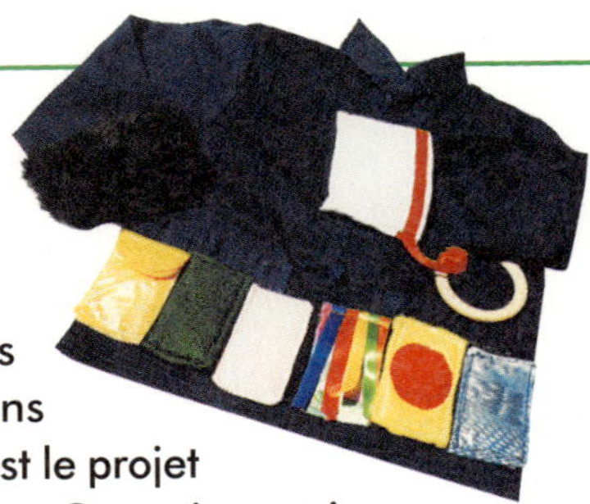

Le vêtement interactif

Faire découvrir les matières et les sons tout en s'amusant est le projet de Virginie Rocher. Cette inventrice française a créé une veste chinoise de travail qui a la particularité d'être composée d'une large bande de Velcro sur laquelle il est possible d'accrocher différents éléments repositionnables. Ces derniers peuvent être de l'ordre d'un mini-clavier de piano ou d'un rectangle de peau de vache (imitation) qui, lorsqu'on le touche, fait « meuh ». L'intérêt du repositionnable est qu'on peut changer les éléments à tout moment en fonction de l'apprentissage de l'enfant.

Elles ne tomberont pas !

Tenir bien en main tout un jeu de cartes, ce n'est pas toujours évident, encore moins quand il s'agit d'un jeu de tarot. C'est pourquoi, le Français Thierry Vesco a imaginé et réalisé des cartes avec une forme ergonomique et arrondie. Baptisées *Ergomia*, ces cartes sont faciles à prendre en main. La surface de contact est plus importante entre chaque carte et facilite ainsi le maintien des cartes à jouer. L'ouverture des cartes est minimale dans la main, ce qui est un avantage précieux lorsqu'on joue au tarot où le nombre de cartes à tenir est conséquent !

UN JEU DE COCHONS

Baccade est un jeu de cartes imaginé par le Français Yves Renou, éleveur de cochons du Limousin appelés Culs Noirs. Si Yves Renou a inventé ce jeu, c'est pour faire parler de cette variété de cochons tombée dans l'oubli. Le principe ? On y joue à plusieurs et chacun doit au plus vite former une famille de cochons ou deux demi-familles, ou encore rassembler trois cartes « Tour de cochon », pour gagner un maximum de « patates ». Le gagnant est celui qui atteindra le premier 500 patates. Attention, *Baccade* n'est pas un jeu de 7 familles traditionnel car il renferme des cartes jokers et requiert des cris de « guerre » comme « Baccade ! », « Confiture de cochon ! », « Je suis un cochon » et « Cul Noir ». *Baccade* est un jeu bon enfant, personne n'est tué !

Comme pour de vrai !

Le Genevois Alain Berger a mis au point un jeu de société de stratégie qui reflète à 100 % la vie économique de ce début du troisième millénaire. Son nom ? *START'UP*. Le but du jeu ? Chaque joueur (de 2 à 6 maxi) se met dans la peau d'un entrepreneur en créant sa société et doit réaliser les bons choix, ainsi qu'élaborer le bon stratagème pour que sa société devienne un géant international !

Pour ou contre ?

La France n'avait pas encore été observée par l'œil assidu de *Big Brother*, aujourd'hui c'est chose faite, et l'émission a été rebaptisée pour l'occasion *Loft Story*. Ultra controversé, il n'en demeure pas moins que *Loft Story* reste un jeu grandeur nature. Le jeu de rôles est dépassé. Il s'agit de « jouer pour de vrai ». Enfermés dans une maison confortable, les onze participants (hommes et femmes) doivent apprendre à se connaître, à vivre en communauté et à vivre... en vase clos pendant 70 jours ! Ils sont tous célibataires et jeunes. Le but du jeu est de rester un maximum de temps dans la maison sans se faire exclure par les autres et les téléspectateurs. Chaque semaine, un « lofteur » est désigné pour sortir du loft par ses « compatriotes » et le public ! Seuls les deux derniers restants, de sexe opposé, seront les gagnants... d'une maison d'une valeur de 3 millions de francs soit environ 460 000 euros. En France, c'est Loana et Christophe qui ont été les vainqueurs ! À quand *Big Diet* en France (un autre jeu télévisé produit par Endemol, la société de production qui a inventé *Loft Story/Big Brother*) ?

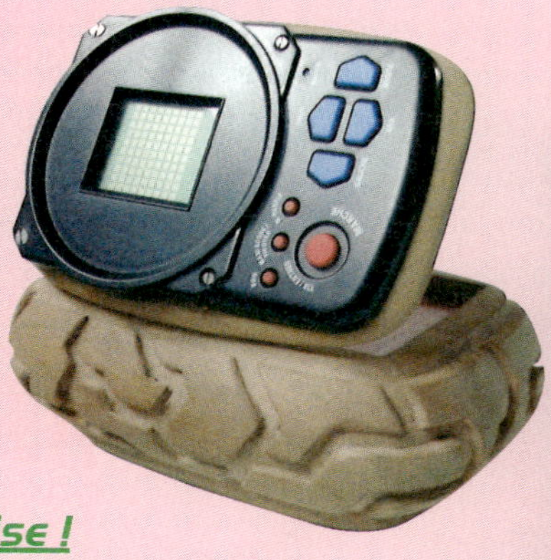

Surprise !

Jean-Luc Selliez, inventeur français, a conçu un boîtier exclusivement réservé aux jeux électroniques portables. L'intérêt ? Il ne suffit pas seulement d'atteindre un bon score pour gagner, encore faut-il arriver au bout du jeu et résoudre l'énigme pour découvrir le trésor que renferme le boîtier. Eh oui, c'est comme les pochettes surprises ! Ce boîtier accepte un nombre considérable de logiciels de jeu électronique et il peut aussi faire office de minicoffre-fort avec une combinaison à code intégrée dans le jeu. Il s'appelle *La Cassette Magique*. Ici présenté avec le jeu « touché-coulé » de Hasbro MB.

Demain, dans nos maisons, nombreux seront les changements. La table sera aussi un frigo, les micro-ondes auront changé de « robe » et les robinets « s'habilleront ». C'est avec les pieds qu'on compressera les bouteilles. Les cambrioleurs se feront piéger par leur propre vomi... Et demain, c'est aussi l'arrivée de l'euro !

MAISON

Informations, électronique et flexibilité

Le journal ne se lira peut-être plus sur des feuilles en papier mais sur une feuille électronique ultra souple. Certains laboratoires préfèrent parler de *papier électronique*, d'autres d'*encre électronique*, mais les deux concourent au même résultat : « fin du bon vieux papier ». Les premiers ont développé une technique appelée *SmartPaper*. Elle a été imaginée par Nick Sheridon, chercheur au Parc de Rank Xerox, et produite par Gyricon. *SmartPaper* est une technique qui « encapsule » des millions de données électroniques et qui les restitue en blanc et noir sur une feuille ultra plate et souple grâce à une très petite charge électronique. Quant au deuxième laboratoire, Bell Labs a mis au point avec la société E Ink l'*encre électronique*. Les travaux ont été dirigés par John Rogers et il s'agit d'une procédure où, cette fois-ci, il est question de microcapsules chargées électriquement et enfermées entre deux films de plastique constituant un écran ultra plat et flexible. Suivant les impulsions électriques, les microcapsules agissent différemment et affichent les infos sur l'écran. À quand le *Livre Mondial des Inventions* sur papier électronique ?

Adresse ? 2318751062I3 !

La Royal Mail, la poste britannique, prévoit de remplacer l'adresse postale de chaque habitant de Grande-Bretagne par un code personnalisé. Le but est de pallier les problèmes rencontrés lors de changement d'adresse ou de suivi du courrier pendant les vacances. Chaque client pourra choisir son code. Attention, ensuite on ne pourra plus en changer : il est pour la vie !
Actuellement, la technique n'est pas encore tout à fait au point et on ignore si le code personnel sera gratuit et s'il faudra payer à chaque départ en vacances !

PANIER

Le Français Nicolas Trüb a équipé la trottinette d'un élément non négligeable et très pratique pour les adeptes de la trott' : le panier pour petites courses. Il s'appelle *Trottibasket* et affiche un look sobre. Ultra solide et long de 45 cm, il s'adapte à tous les modèles. *Trottibasket* est déjà commercialisé par la société Stilic.

Le frigo qui pousse la chansonnette !

… et pas n'importe laquelle ! Le réfrigérateur *Digital Dios* de LG Electronics lit la « zic » au format MP3. En plus de réfrigérer et d'écouter de la musique, on peut y relever ses mails, visiter la Toile et regarder la télévision… mais il ne fait pas la cuisine !

UN CHOCOLAT TIMBRÉ

Pour célébrer le centenaire de la Fédération helvétique du chocolat, La Poste Suisse a eu l'idée originale de créer un timbre avec un visuel de chocolat et surtout parfumé au chocolat. Le truc ? L'arôme a été enfermé dans d'infimes capsules qui ont été ensuite placées sous le timbre. Pour humer le chocolat, rien de plus simple, passez un doigt dessus. On en mangerait presque !

1 euro = 6,55957 francs

Le principe d'une monnaie unique européenne a été adopté en décembre 1995 par le Conseil européen à Madrid. Depuis le sommet de Brême, en juillet 1978, existait une unité de compte dont le nom avait été choisi par Valéry Giscard d'Estaing et le chancelier allemand Helmut Schmidt : l'European Currency Unit ou ECU. L'*euro* l'a remplacée dès son entrée en vigueur comme unité de compte officielle dans les échanges bancaires le 1er janvier 1999. Il est déjà possible de payer en euros par carte bancaire ou par chèque.
À compter du 1er janvier 2002, l'euro « circulera » en monnaie courante et, le 17 février 2002, le franc aura complètement disparu de la circulation pour laisser place à la monnaie unique, l'*euro*.
Il sera encore possible d'échanger auprès des banques centrales nationales les francs en pièces jusqu'au 17 février 2005, et les billets jusqu'au 17 février 2012. Mais avant ces dates butoirs, pièces et billets s'échangeront auprès des banques commerciales jusqu'au 30 juin 2002.

D'un coup de pied

Compresser des bouteilles plastiques vides, ce n'est pas nouveau. Par contre, *Step Pac* l'est ! Cet appareil permet de compacter de 80 % les bouteilles et toutes les cannettes métalliques sans aucun autre effort que celui de lever le pied. Et oui, *Step Pac* s'actionne avec le pied. À qui doit-on cette invention ?
Au Belge Claude Adam !

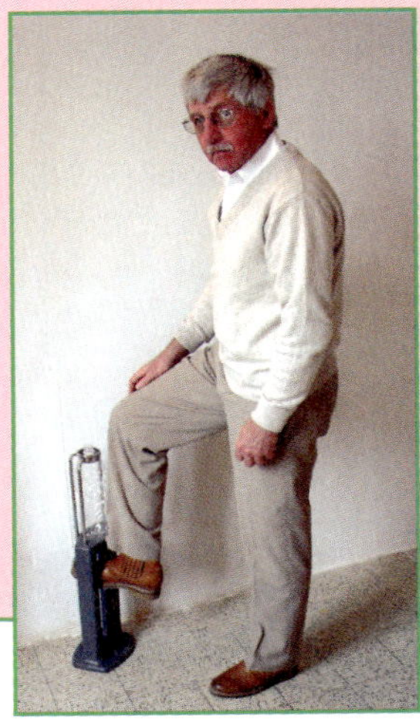

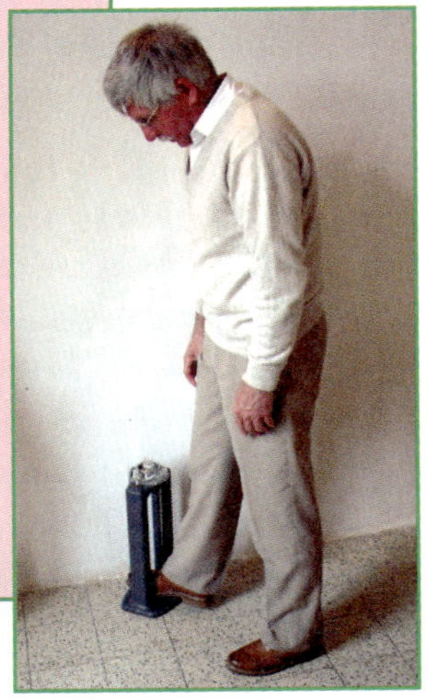

Attention voleurs, le vomi vous guette !

Les systèmes d'alarme se renouvellent et se révolutionnent. La société britannique Clansman a acheté la licence de Dick Edvinsson pour son invention, la *barrière de son infernal*, l'alarme nouvelle génération.
La moindre intrusion déclenche une cacophonie insupportable. Des sons suraigus de 125 décibels émanent de plusieurs petits haut-parleurs, des sons si stridents qu'ils parasitent l'oreille interne du voleur.
Il est alors pris d'angoisse, il est complètement désorienté et, enfin, il ne peut pas se retenir de vomir. La police arrive et récupère le voleur dont l'oreille se rétablira à l'ombre !

Message carré

Vocapatch, créé par les Français M. Larzul et M. Dubois, est un enregistreur vocal aux dimensions d'un carré de chocolat. Il renferme une puce qui permet d'enregistrer un message oral de 12 secondes. Doté d'un adhésif au dos, *Vocapatch* se colle sur une carte postale. Il suffit d'affranchir la carte et hop votre destinataire entendra votre douce voix mélodieuse. *Vocapatch*, un pied de nez au courrier électronique au prix modique de 30 FF (environ 6,5 euros).

D'un bloc !

Le designer suédois Björn Göransson a imaginé et concrétisé pour Whirlpool un chariot innovant, baptisé *Trollo*. Il cuit, il garde au frais et il fait office de rangement. Vous l'aurez compris, *Trollo* est un « meuble » qui renferme à la fois un four à micro-ondes, une plaque de cuisson/gril vitrocéramique, un réfrigérateur et un tiroir, le tout sur roulettes avec un design rétro !

La Poste s'occupe de tout

Chers utilisateurs de La Poste vous n'aurez plus à mettre sous pli, ni à affranchir, ni à déposer une lettre à La Poste. *Maileva* s'en charge et il en est de même pour vos télécopies. C'est un nouveau service d'envoi de lettres et de télécopies via Internet. À partir d'un ordinateur, il suffit d'envoyer ses documents, son fichier de destinataires et ses options d'envoi à *Maileva* qui s'occupe de tout. Pour les télécopies, même principe. *Maileva* a fait partie des 17 innovations pré-sélectionnées par Siemens pour son Grand Prix de l'Innovation 2000.

GRAND PRIX SIEMENS DE L'INNOVATION

L'EAU DÉCO !

Envie d'un jardin différent de celui de la voisine ? Il vous faut l'invention du Français Jean-Pierre Delettre. *Fontaine Verticale* est un mur d'eau silencieux, formé d'une fine pellicule d'eau qui dessine des vaguelettes. Cet écran d'eau peut mesurer de 6 à 500 m^2 et prendre différentes formes (verticale, circulaire) avec la possibilité d'une inclinaison de 10°. *Fontaine Verticale* s'admire de face comme de dos et, pour ne rien gâcher au plaisir, son encombrement et son débit sont faibles. Le vent peut s'élever jusqu'à 30 km/h, pas une goutte ne verra son chemin dévié : aucune éclaboussure !

Qu'est-ce qui...

... est capable de sauver 10 personnes à la fois d'un building enflammé, quelle que soit la hauteur de ce dernier ?

Indice : il ne s'agit pas d'un humain mais d'une « chose ». Elle rendrait bien service aux pompiers qui ne peuvent pas dépasser le 8e étage d'une tour avec leur échelle.

Réponse : *Eagle*, une plate-forme de 4 hélices qui vole à la verticale le long d'un building. Le concepteur de ce prototype est l'Israélien David Metreveli.

Un réchaud design

Quand la marque Campingaz décide de lifter ses réchauds, elle n'y va pas de main morte. *Festivio* a le physique et les fonctionnalités de l'ère du XXIe siècle. Fini rondeur et couleur bleu électrique ! Le réchaud du troisième millénaire affiche un profil ergonomique, une face plate pour plus de stabilité et arbore le gris chromé des produits haut de gamme. Bref, *Festivio* est à exhiber sur la table. La cuisson se fait variée avec la plaque gril, la plaque à crêpes, la pierre à griller et le wok, le tout accompagné d'un compartiment à eau récupérateur des graisses.
Très tendance, *Festivio* est à un prix abordable entre 500 et 600 FF (un peu moins de 100 euros).

La table frigo

Electrolux innove en créant le *Lighthouse*. C'est une table qui a l'originalité de faire aussi office de réfrigérateur. On y range les produits à la verticale et, grâce à ses multiportes translucides, on y voit les aliments d'un seul coup d'œil. Sympa, mais il vaut mieux bien ranger son frigo pour mettre en valeur le design ! Malheureusement, *Lighthouse* n'est pas commercialisé.

Un programme balancé !

La nouvelle balance de Calor affiche un look rétro. Hormis cet aspect, elle n'est pas un simple pèse-personne. Elle renferme un logiciel qui établit un programme minceur associé à des exercices physiques. *Bodymaster* de Calor est la balance pour ceux qui veulent se refaire une silhouette (de 800 à 1 500 FF, entre 120 et 230 euros).

Photos en suspension

Quand la technologie et le design s'allient, cela détonne. *Photocube Levitator* est un présentoir très particulier de photos au look de microscope.
Les photos flottent en l'air. Cette suspension ne relève pas de la magie mais d'un champ électromagnétique. Il met en lévitation le cube dans lequel se glissent les clichés et donne l'illusion que les images planent !
De plus, on peut régler le cube à n'importe quelle hauteur suivant sa vue. *Photocube Levitator*, un gadget qui en jette !

Un réveil groove !

Il allie les nouveautés high-tech et un look total rétro-kitsch : c'est le réveil d'Idea International, société japonaise. *Sound Capture*, comme son nom l'indique, permet de « capturer » par téléchargement des fichiers MP3 ou Wave. Comment ? Grâce à la prise qu'il recouvre pour se brancher sur PC. Fini les sonneries stridentes et ringardes, bonjour les réveils « hype ».

Un ver luisant éclairé

Il se balade, il éclaire là où d'autres ne peuvent pas, il épouse toutes les surfaces, il est sans forme et il s'appelle *La Baladeuse*. Cette chose vert fluo n'est ni plus ni moins une lampe qui illumine les moindres recoins grâce à une composition originale : une ampoule fluorescente, un gel spongieux et du film PVC.
Une invention lumineuse signée Ixilab à retrouver sur leur site, www.ixilab.com !

Pluie et soleil, un duo de choc pour les vitres !

Une vitre capable de se nettoyer toute seule n'est plus une utopie. Le producteur anglais de verre Pilkington a trouvé le moyen pour que les carreaux soient toujours propres en créant le verre *Activ*. Ce dernier est recouvert d'une microscopique (50 nanomètres) et transparente pellicule, responsable du phénomène. Elle fait partie intégrante de la surface extérieure du verre et elle « utilise » les propriétés chimiques de la pluie et des rayons du soleil. La combinaison des deux laisse la vitre « impeccable ». En fait, les ultraviolets détériorent les salissures qui ont ainsi moins d'adhérence au verre, et la pluie, lorsqu'elle tombe, les éjecte comme l'action d'une chasse d'eau. *Activ* devrait débarquer en France durant le premier trimestre 2002.

De bien jolies tartines !

Si Hello Kitty est ton idole, il te faut le *grille-pain Hello-Kitty*. Il grille les tartines à son effigie. On est fan ou on ne l'est pas !

Histoire de se lever du pied gauche !

Réveil égal cauchemar ? Tu n'as pas tout vu ! *Dancing Robot* de Sun-Star Stationery Co Ldt promet un réveil des plus désagréables. Cette bébête mécanique grince, clignote, bouge et agace pendant tout un show son et lumière : un mal de tête assuré ! Mais, remercions le Japon de vouloir se le garder rien que pour lui !

La machine à pop-corn « s'encanarde » !

Cette machine est innovante juste par son look d'oiseau palmipède. Eh oui, un canard sachant faire du pop-corn, c'est du jamais vu !

Trop chaud ? Moi jamais !

Sous son aspect de minerve élégamment améliorée, le *Personal Cooling System™ 2.0* joue une tout autre fonction, celle de rafraîchir son utilisateur. Il s'agit ni plus ni moins d'une climatisation portable et individuelle. *Le Personal Cooling System™ 2.0*, mis au point par la firme californienne Shaper Image, est un collier épais, rempli d'eau et équipé d'un moteur (a priori) silencieux. Pour obtenir de la fraîcheur, le moteur refroidit le liquide de 7°C en dessous de la température ambiante.

Cuisson rapide

Aussi surprenant que cela puisse paraître, ces deux éléments sont des micro-ondes, sortis tout droit de la tête du designer brésilien Mario Fioretti pour Whirlpool. Ces produits ont en commun d'exister pour lutter contre la neutralité et donc mettre en valeur l'individualité de chacun. L'un est un produit léger et portable, c'est *Micro Mobile* (le bleu). L'autre est un appareil électroménager totalement intégrable à la cuisine, c'est *Micro Top* (le gris).

Micro Mobile a été conçu pour toutes les personnes qui vivent à un train d'enfer et vont par monts et par vaux. Ce micro-ondes portable se branche sur une batterie de voiture et... sur le secteur. Il peut aussi être très utile dans une chambre de bébé ou au bureau. *Micro Mobile* réchauffe et fait bouillir l'eau.

Quant à *Micro Top*, il allie toutes les fonctionnalités d'un micro-ondes fixe au design discret et ergonomique. Il s'encastre dans le plan de travail de la cuisine, de préférence à côté de la cuisinière, pour préparer, chauffer et décongeler en toute facilité. *Micro Mobile* et *Micro Top*, une nouvelle génération de micro-ondes ?

Une bouilloire rapporteuse

L'objet fétiche et quotidien du Japonais : la bouilloire ! En créant l'*e-pot*, la société Zojirushi a eu l'idée saugrenue mais ingénieuse d'utiliser la bouilloire comme objet d'alerte de personne en danger. Primo, offrez un *e-pot* aux parents ou grands-parents nécessitant une surveillance. Secundo, votre téléphone portable ne doit plus vous quitter. Tertio, relié à votre portable l'*e-pot* vous avertit si problème il y a. Quand ? Lorsque l'*e-pot* est trop ou pas assez utilisée. Une belle rapporteuse qui sauve des vies.

Le kit anniversaire « hype »

Fini les gâteaux d'anniversaire troués de bougies et au goût de paraffine ! Fini le traditionnel gâteau d'anniversaire rond ou rectiligne ! Avec le *kit anniversaire* du Français Christian Dambekalns, déguste un gâteau d'anniversaire digne de ce nom.
Ce serpent de bougies se pose tout autour du dessert quelle que soit sa forme sans laisser de trace ni de goût. À essayer de toute urgence !

Les lavandières en machine

Après l'aspirateur sans sac, voilà le lave-linge « made in James Dyson ». Ce génial inventeur anglais a confectionné dans son laboratoire une machine qui lave comme une lavandière ! Cela peut surprendre mais, d'après James Dyson, le linge n'est jamais aussi propre que laver à la main. Elle se nomme *Contrarotator* et elle est munie de deux tambours. Ces deux derniers tournent en même temps mais pas dans le même sens. Ce brassage permet alors à la lessive de mieux pénétrer le linge et donc de le rendre très propre. Hormis cette propriété, *Contrarotator* lave 6 kg de vêtements en 1 heure contre 2 heures et demie pour une machine tradi'. Elle a été équipée d'un système de porte à double sas. On peut y mémoriser des programmes de lavage préférés et, visuellement, on peut contrôler le niveau de lessive et l'état du filtre. Ce joyau vaut la modique somme de 10 000 à 13 000 FF (1 500 euros à près de 2 000 euros). *Contrarotator* aura nécessité 4 années de recherches, 1 million d'heures de travail, 60 brevets et 25 millions de livres sterling d'investissement. Chapeau bas à James Dyson !

Un cadre connecté

Encadrer ses photos préférées, oui, mais pas dans n'importe quel cadre. Aujourd'hui, on les exhibe dans un cadre on line. C'est nouveau et ça nous arrive tout droit des States. Baptisé *Ceiva*, il s'adapte et se branche sur tout type de ligne téléphonique. Il se connecte tout seul au Web. Enfin et évidemment, seules les photos numériques (de haute définition de préférence) peuvent s'y pavaner.
Un site pour l'acquérir : www.ceiva.com.
Un prix : 199 $ soit 183 euros environ.

Balançoire pour séduction assurée

Si tu veux paraître unique aux yeux de ta belle, montre-lui que pour toi une chambre n'est pas seulement un lit et un bureau. Avec la balançoire d'intérieur top « hype » du designer français Philippe Di Meo, tu la surprendras et tu passeras pour un être bien « balancé ». www.le-webstore.com

Un aspirateur qui vous veut du bien

C'est bien connu, la poussière est source de désagréments, entre autres de crises d'asthme. L'aspirateur, bien qu'utile, n'avait pas encore totalement résolu le problème en aspirant la poussière, car dans l'air expulsé fourmillent des acariens. La société britannique Stimvak a trouvé la solution en concevant *Mitévak*, un aspirateur dont le système novateur vaporise des gouttelettes d'eau dans le flux d'air. Les particules de poussière sont ainsi humidifiées et capturées. Et l'aspirateur souffle un « bon air pur ».

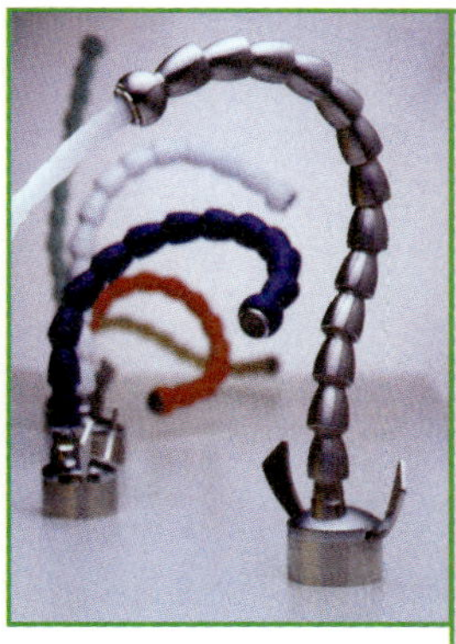

Robinet vitaminé

Doper la cuisine et tout particulièrement la robinetterie, c'est possible avec *Dumbo*, le robinet articulé orange « trashi » ! Un prix, 999 FF (153 euros environ).

Des robinets de toute beauté

Blasé par la monotonie des robinets, l'Allemand Axel Oster les a relookés en créant des poignées aux formes différentes et aux couleurs acidulées. Le plus : elles s'adaptent à tous les robinets.

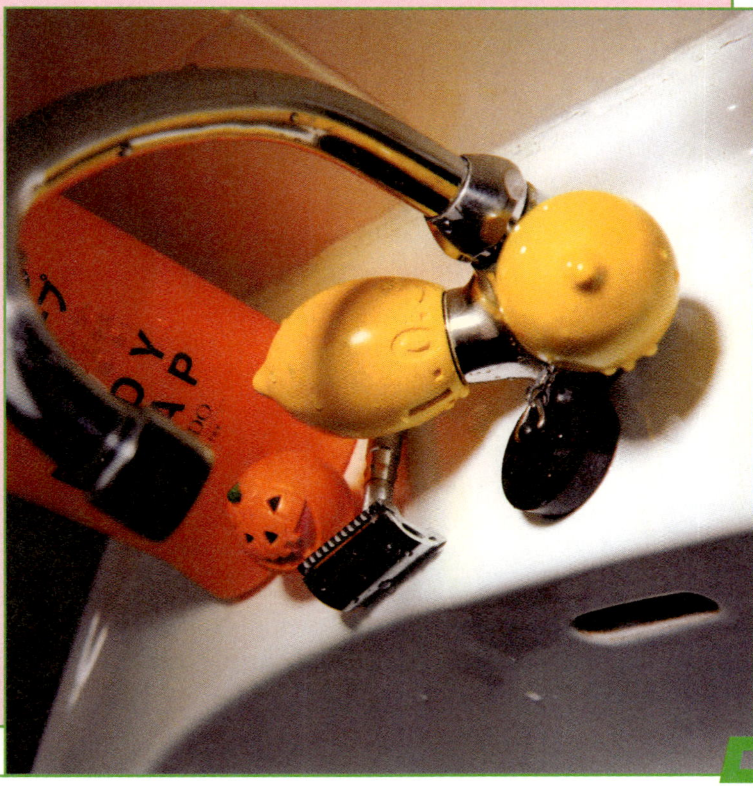

Une télécommande dopée !

La Française Florence Florit a eu la riche idée de mettre au point une télécommande unique pour tous les appareils de la maison utilisant une télécommande infrarouge. Elle se nomme *télétransmetteur universel infrarouge*. Elle est révolutionnaire dans le sens où elle a une portée d'un kilomètre, elle ne nécessite aucune installation préalable, elle est compatible avec tous les appareils à télécommande infrarouge, elle ne crée aucune perturbation, elle est fiable à coup sûr et l'appareil commandé répond instantanément. L'invention de Florence Florit a reçu le prix du Président de la République lors du Concours Lépine 2001.

Tatouer son mobilier

Digitrace n'est autre qu'une sorte de tatouage pour le mobilier et les objets d'art. Grâce à lui, il faudra réfléchir à deux fois avant de voler. Le mobilier a donc ses empreintes et il les doit à la collaboration entre Vincent Peyronnet et Xavier Pourbaix.

Le nec plus ultra en poêle

Tefal (groupe Seb) pense à nos fines bouches en concevant la poêle *Thermospot*. Cette dernière a été munie d'une pastille colorée incorporée au revêtement antiadhésif du fond. La poêle change de teinte lorsque la température désirée est atteinte. Résultat, la saisie des viandes, des poissons et des légumes est toujours au top, et le goût s'en trouve amélioré. Côté pratique, on ne se brûle plus pour savoir si la poêle est à bonne température. *Thermospot* de Tefal a fait partie des 17 innovations pré-sélectionnées par Siemens pour son Grand Prix de l'Innovation 2000.

Un réfrigérateur pas comme les autres !

Pour être différent, il l'est ! Le réfrigérateur, conçu par le Nigérian Mohammed Bah Abba, ne ressemble en rien aux nôtres et, techniquement, il ne fonctionne pas à l'électricité. Il est donc ultra pratique et adéquat aux habitations du nord du Nigeria qui n'ont pas toujours l'électricité. Il s'appelle *pot rafraîchissant* et se présente sous la forme d'un pot en argile placé dans un autre pot, séparés par du sable imprégné d'eau. Cette invention s'est révélée d'une grande efficacité puisqu'une aubergine peut y être conservée pendant un mois au lieu de trois jours... Mohammed Bah Abba a reçu le prix Rolex de la société suisse du même nom qui organise tout les deux ans un concours récompensant les projets les plus prometteurs !

Circulaire

Ceci est un micro-ondes. Il a été créé par l'Allemand Konstantin Grcic pour Whirlpool. Ce designer a voulu, en dessinant *Chef*, casser l'image des micro-ondes pour qu'ils deviennent des éléments intégrés à la cuisine.
Chef se compose de deux éléments l'un a été baptisé « poste de cuisson » et l'autre « outils ».
Le poste de cuisson en inox est un bloc dont une partie est incorporée à plat dans le plan de travail, ne laissant apparaître qu'une plate-forme circulaire. C'est sur cette dernière que s'effectue la cuisson. Le bloc, quant à lui, renferme toutes les technologies micro-ondes.
Les outils (de trois tailles différentes et en inox) sont des sortes de casseroles qu'on pose à l'envers sur la plate-forme pour recouvrir le plat. Lorsque l'outil est en contact avec le poste de cuisson, le four se met en route. Par contre, dès que l'outil est retiré, il s'arrête, même si le temps de cuisson n'est pas écoulé. *Chef* est une autre façon de voir le micro-ondes !

Débranche

Terminé les prises murales arrachées ! Avec le *débrancheur de fiches électriques* de Fodel Ait-Mokhtar et Boudjemline Abdel, plus aucun risque de saccager à la longue les prises. Ce dispositif amovible est compatible avec les fiches NF. On le place autour de la prise et, lors du débranchement, il suffit de baisser la languette. C'est sans effort !

L'e-machine à coudre ...ou presque

Elle existe et elle s'appelle *Designer I*. Conçue par Husqvarna, elle est équipée d'un écran tactile couleur et d'un lecteur de disquettes traditionnel. Sélectionnez sur le web un motif et la machine à coudre le récupérera pour vous faire des vêtements aux détails très « hype ».
Coût : 30 990 FF (environ 4 725 euros).

Bien reçu !

Comment être sûr qu'une lettre est bien arrivée à destination sans payer un recommandé ? Utiliser un autocollant avec un code-barres ! C'est nouveau et cela sort tout droit de La Poste. Simple d'utilisation, il suffit de le coller en plus du timbre sur l'enveloppe et de se connecter sur le site www.laposte.fr/csuivi pour suivre son cheminement. Pour les inconvertibles au Net, un numéro vert : 08 20 80 30 00 et le Minitel au 36 14 code Csuivi.

Un espion qui aspire

Il s'appelle *Spy Cye*, il se déplace sur deux roues et il surveille les moindres recoins de la maison. Il a une autonomie de deux heures et se pilote d'un PC. Et pour joindre l'utile à... l'utile, *Spy Cye* aspire les sols !

Ascenseur

GRAND PRIX SIEMENS DE L'INNOVATION

Une nouvelle ère d'ascenseurs s'annonce avec le dernier-né d'Otis, *Gen 2*. Cet ascenseur est basé sur une technologie révolutionnaire : fini les machineries sur le toit des immeubles, fini les câbles encombrants, fini les lubrifications, bonjour les courroies plates et la technologie de pointe ! *Gen 2* est un ascenseur hors pair.
Il est ultra silencieux, ultra doux lors de ses ascensions et ses descentes. Il offre des temps de réponse optimaux aux utilisateurs. Côté sécurité, il est quasi infaillible car il est constamment observé par un système de télésurveillance intelligent de haute technologie. Le moindre problème est repéré. *Gen 2* est exceptionnel. C'est sans doute pour cela qu'il fait partie des 3 vainqueurs du prix « Siemens de l'Innovation ».

Un rouleau en guise de lave-linge

Lors d'un séjour à Katmandou au Népal, l'Allemand Paul Malburg a pu constater que les jeunes filles lavent, dans le fleuve, le linge de tous les membres de la famille. De ce fait, elles ont les mains très abîmées voire usées comme celles des vieilles blanchisseuses. Souhaitant les aider, Paul Malburg créa *Waschflott*, un rouleau en mousse spéciale. Grâce à lui, les mains ne sont plus au contact de l'eau, de la lessive, et en plus, le linge est propre en 3 minutes avec très peu de produit nettoyant. *Waschflott* n'a pas besoin d'électricité pour fonctionner, juste de « l'huile de coude » !
Le principe est simple : il suffit de prendre une bassine, d'y verser un peu de lessive et d'y mettre le linge. En remuant et en appuyant avec *Waschflott*, on fait pénétrer la lessive dans le tissu et ressortir la saleté. Efficace, non ?

Chauffe-le, il se décolle...

... sans laisser de trace. Colle, chauffe, décolle, c'est nickel ! L'adhésif réversible de la firme nippone Tack System Corp contient une résine qui, une fois chauffée, se durcie et fait décoller le scotch sans marque.

Nebula, un « nébuleux » système

Nebula est un projecteur de plafond interactif pour chambre d'adultes. Philips Design a imaginé ce concept tout en cherchant à enrichir l'expérience du coucher, du sommeil ou du réveil. *Nebula* offre la possibilité de choisir le thème à projeter au plafond via Internet. Une fois ce choix effectué, l'image variera suivant la position et les mouvements du couple ou de la personne au lit. Cela est rendu possible grâce à un système à algorithme dont a été équipé *Nebula*. Il traduit les faits et gestes des individus par une succession d'images et de textes. *Nebula* est un concept qui veut créer une atmosphère engendrant le repos, la réflexion, la conversation et l'imagination.

Canapé connecté et amovible

Le canapé de demain selon Philips Design sera branché à une prise de courant et on pourra y brancher une multitude d'éléments. Appelé *4Q Plugged*, il n'est encore qu'un concept. Il se compose de différents éléments de base, dont 4 matelas, des accoudoirs, des dossiers et des tables/tablettes, qui sont interchangeables. On les assemble et les désassemble à volonté pour former un canapé adapté aux situations (mondanité, relaxation…), c'est-à-dire qu'avec *4Q Plugged* on peut passer du canapé traditionnel à la chaise longue ou encore à une zone autonome « de travail et de loisirs ».

L'un des matelas possède une prise centrale tandis que les autres éléments renferment des prises auxquelles on peut relier un projecteur mural ou plafond, un web pad (unité pour accès Internet)…

L'un des accoudoirs contient une chaîne hi-fi/radio avec un panneau de contrôle incorporé sur le côté. Un deuxième accoudoir détient les enceintes, et un troisième est disponible comme rangement. *4Q Plugged* est un canapé digne du troisième millénaire.

Tour bionique

Tel est le nom de la tour que l'architecte espagnol Javier Pioz a imaginée. Elle dépasse le fantastique. Elle mesurerait 1,3 km de haut et permettrait d'y faire vivre une ville tout entière, soit 100 000 habitants, avec des hôtels, des hôpitaux, des écoles, des crèches, des commissariats de police, des bureaux, des lacs et des jardins. Il ne s'agirait donc pas seulement d'une tour d'habitation mais d'une ville construite à la verticale à ceci près que la voiture aurait disparu. Seuls les 368 ascenseurs permettraient de relier les 12 quartiers superposés répartis dans les 300 étages de la *Tour bionique*. Cette tour n'est pas une mauvaise blague, elle risque de se concrétiser dans les années à venir à Shanghai, une zone surpeuplée. De quoi laisser coi !

Pour faire durer le plaisir

Offrir un cadeau, c'est plaisant. Faire durer le plaisir de l'ouverture, c'est palpitant ! Suspens et plaisir s'éternisent grâce à la boîte cadeau *MMADlok*. Équipée d'un « chronomètre décompteur », elle se programme à la date et à l'heure désirée et ne s'ouvre qu'à ce moment précis. La boîte, conçue par la société britannique MMAD, se décline en 5 modèles, 5 tailles et 5 coloris. 5 bonnes raisons de l'acquérir !

Des costumes aux pouvoirs apaisants, des chaussettes masseuses, des vestes high-tech, des petites culottes curieuses, des soutiens-gorge intelligents, des collants anti-dérapants… c'est ce qui nous attend dans un proche avenir, sans compter les montres multi fonctions qui se portent sur la hanche !

Des chaussures à toute épreuve

Chaussures détrempées, orteils mouillés et pieds congelés : c'est fini grâce aux *protège-chaussures Baggers*. Fabriqués en nylon enduit, ils sont aux chaussures ce que l'imperméable est au corps : ils protègent des intempéries (et de l'usure).
Faciles d'utilisation, les *Baggers* s'enfilent sur toutes sortes de chaussures.
Chapeau bas à la société Siel.

MODE

La Game Boy Color « colle aux basques » !

Devinette : la styliste anglaise Helen Richards + Nintendo = ?

Réponse : des chaussures à semelles compensées, équipées d'un emplacement conçu pour la Game Boy Color.

Commentaire : qui dit mieux ?

Veste → high-tech

Philips et Levi Strauss ont travaillé main dans la main pour confectionner une veste très « trendy ».
Elle intègre à la fois un téléphone Xenium Philips et un lecteur MP3 Rush. Ces deux derniers s'exécutent grâce à une télécommande intégrée. Quant au micro et aux écouteurs, ils ont été placés sur le devant du col. La bonne nouvelle est que cette veste, au petit nom de *Mooring Jacket*, est déjà en vente !

Une batterie dans les talons

Le Britannique Trevor Baylis a conçu une paire de chaussures qui produit de l'électricité. Le transfo' pourrait donc changer de look et on rechargerait les téléphones portables, les organiseurs et les baladeurs MP3… en marchant ! En fait, les chaussures de Trevor Baylis contiennent une batterie dans les talons et chaque pas appuie sur des matériaux piézoélectriques engendrant l'électricité. Celle-là est distribuée à l'appareil à recharger par un cordon. D'accord, ces chaussures ne sont pas très esthétiques, et se balader avec un cordon reliant sa chaussure à son téléphone, ce n'est pas « trendy » ! Mais l'idée est excellente !

Le costume zen

Monoprix se lance dans la conception d'un costume antistress pour l'homme urbain. Comment ?
La marque compte sur les bienfaits des fibres de carbone qui « récupèrent » les champs magnétiques pour créer un écran protecteur. À essayer !

Chaussures à la rhubarbe

Non, elles ne se mangent pas, elles se portent ! Le professeur allemand Ingo Schellenberg, soutenu par l'Institut de technologie cuir et plastiques de Fribourg et une société de tannerie de cuirs de Magdebourg en Allemagne, a trouvé une solution pour ne plus utiliser le chrome, métal polluant, dans le traitement des peaux pour les chaussures. Il propose de le remplacer par des racines de rhubarbe. Il crée ainsi un nouveau procédé de tannage écologique du cuir. Aussi, « grâce à la rhubarbe », les peaux rétrécissent moins lors de leur transformation.
Si cette alternative fait ses preuves, alors ce sera une bataille de gagnée pour l'environnement.

La montre se porte sur la hanche

L'idée vient de Swatch. Ils ont intégré une de leurs montres étanches sur un maillot de bain deux pièces en Lycra. Elle fait le lien entre la pièce de tissu du devant et la partie arrière du maillot. Mais elle peut aussi se « moover », elle est amovible.
Un nom, un seul : *C. H. Rainbow*.

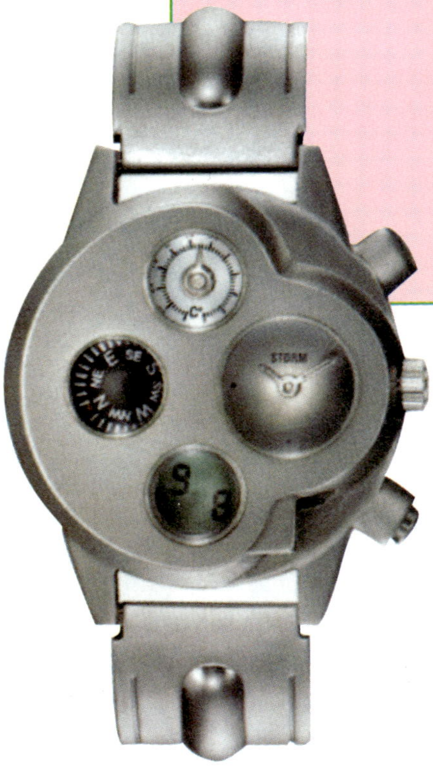

La montre éclairée

Non, elle ne sort pas 1 000 idées à la minute, mais *Navigator* émet de la lumière comme une vraie torche. Outre cette particularité, cette montre de Storm indique l'heure de deux fuseaux horaires différents, et pour ne rien gâcher, son look est assez trendy.

Coton sucré

Devinette : des molécules de teinture + des molécules de glucose = ?

Réponse : la *rotaxane*, la fibre sucrée.

Remarque : la *rotaxane* a été créée par l'équipe de recherche anglaise d'Harry Anderson. Elle a la particularité de rendre les couleurs des tissus plus résistantes aux agressions de la lumière et des lessives. Longue vie aux couleurs vives !

Chaussettes masseuses

C'est connu et reconnu, rester assis trop longtemps dans une atmosphère de basse pression peut provoquer des caillots de sang (thrombose) pouvant mettre la vie de l'homme en danger. Le Royal Free et l'université College Medical School de Londres ont démontré que porter des bas de contention lors d'un voyage en avion long courrier, limite les risques.
Cette découverte a donné l'idée à l'étudiante britannique en design de mode Hilary Turnock (44 ans) de créer une gamme de style pour les compagnies aériennes, afin de protéger ses passagers de ce type de « désagrément ». Elle a inventé, entre autres, des chaussettes qui massent les jambes. En fait, elles contiennent des ballons qui, en se gonflant et dégonflant, grâce à un dispositif spécifique, engendrent le massage et permettent d'éviter la thrombose. De plus, les chaussettes d'Hilary Turnock sont un peu plus seyantes que les bas de contention ! Bravo !

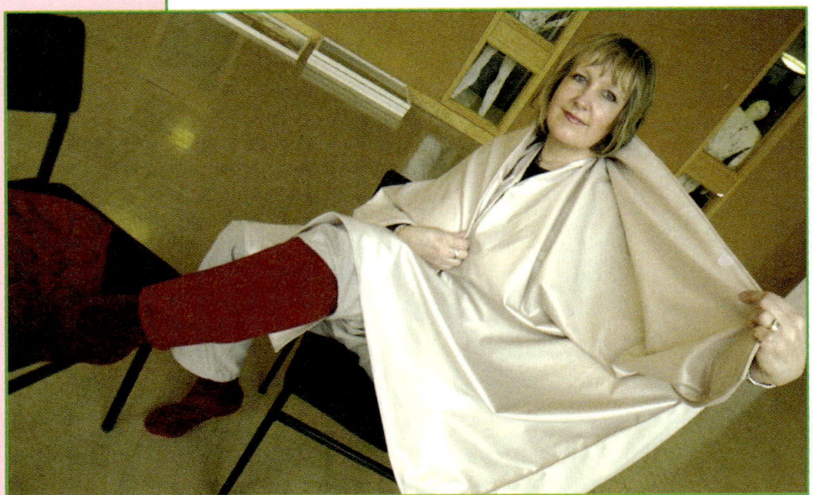

Une écharpe high-tech

Elle se porte autour du cou mais elle ne protège pas seulement du froid. Elle offre la possibilité d'écouter de la musique, de téléphoner, d'envoyer des mails, de prendre des photos et de filmer. Elle s'exécute par un simple mouvement ! Cette écharpe communicante est le fruit du Studio Créatif France Telecom.
Sans nom connu, elle est encore au stade de prototype.

Une petite culotte vicieuse

La société Procter & Gamble a eu l'idée libertine de mettre au point une culotte dite intelligente et interactive. Elle pourrait non seulement signaler par des couleurs différentes si la femme est en période d'ovulation, en début de menstruation ou de grossesse, mais aussi prévenir en cas d'infections diverses. Le truc, la culotte serait en silicone qui réagit à la modification du taux d'œstrogènes et de progestérone.
« Big Brother » est partout !

Une puce dans le soutien-gorge

C'est nouveau, c'est pour 2002 et c'est dans la lignée du troisième millénaire : le *Smart Bra*.
Ce soutien-gorge a le don de s'adapter aux besoins de la... poitrine. En bref, selon les mouvements, les bretelles se rétrécissent ou s'allongent, les bonnets s'assouplissent ou se raidissent, etc. Un soutien-gorge vivant ? Non, *Smart Bra* est fait dans un textile intelligent doté d'un cerveau : une puce !

Un soutien-gorge à gonfler

Gossard sait parler aux petites poitrines ! Son nouveau soutien-gorge, au nom prometteur d'*Ultrabra Airotic*, s'adapte à toutes les situations. « Gibier » en vue ? Appuyez sur la pompe et votre poitrine arborera des allures opulentes. Une rencontre peu « souhaitable » ?
Appuyez de nouveau sur la pompe et vous retrouverez une poitrine plus « normale ».
Le truc ? *Ultrabra Airotic* est doté de deux poches hermétiques en plastique munies de valves dans les bonnets et d'une pompe.
Bon profil à tout moment pour 290 FF (environ 44 euros) !

Des baskets gonflées

Les *Ravenshoes* vont révolutionner la vie des athlètes. Pourvues d'un ordinateur dans chaque chaussure, les tennis ont le devant des semelles qui se gonfle ou se dégonfle suivant l'effort effectué. En course, elles prennent des rondeurs pour amortir les chocs, à l'arrêt elles s'affinent. Un voyant permet de s'assurer que tout fonctionne bien.

Une montre à clichés colorés

Casio a donné de la couleur à sa montre *Wrist Camera*. Non pas sur son revêtement mais aux photos qu'elle peut prendre à ses heures de « photographe ». Eh oui, *Wrist Camera* est une montre mais aussi un appareil photo. Petite déception toutefois, car la couleur n'apparaît pas sur l'écran de la montre mais uniquement sur celui d'un PC lorsque les clichés ont été téléchargés ! *Wrist Camera* fera d'abord un tour au Japon et aux States avant de se rendre en Europe.

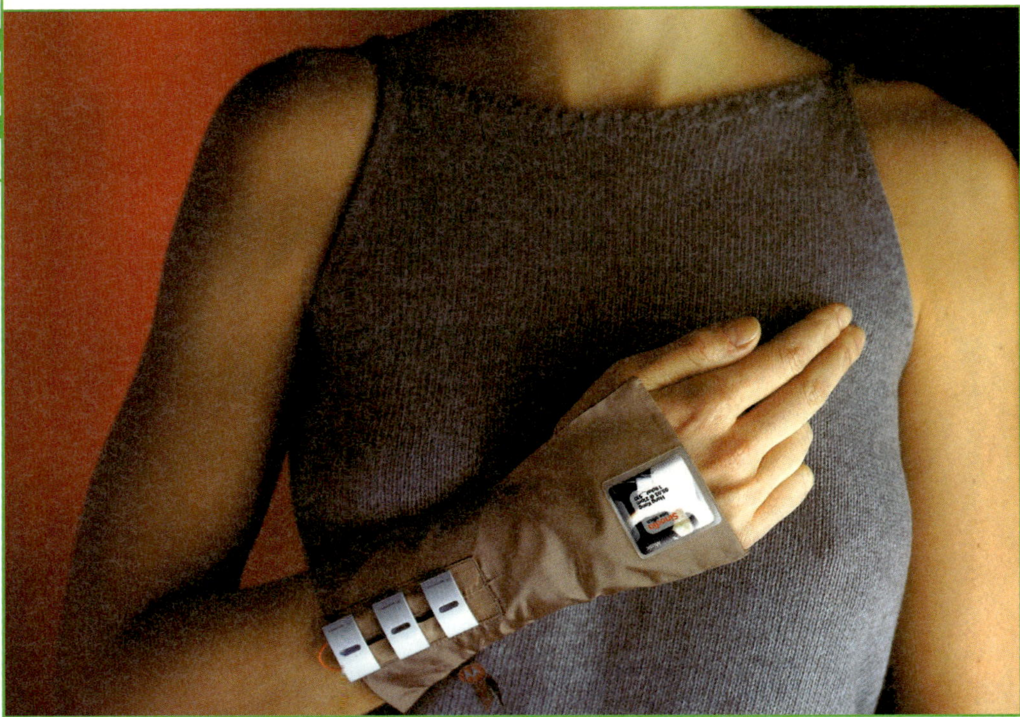

Le gant shopping

Soirée mondaine ou soirée « grunge », pas de prob' pour s'habiller, *Hearing Hand* de Motorola est là ! Ce gant est fabuleux. Il suffit de l'enfiler, de lui communiquer le style de votre sortie et vos mensurations, puis d'aller dans les boutiques et de le passer devant les vêtements. *Hearing Hand* vous indiquera si la taille et le choix sont bons : plus la peine d'essayer, passez directement en caisse ! Le style est assuré !

Un porte-clefs qui veut du bien

Non seulement *Teddy* porte tes clefs mais il peut aussi surveiller ton bronzage grâce à ses capteurs solaires. Flexible, il te propose trois programmes : « bonne mine », « hâle léger » ou « hâle optimal ». Un bip-bip te signale que le temps de « cuisson » est écoulé et que ton bronzage est à souhait !

La montre info'

Timex Internet Messenger (*TIM*) est une montre à la pointe de l'information. Grâce à son partenariat avec SkyTel, filiale de Worldcom, elle réceptionne les mails et les nouvelles toujours plus actuelles les unes que les autres en les signalant par un bip ou un vibreur.
Les textes défilent sans aucune difficulté avec le bouton scrolling.
Le plus : suivant les fuseaux horaires, *TIM* change l'heure toute seule comme une grande. À se procurer en ligne pour 120 euros environ : www.timex.com.

Oh la vache, quelle odeur !

– Ouah ! Tu sens fort !
– Ah bon !
– Tu devrais porter des chaussettes contenant le fil polyamide 6.6 de Rhodia.
– De quoi tu m'causes ?
– C'est simple. La société Rhodia a créé un fil révolutionnaire bactériostatique qui régularise la prolifération des bactéries, source de mauvaises odeurs. Lorsque tu portes des vêtements renfermant ce fil, tu ne risques plus de sentir mauvais !
– Ah ouais et alors !
– Achète des chaussettes avec le label Meryl-r.

Une clim' dans les chaussures !

Ce n'est pas une blague mais très sérieux ! Le Centre d'Énergétique de l'École des mines de Paris a mis au point des chaussures à semelles rafraîchissantes. Adieu sueur et mauvaises odeurs... enfin on l'espère !

À chacun son pied et sa chaussure !

Plus question de prêter ses chaussures, surtout les *Sole Identity* ! Pourquoi ? Parce que chaque chaussure est faite aux dimensions précises du pied. Oui, c'est possible ! Pour cela le micro-ondes est l'instrument incontournable. Faites-y chauffer la semelle. Puis posez le pied dessus pendant 2 à 4 minutes. Laissez refroidir et hop chaussez des chaussures aussi confortables que des chaussons. À qui doit-on ce confort ? À la marque américaine Rockport !

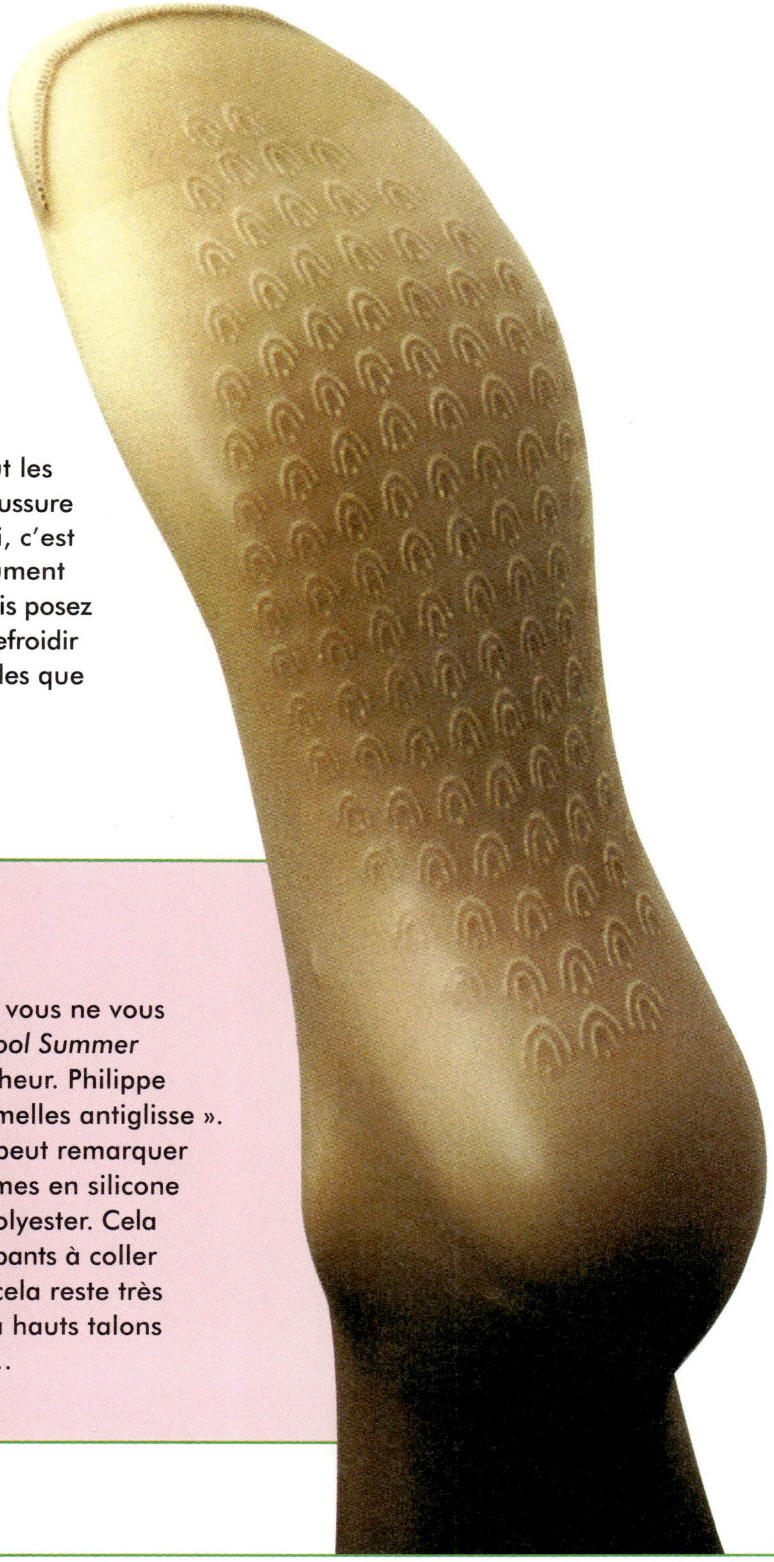

Collant

Amies des « hauts perchoirs », vous ne vous tordrez plus la cheville avec *Cool Summer antidérapant*, le collant accrocheur. Philippe Matignon lui a greffé des « semelles antiglisse ». À y regarder de plus près, on peut remarquer sous le pied les discrètes gommes en silicone incrustées dans la maille en polyester. Cela ressemble un peu aux antidérapants à coller au fond de la baignoire mais cela reste très efficace dans des chaussures à hauts talons et aussi sur les parquets cirés...

Des lunettes affriolantes

Voir le monde sous une autre couture, telle est l'idée de Triumph International (fabriquant de lingerie fine) avec ses *lunettes pour anticiper le XXIe siècle*. Cette paire de lunettes n'a d'autre intérêt que l'esthétique, à chacun d'en juger !

La « cybermontre »

Oui, Swatch l'a fait ! *La Cyber.commander* est la montre qui indique l'heure et qui permet de surfer sur le Net. Elle est livrée avec un tapis de souris spécial et le tout permet d'accéder rapidement à la Toile sans aucun mot de passe. Les informations sont enregistrées par une micro puce intégrée à la montre et, si cette dernière venait à être dérobée ou perdue, alors les infos seraient bloquées. Sécurité oblige !

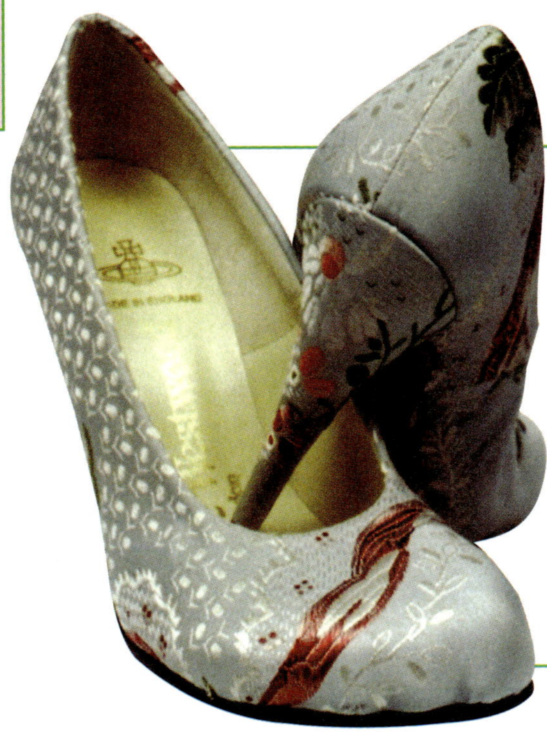

Chaussures à doigts de pied

L'idée vient de la célèbre Vivienne Westwood. Elle a stylisé la chaussure où chaque doigt de pied se voit souligné. Chaussures féminines et félines, elles se déclinent en 7 couleurs : rouge, blanc, bronze, noir, or, argent et étain, pour 381,12 euros soit 2 500 FF.

Casio tape dans la boussole

… ou presque ! Casio présente une nouvelle montre qui ne perd pas le nord. *Protrek Satellite Navi* est dotée du système GPS, donc impossible de se perdre. Elle se connecte à un PC si on charge les bonnes cartes. Malgré sa grande mémoire, *Protrek Satellite Navi* pèse seulement 84 g. Mais on ne retiendra pas son design top seventies.

Un badge au parfum !

Porter *Charmed AromaBadge*, c'est découvrir le parfum que nous dégageons. En bref, suivant notre température corporelle et notre rythme cardiaque, notre état d'esprit diffère et le badge de Charmed Technology nous le traduit en parfum !

Le python envahit les ongles

C'est nouveau et c'est « trendy ». Le vernis à ongles de Peggy Sage innove dans le style. Exit l'effet lisse et laqué, bienvenue à l'écaille version Python. Un nom : *Les Craquelés effet Python*. Un prix : 86 FF (aux alentours de 13 euros).

La pastèque devient carrée.
Le tabac vient parfumer
les mets les plus délicats.
L'emballage des produits
se mange. Le Coca-Cola met
du lait dans ses bulles.
L'omelette se fait à partir
d'un sachet...
Voilà un éventail de ce que
sera notre nourriture
de demain.

À TABLE

Qu'est-ce qui...

... est liquide, brun, pétillant et qui comporte de la noix de cola, de la caféine et du caramel ?

Réponse : le *Draft Cola*, la recette originale de Cola américaine, naturelle et authentique, comme elle était faite il y a 100 ans. La licence pour la France a été récupérée par le Français Philippe Bailly.

Commentaire : et non, ce n'est pas ce à quoi vous aviez pensé !

Une tartine bien informée !

On a du mal à y croire mais pourtant c'est bien réel ! Un jeune inventeur anglais « farfelu », Robin Southgate, a mis au point un grille-pain qui indique la météo du jour sur votre tartine grillée. Comment ? Grâce à Internet ! Le grille-pain est relié au web par une liaison téléphonique et « surfe » sur un site spécifique où il reçoit les informations. Pour les transmettre sur le toast, à 25 secondes de la fin de la cuisson, il déclenche le pochoir qu'il renferme et l'applique sur la résistance. Ainsi, le toast est plus grillé en son centre, et le dessin est soit un soleil, soit un nuage, soit des gouttes de pluie.
Tout dépend de la météo !

Au carré

Couper en petits cubes réguliers une pastèque n'est plus un problème, il suffit pour cela de prendre une pastèque... carrée ! Oui, elle existe et elle est même fabriquée en production. L'idée est japonaise et elle a été concrétisée par des fermiers de Zentsuji. Ils ont fait pousser les pastèques dans des « moules » cubiques en verre. Résultat, elles se transportent plus facilement et elles se rangent dans le réfrigérateur avec plus de facilité. Mais elles coûtent 7 fois plus cher que leurs « congénères » ovales et elles ne sont pas encore arrivées en France.

À chacun son café

Le torréfacteur normand Philippe Sellier a voulu communiquer son goût pour le café aux enfants sans ses inconvénients et désagréments, et il y est arrivé ! Le café s'appelle *Super Xantos*. L'amertume n'y est plus, la caféine non plus et il est 100 % arabica. Philippe Sellier y a ajouté de la vanille et du sucre. Bref, *Super Xantos* devrait séduire les enfants (et les parents !). De son côté, Nestlé s'est « attaqué » aux 18-25 ans en leur créant un café sous forme de stick : *Sweet and Coffee*. Ce n'est pas du café pur. Nestlé y a ajouté les saveurs caramel, vanille ou cookie. En un mot, *Sweet and Coffee* est un café très américain !

Mangez !

Tara McHugh, chercheur au département d'agriculture (USDA) d'Albany en Californie, a participé à la réalisation d'un emballage qui se mange ! Non seulement il est comestible, mais en plus il apporte une part de nos besoins quotidiens en fruits et légumes. Ce film est conçu à partir d'une purée moulée et séchée : il se décline en plusieurs coloris. Il est orange quand il est à base de carotte, rouge s'il est fait de fraise, vert pour le brocoli, etc. Cet emballage comestible conserve les aliments pendant 6 mois. Mais attention, il ne supporte pas l'humidité ! Encore en cours d'expérimentation, patience...

Le tabac de havane se met dans nos assiettes !

C'est le chef cuisinier français Michel Rostang qui a eu le « génie culinaire » d'incorporer, avec parcimonie, des petits morceaux de tabac dans son dessert de tuiles à la crème de cognac. Pour Michel Rostang, le tabac n'est autre qu'une épice et les fins gourmets sont nombreux à l'apprécier.

Chaudes les assiettes !

Pierre Potel et Christian Bailly en ont eu assez de déguster des petits plats trop vite refroidis par l'assiette. Unis par le plaisir du goût, ils trouvèrent la solution qui chauffe la vaisselle et qui conserve la chaleur. Laquelle ? Un composite collé au-dessous de l'assiette, assemblage baptisé l'*assiette Kelvine*. Il suffit donc de chauffer la vaisselle au four à micro-ondes (ou dans un four tradi'), de la garnir du plat et de le savourer chaudement ! Un grand succès !

Pour les fins gourmets

Amateurs de praline et de boudin, vous allez être comblés ! Le boucher-charcutier belge Alain Fontaine a réuni ces deux aliments et les a transformés en une délicieuse friandise : la *praline au boudin*. Sa recette, il la garde farouchement, on sait juste qu'il l'a mise au point en mai 2000 !

Coca-Cola au lait

Coca-Cola troque ses bulles contre du lait ou presque. C'était dans le plus grand secret que la firme américaine travaillait sur l'élaboration d'une nouvelle boisson à base de lait. Ce breuvage sera à déguster à la fin 2001. Quant à son nom, il restera sans doute un mystère jusqu'à sa sortie !

Avant d'emballer, pensez FreshKiss !

FreshKiss est l'indispensable contrôleur d'haleine du dragueur fou. Cette petite merveille détecte en 3 secondes top chrono l'état de votre haleine.
Un simple souffle dans le capteur et *FreshKiss* affichera un cœur rouge pour une « haleine de bouc », deux pour un souffle acceptable et trois pour une haleine impeccable. Pratique pour éviter une veste !

Une fraise dangereuse...

... pour ses consœurs ! Oui, la *Mara des Bois* risque de faire pâlir les autres variétés de fraises car son goût fait chanter le palais des plus gourmets. La *Mara des Bois* est goûteuse et rappelle l'arôme de la fraise des bois mêlé à une pointe de groseille et d'agrumes.
Sa silhouette est à la fois fine, raffinée et charnue. La *Mara des Bois* est un enchantement de plaisir gustatif qui a vu le jour à Soings-en-Sologne grâce au doigté de l'inventeur et pépiniériste Jacques Marionnet.

Mamie fait ses courses

La société britannique New Concept a conçu un chariot bien utile et pratique pour aider toutes les personnes à mobilité réduite à faire leurs courses. Appelé *Roma*, il est un compromis entre le fauteuil roulant et le chariot standard, à cela près qu'il renferme un siège, un panier d'une capacité de 80 litres et des freins. Pour se déplacer, il s'utilise comme un déambulatoire. Un chariot bien pensé !

Cap sur cannette !

Qui n'a jamais ouvert une cannette de soda et n'avait plus assez soif pour la terminer ? Certains se forçaient à la finir, d'autres la jetaient ! Aujourd'hui, c'est fini ! La Française Guylaine Aubert a la solution pour conserver le soda et ses bulles. Elle a créé *Capcan*. Cet accessoire se fixe sur la cannette et garde toutes les saveurs de la boisson pendant 5 jours au réfrigérateur.

L'ail à pleines dents !

Bientôt les amoureux des plats aillés pourront succomber à leur moindre envie sans se soucier de leur haleine. Le généticien Corrado Fogher et son équipe ont isolé l'allicine, la substance responsable de l'odeur de l'ail. Ils espèrent ainsi créer un nouveau type d'ail inodore. Et on va faire comment pour lutter contre les vampires ?

Sans chariot et sans caissière !

Demain, on ne passera pas inaperçu en entrant dans son supermarché. Immédiatement, chaque client sera identifié pour mieux répondre à ses besoins et faciliter ses courses. Il ne s'agira plus de consommation de masse mais de consommation « sur mesure de masse » c'est-à-dire personnalisée. Comment ?
Par l'électronique. Tous les produits renfermeront une puce à radiofréquence.
L'idée est que vous vous baladerez dans les rayons équipé d'une sorte de télécommande avec micro-écrans. Chaque fois que vous dirigerez votre télécommande sur un produit, il sera enregistré et comptabilisé, mais vous n'aurez pas à le mettre dans votre chariot. Lors de l'enregistrement, vos achats seront réunis et emballés à l'arrière du supermarché, et ensuite livrés à votre voiture ou même chez vous : fin du chariot. Mais ce n'est pas tout ! Le même camembert ne sera pas au même prix suivant le client. Celui qui aura consommé souvent le même camembert, verra le prix de ce dernier baisser sur sa télécommande par rapport au prix affiché. Quant au paiement, il s'effectuera directement sur votre portefeuille électronique : fin de la caissière. C'est la personnalisation ou la consommation « sur mesure de masse ». Mais qui emballera, portera à votre voiture, vérifiera qu'il ne manque pas une plaquette de beurre à votre commande ? Des robots ? Sans doute plutôt des hommes (ou des caissières reconverties !).

Changer de céréales comme de chemise !

C'est ce que propose la firme américaine General Mills via leur site *www.mycereal.com*. Chaque matin clique sur ton ordinateur et compose-toi des céréales sur mesure. Envie de flocons d'avoine de forme triangulaire et multicolore ? Pas de problème, *mycereal.com* s'occupe de tout et te livre à domicile. Laisse libre cours à tes envies… gustatives matinales !

Biberon jetable

La Française Suzanne Bégon de Larouzière en a eu assez de stériliser 6 biberons par jour. Cette ex-ingénieure commerciale chez IBM et ex-chef d'entreprise s'entoure de personnes compétentes pour réaliser son invention. Deux brevets plus tard, elle présente *Bibéon* au P.-D.G. de Blédina qui achète la licence d'exploitation pour 3 ans. *Bibéon* rue dans les « chaumières ». Ce biberon accordéon à usage unique fait un malheur ! En plus d'être ultra pratique, il est petit (9 cm), léger (30 g), très propre en sachet individuel et recyclable. *Bibéon* est muni d'une tétine à 3 vitesses et d'un capuchon intégrés. Bref, fini le matériel de stérilisation et de nettoyage, place au biberon jetable en plastique souple !

Thé et café ont leur eau

Pour que notre palais puisse goûter à 100 % aux saveurs du thé et du café, Fabrice Peltier, P.-D.G. de l'agence P'Référence, a mis au point une eau exclusivement réservée à ces deux arômes : *L'Eau du Thé & L'Eau du Café*. Cette eau subit une filtration à multi-étapes afin qu'elle devienne vierge de la moindre trace de nitrates et de pesticides, que sa teneur en minéraux soit parfaite et que son pH neutre soit relevé par un soupçon d'acidité. Enfin, pour que *L'Eau du Thé & L'Eau du Café* gardent toutes leurs propriétés, P'Référence a créé une boîte en acier dans laquelle se trouve la poche souple d'eau et elle a été spécialement élaborée pour être rechargeable.
It's so… french !

Omelette en poudre

C'est fini ! On ne fait plus une omelette seulement en cassant des œufs, on peut aussi maintenant ouvrir un sachet pour en faire une ! C'est la Française Patricia Coppola qui en est à l'origine. En créant son entreprise Bioflor Hydradis, une start-up dont l'activité porte sur les compléments alimentaires et les produits diététiques, elle est amenée à rencontrer de nombreuses personnes travaillant dans l'alimentaire. C'est ainsi qu'elle fait la connaissance de l'entreprise belge Belovo qui a mis au point les œufs Colombus dont la particularité est d'abaisser le taux de graisse dans le sang quand on les consomme. Après diverses discussions, Belovo accorde une licence d'exploitation à Patricia Coppola pour qu'elle puisse utiliser les Colombus et concevoir l'*omelette déshydratée*. Attention, ce n'est pas un substitut de repas, c'est un aliment d'intérêt public s'adressant à tous ! Côté goût, il semblerait qu'elle soit meilleure que l'omelette surgelée. Côté conservation, l'*omelette déshydratée* garderait toutes ses saveurs et ses nutriments pendant 18 mois. Elle est loin, l'omelette de la Mère Poulard !

Dis-le avec des pommes !

Au placard le traditionnel bouquet de fleurs. Pour la surprendre, offre-lui des pommes taguées de ta griffe. C'est « hype » et ça se mange. Passe commande à la société hongroise Lugovit Kft.

Des courses de jour comme de nuit !

C'est comme une station essence ouverte 24h/24 et 7j/7 sauf que là il ne s'agit pas de faire le plein de carburant mais de remplir le réfrigérateur ! Les magasins *Y'aTooPartoo* sont de véritables supermarchés, à la différence que caissiers, caissières et déambulations dans les rayons sont « exit ». Il suffit de composer le code du produit et de payer par carte ou en « piécettes ». Cette invention du tout, tout de suite et maintenant revient aux Français.

Tondre la pelouse se fera tout seul ! Les plantes vont peut-être devenir de formidables indicateurs de pollution et les inondations seront un jour maîtrisées.
Petits et grands inventeurs font tout pour faciliter le jardinage.

HERBES FOLLES

La météo à portée de main

Vitesse du vent, température ambiante, refroidissement dû au vent, taux d'humidité vous seront indiqués par *Kestrel*, la ministation météo de la société britannique Richard Paul Russell Limited. Toutes ces données s'affichent sur son écran à cristaux liquides. Et, selon le bon vouloir de l'utilisateur, la vitesse du vent peut être déterminée en nœuds, en km/h, en m/s, en miles/h ou en pieds/min. Ce petit appareil se glisse facilement dans une poche et il se destine particulièrement aux agriculteurs, sportifs et chauffagistes.

Inondations

Dans une maison, l'eau peut pénétrer par 4 types d'ouverture, ce qui signifie 4 risques que la demeure soit inondée lors de fortes pluies. Le Belge Georges Puljiz a trouvé une unique solution pour que portes extérieures, fenêtres, portes de garage, et soupiraux ne laissent infiltrer aucune goutte d'eau. Elle s'appelle *EasyStopAqua*. Elle se présente sous la forme d'un rail à fixer tout autour, par exemple, de la fenêtre. Ce rail renferme un joint gonflable, déformable, en matière type élastomère résistant à l'eau. Grâce à ses propriétés, ce joint tubulaire, une fois gonflé, isole hermétiquement la maison jusqu'à ses interstices. Lorsque le déluge est passé, il suffit de dégonfler le joint et le tour est joué !

Mûre ou pas mûre ? →

Cueillir un fruit à maturité relève d'un certain savoir. Le Cemagref du Languedoc Roussillon (Centre national du machinisme agricole, du génie rural et des eaux et forêts) est sur un projet européen appelé *Grove*, gant instrumenté pour mesurer la qualité du fruit. Depuis 20 ans Michel Crochon et son équipe planchent sur la réalisation d'un gant capable de déterminer en 1 seconde la maturité d'une pomme ou d'une pêche. Le secret ? Le gant est truffé de capteurs et de puces électroniques. Ainsi, il calcule le diamètre, les réserves glucidiques et l'élasticité du fruit en un rien de temps. Ce gant est un prototype qui a de grande chance d'être commercialisé !
À suivre !

Voir comme un chat !

Les amoureux des balades nocturnes vont être enchantés. La société russo-américaine Night Owl Optics a fabriqué une paire de jumelles permettant de voir de nuit comme de jour. Terminé les chutes intempestives, avec *NOTG1*, tout se voit très bien, même en plein clair-obscur ! Pratique, elle se porte comme un casque redonnant une totale liberté aux mains. Son secret ? Elle amplifie 35 000 fois la lumière.

Brins d'herbe pulvérisés !

Une tondeuse digne d'un mini tracteur qui accueille deux personnes en son siège pour une tonte totalement écolo', ça existe ! Elle s'appelle *Zéro* et a été conçue par le groupe allemand Wolf-Garten de Betzdorf. Pourquoi *Zéro* ? Parce que zéro bruit, zéro lame, zéro dégradation de pelouse et zéro ramassage d'herbe. Eh oui, *Zéro* se « moove » grâce à un moteur qui laisse échapper très peu de gaz donc très peu de tohu-bohu. Elle tond les parterres verts au moyen d'un laser qui pulvérise les brins d'herbe et les transforme en cubes.
Et, en plus, *Zéro* est connectée à Internet.
Bref pour une i-tonte, pensez *Zéro*.

Un designer québécois à retenir

Daniel Déry, designer au sein de l'entreprise MegaSecur de Victoriaville (Québec), a mis au point un objet bien utile au design agréable. Cet objet se nomme *Water-Gate* et sa fonction est d'être une barrière d'eau. Elle remplace les milliers de sacs de sable pour contrer les inondations. L'eau en rentrant à l'intérieur de *Water-Gate* gonfle cette dernière. L'eau est ainsi maîtrisée. L'installation de la barrière est d'une grande simplicité, à tel point qu'une seule personne peut le faire. Cette barrière d'eau est ultra robuste. Peu importe les conditions climatiques et la pression de l'eau, elle reste toujours fidèle à son poste. Mais *Water-Gate* ne s'arrête pas là. Elle peut aussi être efficace pour retenir des cours d'eau ou contrer des déversements toxiques. Bravo à nos amis québécois !

Un traître de collier

Nos amis félins, les chats, sont trahis par le collier *CatAlert* au profit de nos joyeux volatiles. Une enquête a montré qu'un chat tue en moyenne 40 pauvres et innocents oiseaux par an. Sachant que 7,5 millions de félins habitent sur terre, le nombre de crimes est élevé et surtout met en péril certaines races volatiles. C'est pour cela que la société britannique Willana Lifesciences est intervenue en inventant le collier électronique *CatAlert*. Il avertit par ultrasons l'oiseau de l'attaque imminente du chat. Avec *CatAlert*, chat frustré, oiseau sauvé ! C'est une question de choix !

Ces plantes nos « indics »

Des plantes transgéniques détectrices de pollution dans le sol et dans l'air, telle est l'ambition de la société nippone Suntory Ltd et de l'Université japonaise de Kobe. Les chercheurs ont choisi les pétunias comme sentinelles : génétiquement modifiés, ils détectent et signalent un sol pollué. Comment ? Lorsque la couleur de leurs pétales se modifie. Une plante bioindicatrice de pollution, c'est fort !

Le porte-pot qui te soulagera !

Sous prétexte d'être en pleine jeunesse, on t'embauche pour soulever toute sorte d'objet lourd et bonjour le mal de dos… mais on ne t'y reprendra plus ! Grâce au *porte-pot* du Français Jean Hauville, aucun pot de fleurs n'aura la « peau de ton dos ». Il se positionne de part et d'autre du pot et ce dernier se soulève à deux. Un conseil : offre-le à tes parents, ils n'auront plus besoin de tes petits bras musclés.

Robotisée, silencieuse et autonome

C'est *Auto Mower*, la tondeuse à gazon high-tech. Elle fait tout, toute seule ! Elle se charge et tond sans l'aide d'un humain. Mais pour cela, il faut la programmer à partir d'un petit clavier dont elle a été équipée sur sa poignée. Ensuite, « y a plus qu'à regarder » ! Lorsque *Auto Mower* rencontre un obstacle ou ne peut pas passer dans un endroit étroit, alors elle effectue « illico presto » un demi-tour et reprend sa tonte. Il en est de même quand elle commence à se décharger. Elle prend l'initiative d'aller se recharger à la station. C'est magique (ou presque) ! Tout cela, elle le réalise grâce à ses capteurs de chocs et aux câbles de délimitation qui auront été disposés préalablement dans le jardin ! Merci qui ? Merci Husqvarna !

Retrouvez-les...

JOUER

www.ergomia.com
www.loftstory.fr

MAISON

www.bell-labs.com
www.bienjoue.com
www.calor.fr
www.ceiva.com
www.corporate.electrolux.com
www.d-alarm.com
www.design.philips.com/smartconnections/
www.digitrace.fr
www.dyson.com
www.eink.com
www.euro.ecb.int
www.husqvarnastudio.co.uk/machines/designer1/index.html
www.ixilab.com
www.laposte.fr
www.laposte.fr/csuivi
www.leroymerlin.fr
www.le-webstore.com
www.lge.co.kr
www.mimamori.net
www.mmad.net
www.post.ch
www.probotics.com
www.rolexawards.com
www.royalmail.com
www.sanyo.com
www.sharperimagebest.com
www.stilic-force.com
www.stimvak.co.uk
www.sun-star-stationery.co.jp
www.todd-wiltshire.co.uk/Clansman.htm
www.vocapatch.com
www.whirlpool.com
http://homepages.about.com/dmaerosafe4/eagle/

MODE

www.baggers.fr
www.casio.com
www.cenerg.cma.fr/
www.charmed.com/html/press/articles/45.htm
www.konami.co.jp
www.motorola.com
www.nintendo.com
www.pg.com
www.research.philips.com
www.rhodia.com
www.rockport.com
www.swatch.com
www.theelectricshoeco.com
www.unn.ac.uk
www.uow.edu.au
www.vectrasense.com
www.viviennewestwood.com
www.xelia.com
http://mobile.timex.com
http://world.casio.com/euro/

À TABLE !

www.ars.usda.gov/is/pr/1996/snacks1196.htm
www.authentic-drink.com
www.brunel.ac.uk/~dt97rrs/project%20report.htm
www.cocacola.com
www.echangeur.fr
www.mycereal.com
www.new-concept.co.uk
www.vitago.fr
www.yatoopartoo.fr
www3.unicatt.it/unicattolica/index.html
http://users.swing.be/boucherie.des.collines

HERBES FOLLES

www.husqvarna.fr/node160.asp
www.mega-secure.com
www.montpellier.cemagref.fr/giqual/projets/projetglove.htm
www.nightowloptics.com
www.r-p-r.co.uk
www.willana-lifesciences.co.uk
www.wolf-garden.com

info techno

info techno
info techno

ROBOTS p. 84
SOFTS p. 94
WEB p. 98
PUCES p. 102
MATOS p. 104
BLUETOOTH p. 112

C'est une invasion de robots en tout genre qui s'annonce en cette nouvelle année : robots aquatiques, robots liquides, micro-robots, robots qui carburent au sucre ou à la limace, robot-ménage... et les arrivées tant espérées du maître d'Aibo – le robot chien de Sony – et du petit frère de P3!

ROBOTS

La mère et le fils chez Tomy

Ce duo robotique conçu par Tomy est l'image même de l'harmonie entre une chienne et son chiot. Mais voilà, c'est sans compter sur la puce, l'horripilant trouble-fête. Elle prend un malin plaisir à agacer la mère. Seule arme pour s'en débarrasser, la télécommande à infrarouges qu'il faudra activer! *Sac@puces* réalise les mêmes mimiques qu'un vrai chien: la mère donne la patte, s'assied, s'allonge, se gratte... et le chiot la suit à la trace grâce à la fonction « follow me ».

Aibo, version 2

Sony a amélioré son robot-chien *Aibo* (« copain » en japonais), le premier dans son genre et lui a donné comme nom de code *ERS-210*. *Aibo* a évolué esthétiquement et techniquement.
Ses oreilles sont droites comme des piquets. Il affiche un physique plus agressif et il se décline en 3 coloris : argent, bronze ou noir.
Aibo répond à son nom par des jappements électroniques. S'il a faim ou envie de dormir, il le manifeste. Content ou en colère, il le fait savoir. Il est capable « d 'apprendre » à votre contact. Et, *Aibo* est aussi un photographe ! Époustouflant !

Mattel Fisher-Price montre les crocs

Robotichien fait tout comme un vrai chien, enfin presque parce que lui, il sait chanter! Il ronge les os... en plastique, fait le beau, donne la patte et répond aux ordres. Bon, soit, il exécute uniquement les ordres que tu lui auras pré-enregistrés mais il peut aussi réagir aux ondes de la télécommande avec laquelle il a été fourni.
En plus, il ne mange rien et on n'a pas à le sortir. (*Robotichien*, le meilleur du chien pour 850 FF – 129,58 euros).

Un vrai chien de garde

RS-01 est un chien robotisé au physique digne d'un labrador adulte. Né de l'imagination de Nick Wirth, dirigeant de la société Roboscience, il relève des produits high-tech car lire des mails et se connecter à Internet ne lui crée aucun souci. *RS-01* est un robot-chien doué : il joue au foot, fait le beau, escalade les obstacles et se « moove » comme un crabe. À ses heures plus sérieuses, il veille à la garde du domicile par une webcam placée dans les yeux. En plus, il exécute une douzaine de commandes orales. Prix de la merveille robotique : 21 500 $US.

Bandai se fait félin

Communication BN-1 est un robot-chat autonome qui, grâce à la technologie, sait éviter les collisions et les chutes.

Il reconnaît son maître grâce au pendentif émetteur qu'il porte. Il est particulièrement sensible aux caresses et, chose extraordinaire, il aime qu'on lui prenne la patte.

Communication BN-1 est un robot-animal « altruiste » : il communique et joue avec ses acolytes-robots.

Que demander de plus ?

Dog.com

Non, ce n'est pas l'adresse d'un site de chiens. *Dog.com* est le nouveau « robotdog » de Tomy. Outre son aspect très « chébran », il a la particularité de grandir auprès de son maître. Et oui, Tomy l'a programmé pour évoluer selon 16 caractères allant du farceur au papy en passant par le dragueur. *Dog.com* n'est pas seulement un robot qui évolue en fonction des stimulations qu'il reçoit (caresses, mots doux, jeux...), il peut aussi parler comme un humain. Pour cela il passe par 3 étapes : le chien absolu, le mi-chien mi-homme et l'humain. Son secret ? Tomy l'a équipé de 795 scripts, dont des phrases très évolutives, dixit le fabricant ! *Dog.com* est un robot-chien très intelligent.

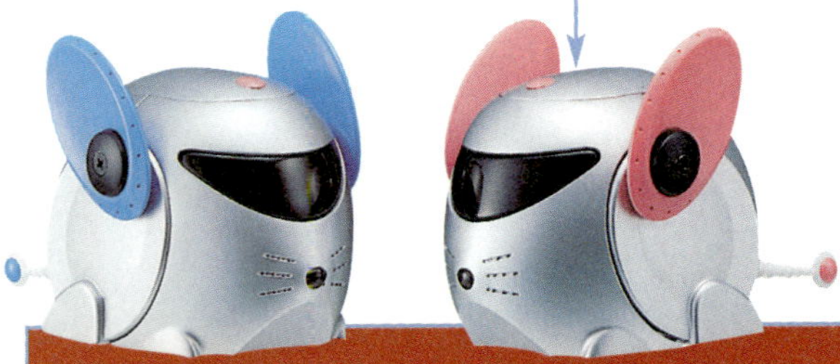

Didi, Titi et clac !

Didi et *Titi* du coréen Robotiz ne sont pas des robots comme les autres : claque des mains et ils obéiront. Très « trendy », ces robots-souris poussent la chansonnette, bougent leur corps au rythme de la musique et courent après tout ce qui bouge. Si seulement un clac suffisait pour les obtenir !

Tyrannosaurus Rex a ressuscité...

... au musée d'Histoire naturelle de Londres, le 17 février 2001. Plus vrai que nature, *Tyrannosaurus Rex* est haut de 4 m et long de 7 m, il bouge et ouvre la bouche... pour laisser échapper une haleine de dragon, dragon's breath, ou une autre marécageuse, swamp, au choix. C'est vrai, c'est anglais et c'est à sentir absolument !

Qu'est-ce qui...

... a une tête, une paire d'yeux en balles de ping-pong, une bouche mobile en caoutchouc, des écouteurs dans les oreilles et une caméra vidéo dans le nez ?

Indice : il fait partie du projet BlueEyes d'IBM qui est de développer un ordinateur affectueux.

Réponse : *Pong*, l'interface homme-machine de BlueEyes dont le rôle est de prendre en compte l'émotion et la gestuelle du visage de son interlocuteur.

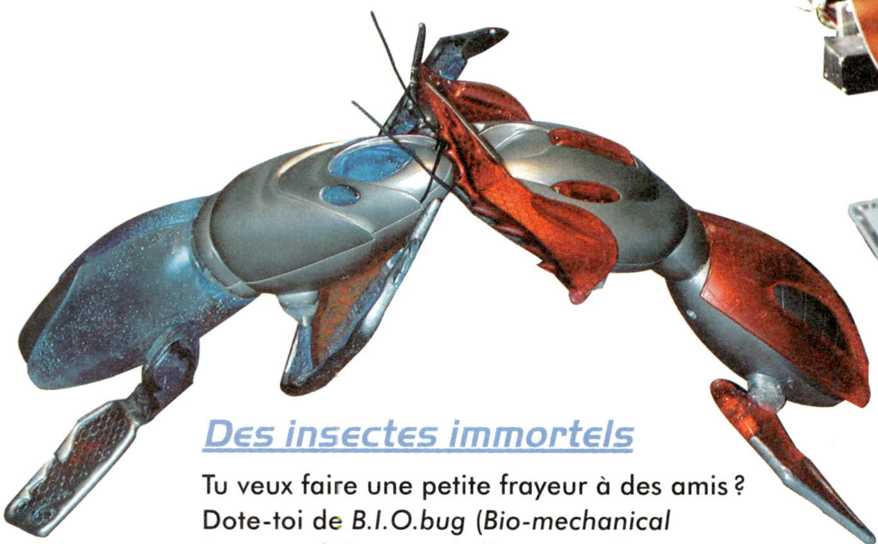

Des insectes immortels

Tu veux faire une petite frayeur à des amis ? Dote-toi de *B.I.O.bug* (*Bio-mechanical Integrated Organism*), l'insecte-robot d'Hasbro. Équipé d'un système nerveux avancé, il réagit comme un vrai insecte et doit aussi s'alimenter, à la différence que sa nourriture préférée est à base de rayons infrarouges émis par la télécommande de la télévision. Plus vrai que nature, *B.I.O.bug* est aussi effrayant que les vrais insectes ! L'invasion est prévue pour septembre 2001 !

Mieux qu'un chien !

Desktop Robot de Bandai fait de l'ombre au chien. Certes il a quatre pattes, mais lui peut se poser sur le bureau, ne réclame ni à sortir ni à manger. Il n'aboie pas et n'a pas de puce. Il n'a pas besoin de vaccin ni de soin, bref pas de vétérinaire ! Et pourtant il est un fidèle compagnon. Il se manifeste en agitant les pattes, affiche ses états d'âme sur écran et réagit à la moindre caresse sur la tête. En plus, *Desktop Robot* peut te suivre partout en vacances, dans l'avion, le train, le bateau, sans aucun autre frais que celui de l'acheter (130 FF – 19,82 euros)... au Japon (gloups) !

Un robot mécaniquement modifié

Il s'agit d'un poisson-robot, baptisé *Biomechatronic Fish* qui, contrairement à ses acolytes, a été doté de muscles de grenouille, du nez à la queue. Le tout est relié à un microprocesseur qui en envoyant des signaux électriques fait « moover » le poisson mécanique, mais, attention, dans une eau de glucose ! Pourquoi du glucose ? Parce qu'il faut bien nourrir les muscles ! Pourquoi de vrais muscles ? Parce que cela évite d'en créer des artificiels qui ne seront pas forcément aussi souples que les vrais ! Et l'idée vient de l'Américain Hugh Herr du groupe Biomechatronics du Massachusetts Institute of Technology (MIT). Petit souci : les muscles ont lâché par manque de glucose. Un incident que l'équipe tente de résoudre !

Robots aquatiques

Ils ne servent à rien mais ils sont les premiers robots aquatiques à savoir nager. Ils s'appellent *The Aquaroids*, les robots des mers, et ils ont été conçus par la société japonaise Takara. Ce robot au look de méduse en est un bel exemple !

Un robot endiablé

Lezzim@mbo a un look d'enfer aux couleurs métal argenté et vert turquoise. Ce robot-lézard n'a rien d'extraordinaire si ce n'est son don inégalable pour toutes les danses latinos. Flamenco, rumba, tango, mambo et cucaracha n'ont aucun secret pour lui. *Lezzim@mbo* bouge son corps, il se déhanche, ondule, et il pousse la chansonnette. Tomy en a fait un vrai pro des danses « olé ». Pour le « moover », il suffit d'activer la télécommande à infrarouges. Un robot très « trendy » pour la modique somme de 300 FF (45,73 euros).

Sucre ou limace?

C'est au choix : un robot qui se nourrit de sucre et un autre qui chasse et engloutit des limaces. Dans les deux cas, ils ont décroché de l'électricité et se dopent dorénavant à la « nourriture ». L'accroc au sucre est Américain, s'appelle *Gastronome* dit *Chew-Chew* (photo ci-contre) et a été conçu à l'université de Stampa en Floride. Le chasseur de limaces est Anglais, se nomme *Slugbot* et sort direct' du labo' de l'université de Bristol. *Chew-Chew* ressemble à un mini-train ; quant à *Slugbot*, c'est une boîte carrée sur roulettes avec un bras mobile au sommet !

Le robot tout-terrain

Planète Mars, prends garde, le robot sauteur arrive ! Fini les robots butant aux moindres obstacles ! Rush Robinett et Berry Spitzer, chercheurs américains des laboratoires Sandia, ont fabriqué le robot qui saute jusqu'à 9 m de haut pour éviter les obstacles et poursuivre son exploration. Et, avec 20 petits grammes de carburant, le robot sauteur peut effectuer 4 000 sauts. Ça promet !

Un robot « téléphoné »

Dream Force 01 de Takara est le robot humanoïde qui se commande par téléphone portable grâce à un nouveau protocole appelé MARS : Mobile Accessible Remote control System. Pour les inconditionnels, *Dream Force 01* obéit aussi aux ondes d'une télécommande radio classique. Doté de deux patins à roulettes, il se déplace comme nous sur des Roller Blade. Il sait servir un verre d'eau, ramasser au sol toutes sortes d'objets. Bientôt, il prêtera ses yeux pour surveiller soi-même sa maison de l'extérieur. Et oui, il va être équipé d'un mini-écran monocle. Disponible, il le sera seulement au Japon en automne 2001. Patience !

Le vigile du troisième millénaire

Nom : *Sok*.
Nationalité : japonaise.
Mensurations : 1,58 m et 130 kg.
Son rôle : vigile. Le jour, il guide et la nuit, il surveille.
Signe particulier : ressemble à un jouet.
Qualité : il reconnaît le personnel des lieux grâce à leur badge.
Question : que se passe-t-il si on a oublié son badge ?

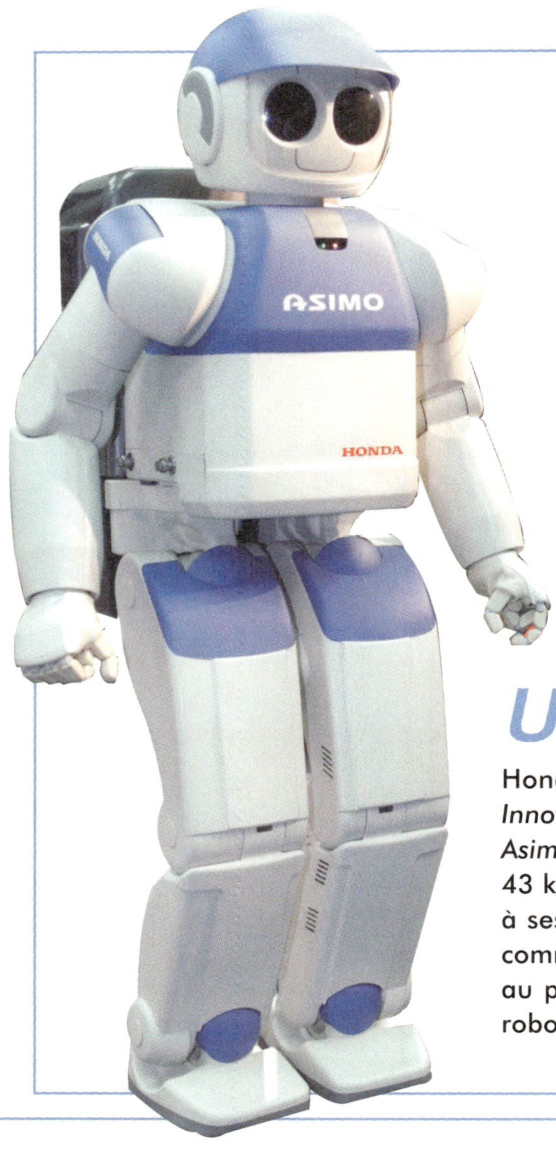

Un petit frère pour P3

Honda fait dans la famille en fabriquant *Asimo* (*Advanced Step in Innovative Mobility*), le cadet de P3. Comme tout cadet qui se respecte, *Asimo* est plus petit (1,20 m) que P3 (1,60 m) mais pèse tout de même 43 kg. En revanche, il a des mouvements beaucoup plus fluides grâce à ses 5 doigts articulés. Il exécute les moindres ordres émis par télécommande à interface « wearable computer », c'est-à-dire ordinateur au poignet et manette de jeu. *Asimo* est plus qu'un gadget, il est le robot bipède le plus humanoïde de sa génération.

Aibo a trouvé son « maître »

Sony a réalisé le vœu le plus cher du chien-robot Aibo en lui créant un compagnon humanoïde. Pas plus haut que 5 pommes (50 cm), *SDR-3X* pèse 5 kg et bouge comme un humain. Il sait marcher, danser, se tenir en équilibre sur une jambe et jouer au football (très important !). Comme Aibo, *SDR-3X* reconnaît les voix, les couleurs et les formes. *SDR-3X* et Aibo de Sony, les Tintin et Milou des hautes technologies.

Robots émotifs

Sega ne fait pas les choses à moitié.
Non seulement il crée une véritable famille de robots dont chaque membre a une personnalité propre, mais en plus il les a dotés d'un sentiment humain, l'émotion. *C-BOT*, *M-BOT*, *W-BOT* et *Robo-Chi* peuvent aller du rire aux larmes en passant par la bouderie. « Sega, c'est plus fort que toi. »

Robot deviendra grand !

Le géant du jouet japonais Tomy fait dans l'époustouflant avec *Babyrobo 001*. Pourquoi ? Parce que robot-bébé grandit comme un bébé humain pour devenir enfant. Bref, il reconnaît la voix humaine, s'agrippe à tout et n'importe quoi afin de se lever et marcher. *Babyrobo 001*, un robot attendrissant !

Un robot en pièces détachées

Bandai a pensé à nos méninges en créant *WonderBorg*, le robot à monter soi-même. Il ne suffit pas d'assembler la carcasse de l'animal long de 11,5 cm, il faut aussi le programmer, lui donner une personnalité en concevant son modèle comportemental : avancer, reculer, sauter, rugir, grogner, heureux, triste, réceptif aux caresses, etc.
WonderBorg est un gentil jouet high-tech pour découvrir et comprendre la programmation de base de l'AI (intelligence artificielle). Encore faut-il aller le chercher au Japon pour la somme de 700 FF (106,71 euros) !

Le petit du char d'assaut, le micro-robot

Son nom ? Inconnu. D'où vient-il ? Des laboratoires Sandia (USA). Ses pères ? Deux chercheurs, Doug Adkins et Ed Heller. Ses mensurations ? 4 cm^3, 28 g. Sa mission ? Repérer et désarmer des champs de mines et localiser les armes chimiques et biologiques. Signe particulier ? Par sa taille il va dans des endroits inaccessibles à des machines plus grosses. Son plus ? Il sait travailler en équipe et en masse à l'aide de ses homologues et sans se gêner. Commentaire : mini mais costaud !

Alerte aux taggers !

Les murs sont sous haute surveillance. La firme Trapec Corporation va devenir l'ennemi numéro un des taggers. Elle a mis au point un système de choc pour les traquer et les capturer. Son nom n'est pas encore connu mais il dispose d'un micro directionnel et d'un nez électronique. Le micro capte jusqu'à 100 m le moindre bruit de bombe à peinture, de marqueur et de stylo. Le nez flaire les murs à la recherche d'émanations de peinture. Si par malheur le système détecte une odeur ou un bruit suspect, vlan, le tagger est enfermé dans une cage tombée du ciel. Et ce n'est pas du pipeau !

Le robot fait maison

Confectionner seul son propre robot humanoïde, le Japonais Katsuhisa Ito, âgé de 30 ans, l'a fait ! Il s'appelle *SILF 2000* et ce robot mesure seulement 22 cm, pèse 430 g et est doté d'une caméra CMOS, d'un capteur de gravité et de 14 moteurs pour toutes ses articulations. Seul prob', *SILF 2000* n'a qu'un bras. Moralité : tous au travail !

Le robot extraterrestre

Tout droit tombé de sa planète, *Robonagi* ressemble étrangement à un Gremlins avant sa métamorphose, sauf que là c'est la version robot ! *Robonagi* est disposé à apprendre et à communiquer avec les Terriens, il est même prêt à apprendre l'humain ! Pour cela, il lui faut de bonnes doses de câlins, d'attention, de jeux et de leçons. *Robonagi* s'épanouira d'autant plus en compagnie d'autres *Robonagi*, ils pourront ainsi jouer ensemble, danser, chanter. Et oui, ils font tout cela et ils sont destinés aux enfants à partir de 3 ans ! *Robonagi* se décline en 48 couleurs.

LE MÉNAGE PAR TÉLÉPHONE

Un seul coup de fil et la maison est « nickel ». Il suffira de sortir son téléphone portable pour demander à *TMSUK04* de passer l'aspirateur et la serpillière, de dépoussiérer… C'est la société TMSUK qui nous promet cette fée du logis. Mais pour l'instant *TMSUK04* n'est pas encore au point, il sait seulement reconnaître son « maître » et lui délivrer tous ses mails et ses messages vocaux. Commentaire : c'est déjà mieux qu'un chien !

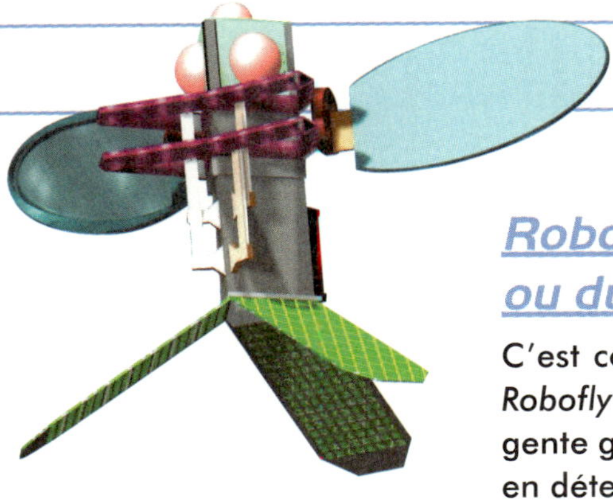

Robofly, le micro-robot de l'espionnage ou du sauvetage ?

C'est comme on veut ou plutôt comme la Défense américaine voudra. *Robofly* a le profil d'une mouche mais en « ferraille » et en plus intelligente grâce à la technologie. Elle peut explorer l'espace, sauver des vies en détectant des victimes là où personne ne pourrait les trouver (après un tremblement de terre, par exemple) ou encore espionner. *Robofly* est polyvalent et le doit à son « père », l'Américain Michael H. Dickinson, chercheur à l'université de Berkeley.

Un robot dégivrant

Un robot capable de dégeler les fils électriques pointe son nez « frêlement » mais sûrement. Des chercheurs canadiens de l'université de Manitoba ont élaboré un prototype de robot qui déglace les câbles électriques en cas de verglas. Chaude invention pour phénomène glacé.

Les robots se liquéfient

Telle est l'ambition des roboticiens de la Japan Society for the Promotion of Science Research. Créer des robots sous forme de gouttes est le dur mais palpitant labeur que s'est vu attribué l'université d'Hokkaido. Pourquoi des robots liquides ? Parce que qui dit liquide dit parfaite adaptation aux contraintes de l'environnement. Actuellement les recherches en sont au stade du prototype et se matérialisent par des gouttes qui se déplacent sur une surface électromagnétique.

Uniquement pour son inutilité

Meow-Chi de Sega est un robot-félin « bien ordinaire » mais tellement fun par son look et ses couleurs ! Il n'est pas vraiment intelligent et ses capacités physiques sont limitées : il tourne sur lui-même, chante et s'extasie quand on lui chatouille les boutons.
Rien de transcendant mais *Meow-Chi* est un nom à retenir, il est une star aux États-Unis !

Le robot branché web

Ir-V de Ir-Vonline.com n'est pas un robot comme les autres. Un, il est interactif, deux, il n'est pas beau. Il parle quelques mots et désire en connaître toujours plus. Pour ce faire, il se branche sur le web et surfe sur son site. Il se gave de vocabulaire et s'imprègne de nouveaux comportements. *Ir-V* offre aussi accès à des jeux, à des applications et à des animations interactives pour les enfants. Le prix et la date de sortie sont encore inconnus mais le site est ouvert depuis mi-avril 2001.

Quand l'espion se fait poussière

Le chercheur américain Kristofer Pister a pour mission de mettre au point des espions électroniques aussi gros qu'un grain de poussière. Ultra petits, légers, les *Mems* se feront porter par le vent. Suréquipés, ils pourront aussi bien renseigner sur l'emplacement et le matériel de l'ennemi en temps de guerre que signaler des substances peu catholiques dans l'air. *Mems*, les espions des Temps modernes.

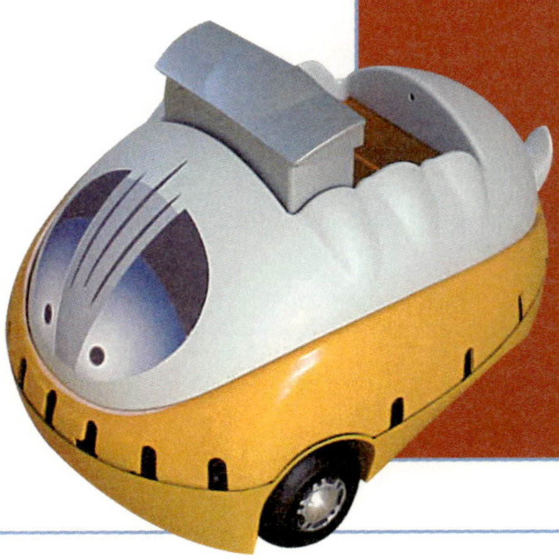

Un robot français

Il a le look d'un aspirateur dernier cri et pourtant il n'aspire pas, il roule ! *Pekee* est un Montpelliérain, il a deux roues et « fonce » jusqu'à 4 km/h. Et même s'il n'en a pas l'air, il est équipé de multiples capteurs pour passer partout : détecteur de choc, télémètres infrarouges... Il est branché ordi', adore « taper la discut' » avec ses congénères et il filme ! Mais non, *Pekee* n'est pas un robot domestique mais un robot destiné à la recherche ! Toutefois, il y a espoir qu'il envahisse nos maisons un jour prochain.

Elle court, elle court, la technologie ! Résultat : de nouveaux systèmes d'exploitation, une avalanche de logiciels, des méthodes contre le piratage, des plus surprenantes aux plus austères, des super-puces...

SOFTS

Adobe est pour le grand public

Adobe a pensé au commun des mortels en sortant une version grand public de *Photoshop* à un prix « extra light » de 890 FF (135,68 euros). Désormais, tout le monde peut travailler une image et l'embellir. Le truc ? Contrairement aux versions destinées aux professionnels, les manipulations requises pour obtenir une belle photo sont très élevées et, pour éviter des bourdes, toutes les fonctionnalités n'y sont pas !

Mails détournés

Attention, attention, un logiciel de filtrage web est peut-être en train d'entraver la liberté de vos mails ! Le mouchard se prénomme *SuperScout*. Il suffit de quelques mots-clefs et les mails sont envoyés directement au superviseur (employeur, parents, frères, sœurs, qui sait ?) qui décide de leur destin. Le petit traître a été concocté par la firme américaine SurfControl. Alors, *SuperScout* : une atteinte à la liberté ou le garde du corps électronique de l'entreprise et des parents ?

Un OS dans la pomme

Ça y est, le nouveau système d'exploitation d'Apple est sorti ! *Mac OS X* (lire dix) se veut révolutionnaire.
L'interface est en totale rupture avec les précédentes pour une utilisation encore plus aisée et l'esthétique a été retravaillée. Les fenêtres sont translucides, des boutons lumineux s'affichent sur la barre des titres, permettant un accès instantané aux fonctions courantes (fermer, agrandir, bouger la fenêtre...). Bref un look innovant !
Côté technologique, *Mac OS X* est basé sur un noyau Unix baptisé Darwin qui est censé, entre autres, offrir une mémoire de telle sorte que l'ordi' ne plante, en principe, jamais. Et, comme toujours, une série d'outils Apple comme iTunes (lecteur et graveur MP3), iDisck (pour construire un site), iDVD (pour confectionner ses propres DVD)... vient compléter *Mac OS X*.

Fichier Édition Présentation Spécial Aide

Un logiciel gratuit à utilité « instructivo-surprenante »

Ultra Orange, la filiale de la Webagency Orange Art, a eu l'idée fun et loufoque d'élaborer un logiciel permettant de mesurer les mètres ou kilomètres effectués par votre souris informatique. Avec l'*Ultramètre* vous serez surpris des distances parcourues par le petit mulot ! En prime, au bout de 5, 10 et 15 km réalisés, Ultra Orange offre des cadeaux à télécharger. Bonne route !

L'e-braille

Les non-voyants vont pouvoir bénéficier des livres électroniques. Microsoft et Pulse Data International ont mis au point des logiciels capables de télécharger des livres électroniques et de les transformer en discours ou de les traduire sur une tablette braille. Le tout est au format développé par Microsoft. Ces logiciels sont en totale « symbiose » avec les ordis' BrailleNote. Toutefois deux hics : un BrailleNote coûte entre 7 600 $ (58 800 FF) et 11 800 $ (91 300 FF) et, pour l'instant, seuls leslivres électroniques anglophones sont traduits !

Microsoft et son OS

Version finale promise pour fin 2001, Microsoft perfectionne son bijou, l'*XP*, anciennement connu sous le nom de code Whistler. Il en est à la version bêta et il semblerait que son installation réclame patience et attention surtout que Windows 98 est supprimé d'office sans avertissement. Et le bruit court qu'*XP* ne sera pas compatible avec Bluetooth ! Mais il est encore trop tôt pour en dire quoi que ce soit, il faut attendre la version finale en novembre 2001.

L'OS au vert

La firme américaine Transmeta dévoile au grand public un nouveau système d'exploitation conçu pour les appareils mobiles. Il s'appelle *Midori Linux* – Midori signifiant « vert » en japonais – et se veut en accord avec l'environnement en ne consommant que très peu d'énergie. *Midori Linux* se fait petit puisqu'il occupe très peu de mémoire et est entièrement compatible avec Linux. Normal !

Un fond d'écran Apple (G3)

Le 3D, rien de plus « easy »

Un logiciel tout beau, tout neuf, permettant de réaliser des images en 3D facilement est concocté dans le centre de recherches de Canon en Angleterre. Le *Small Object Modeler*, de son petit nom *SOM*, s'appuie sur 12 clichés numériques pour reconstituer l'élément photographié en trois dimensions. Du jamais vu en simplicité !

Image libre en 3D avant l'arrivée de SOM.

Fichier Édition Présentation Spécial Aide

Un logiciel « rigoletto » !

Pour moins de 400 FF (60,98 euros), découvrez la bête de somme qui est en vous. Le logiciel de l'éditeur japonais Sourcenext crée un animal virtuel en fonction du travail fourni. Plus on frappe, clique sur l'ordi', plus l'animal grandit et évolue. L'animal dialoguera avec vous par messages électroniques si le boulot est acharné ! De plus, si un ami ou collègue a le même logiciel, les bébêtes pourront se faire des visites courtoises et jouer ensemble via Internet ou réseau global. Intéressant, non ?

Windows relégué au ban des antiquités ?

Non, ce n'est pas encore ça, mais nous pouvons supposer qu'un jour, avec le logiciel *HALone*, nous parlerons « d'homme à homme » avec notre ordinateur ! *HALone*, concocté par la société israélienne Artificial Intelligence Entreprises, parle. Ce logiciel parle tellement bien que des spécialistes du langage ont été incapables de le différencier d'un enfant de 15 mois. D'accord, le langage se limite au « pipi, caca » mais c'est une sensible avancée : *HALone* apprend à parler à partir de conversations précédentes. Prochaine étape, HALtwo : un bébé informatique de 18 mois. Vous verrez que nous arriverons au « HALadulte » !

Stinger, l'ami des téléphones intelligents

Microsoft s'attaque aux téléphones portables intelligents, les Smart Phones, en élaborant un nouveau système d'exploitation rien que pour eux : *Stinger*. Il allie l'agenda électronique et le mobile. D'une mémoire de 8 Mo, *Stinger* accueille des modules d'extension, Outlook et Explorer Pocket ou le WAP, le HTML et le XML. *Stinger* est aux normes de sécurisation des transactions. Le plus fort est que Microsoft offre aux constructeurs de cellulaires des conseils pour intégrer au mieux *Stinger* à leurs portables. Alors, *Stinger* est-il un simple système d'organisation ou non ? L'avenir nous le dira !

Explorer
Outlook Express
netscape
Disk Copy
Adaptec Toast F-4.1
Word 97
Word 98
Acrobat™ Distiller
0
Excel
XPress 3.3.2
XPress4.0.4
Illustrator
photoshop

Un fond d'écran Apple

Quand l'ordinateur fait BOUM !

Pas de bol pour les voleurs. La start-up américaine Cyber Group Network (CGN) propose ses services en cas de vol d'ordinateur portable, via son logiciel *C-4*. Un seul coup de fil, un mot de passe « on a volé mon ordinateur » et CGN se charge de tout. Ils récupèrent les données, déclenchent la « bombe » et le disque dur fait boum ! À noter, la main du voleur est toujours intacte. Alors qu'est-ce qu'on dit ? Merci CGN !

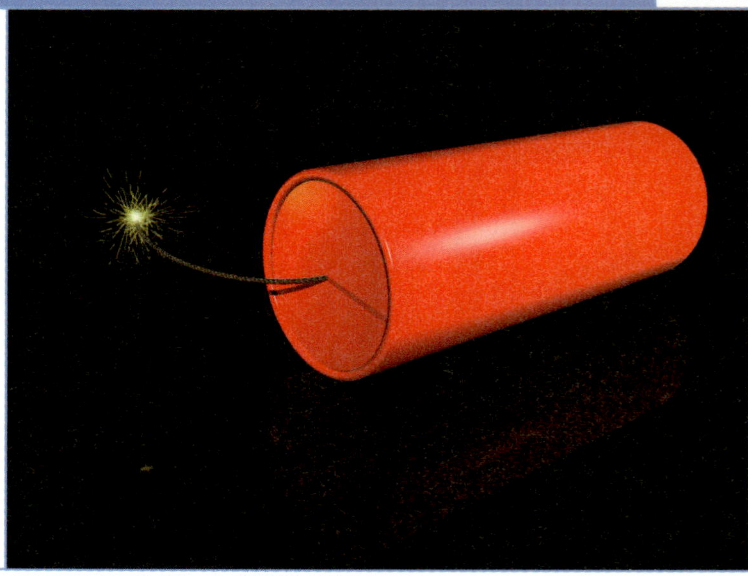

Le pirate de *Hook*, le capitaine Crochet interprété par Dustin Hoffman.

Amis pirates, y'a du boulot !

Fini le piratage des jeux vidéo sur DVD. *DigiGuard* de Greenleaf Technologies s'annonce révolutionnaire quant aux cryptages des DVD. Ce « bodyguard » des DVD semble intéresser les consoles PS2 et XBox. Ça fait mal, hein ?

Interactivité

Havas Interactive a mis au point une nouvelle génération de logiciels d'accompagnement scolaire pour les enfants et les adolescents de 7 à 15 ans. Ils s'appuient sur le programme de l'Éducation Nationale. Le must est que ces logiciels ont été dotés d'une intelligence artificielle hyper développée et équipés d'un environnement graphique de haute précision. Il ne s'agit pas d'un simple soutien scolaire, il accompagne réellement l'individu dans son apprentissage, avec une haute interactivité. Ces logiciels ont fait partie de la sélection du Prix « Siemens 2000 ».

GRAND PRIX SIEMENS DE L'INNOVATION

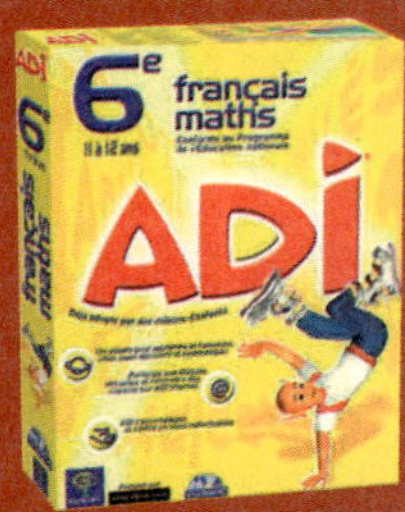

M-Ram, la formule I de l'informatique

Allumer son PC comme une télé : un rêve qui va bientôt devenir réalité grâce à *M-Ram* : *Magnetic Random Access Memory*.
L'Américain IBM et l'Allemand Infineon Technologies nous promettent cette perle de la technologie pour 2004.
M-Ram a la particularité de garder les données des logiciels même une fois le PC éteint contrairement aux mémoires S-Ram et D-Ram. Pourquoi ? Parce que *M-Ram* utilise des charges magnétiques et non électriques. M-Ram, un instantané qui risque de durer !

L'ordi' infaillible

Devinette : la Nasa + l'université américaine Carnegie Mellon + Adobe + Compaq + Hewlett-Packard + IBM + ILOG + Marimba + Microsoft + Novell + SGI + Siebel + Sybase + Sun = ?

Indice : tout ce beau monde travaille ensemble au parc du centre de recherches Ames de la Nasa à Silicon Valley.

Réponse : *HDDC, High Dependability Computing Consortium*. En clair, le Consortium pour une informatique à haute fiabilité, l'ordinateur qui ne plante pas, l'ordinateur parfait !

Un noyau juteux

Depuis janvier 2001, Linux a mis sur le marché le noyau *Linux 2.4*. Ce n'est pas un système d'exploitation mais il est de la même famille. Il est d'ailleurs très utile aux développeurs indépendants ou privés. Dans les grandes lignes, *Linux 2.4* gère mieux la mémoire, « fonctionne » à l'USB et accepte une « avalanche » de périphériques. Toutefois, une version 2.4.1 est déjà promise.
Et, pour la petite histoire, Linux est un système d'exploitation créé à partir d'Unix en 1991 par un étudiant finlandais fauché, Linus Torvalds. Aujourd'hui, le temps de la disette est loin pour lui car son produit Linux est un sérieux concurrent de Windows NT ! Son emblème ? Un pingouin.

Le troisième millénaire sera Net! Le web à l'électricité, le web diffuseur de senteurs, le web et ses profs virtuels, le web dans la rue, le web dans les distributeurs de boissons... il est partout!

WEB

Le web embaume

Courant 2001 nos petites papilles olfactives pourront bénéficier des joies du web odorant. Il suffira de s'équiper d'un diffuseur d'odeurs et de surfer.
À qui devons-nous tout cela? À France Telecom et à l'Isipa (Institut supérieur international du parfum, de la cosmétique et de l'aromatique alimentaire). Attention, ils déclinent toute responsabilité face aux rencontres malodorantes!

Renault Net

Déterminer tranquillement la configuration de sa prochaine Renault avant de passer commande chez le concessionnaire, c'est possible grâce au nouveau site renault.fr. Et pour ne pas déplaire aux professionnels, Renault promet pour la fin de l'année 2001 la vente de pièces détachées sur le site Caradisiac.com.

L'électricité « se numérise »

Informations numériques et électricité: fin de l'incompatibilité. C'est ce qui ressort de l'union de Thomson Multimédia et de Schneider Electric, qui créent *Easyplug*. Cette firme a pour mission de développer les technologies basées sur les courants porteurs pour que les données numériques circulent sur le réseau électrique.

Le Net via l'électricité

Passer d'un modem 3 à un modem 2 prises c'est pour « demain ». EDF teste la technique des courants porteurs en ligne, qui permet de diffuser en même temps l'énergie et les données. L'intérêt est « électrifiant » car les modems d'EDF transmettraient de 2 à 20 fois plus vite que les modems téléphoniques. Une sérieuse affaire à suivre!

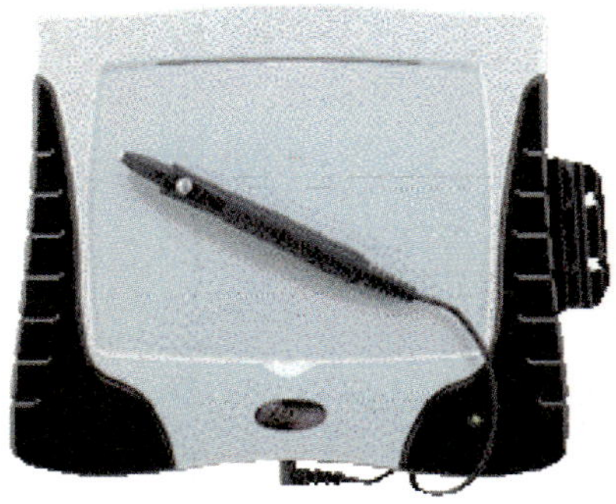

Un site à son image

C'est possible avec la tablette graphique au doux nom de *Jam Studio*. La firme américaine Kbgear l'a conçue en pensant au grand public qui désire créer son site sans pour autant être un pro dans le domaine. *Jam Studio* est livrée avec des logiciels qui facilitent la création: animation et retouche photos sont de la partie. Et, le must, lorsque le site est fait selon ses désirs, Kbgear se propose de l'héberger et d'en faire la promo'! www.jamonline.com

UN CAMPUS EN MAILLOT DE BAIN !

Assez d'étudier sous le froid, la pluie ou la neige, bref sous le mauvais temps ? Optez pour des études en maillot de bain et au bord de la plage avec *Club Caraïbes* dans la région de Sosua en République Dominicaine. Ce campus, sous ses airs olé, olé, est des plus sérieux. Il a signé un partenariat avec Cursus, un portail francophone d'éducation. Tout ce qui doit être enseigné et appris passe par Internet. *Club Caraïbes* est donc plus un campus qu'une université bien que les délais des rendus de travaux soient stricts et l'encadrement sévère. Pour 4 800 FF par mois (731,75 euros), étudiez pendant un an en bénéficiant du soleil !

Heureusement mon clone est là !

Sur le web, impossible d'essayer avant d'acheter les baskets dernier cri hollywoodien ou encore la magnifique petite robe noire. Faux ! Une société de vente en ligne américaine a trouvé la solution : scanner les cyberclients et mettre leurs clones virtuels sur le site. Y' a plus qu'à habiller son clone et à choisir !

Une nouvelle star est née

Elle est belle, intelligente, sensible, parle plusieurs langues et a des mensurations bien proportionnées : 1,62 m ; 48 kg ; 85C ; 62 ; 78. Elle a 22 ans, est parisienne, habite Bastille et anime sa propre émission de radio. Elle affectionne tout particulièrement les cactus et le Coca-Light ainsi que... Zidane. Mais elle n'existe pas, en fait si mais virtuellement. *Eve Solal* est ni plus ni moins un personnage de synthèse né de l'imagination et du travail du Attitude-Studio. Toutefois, on peut l'appeler au 06 12 60 71 60.

Numéros Internet

Une adresse web à rallonge pour retrouver sa page préférée, c'est terminé !
La société australienne Nas Communications propose à ses compatriotes de troquer une adresse web contre un simple numéro de téléphone. Hyper pratique lorsqu'on se connecte via un téléphone portable ou PDA. Pour cela, une seule adresse :

www.nascomms.com.

Pause café ou pause e-mail ?

L'idée est venue à la société française Amergence, spécialisée dans la distribution d'outils de navigation, d'équiper les cafétérias automatiques publiques d'Internet. Alors café, chocolat ou web ?

Le web, producteur de série Z

Kwoon n'est pas une série comme les autres. Elle est diffusée uniquement sur le web et elle a de fortes chances de devenir culte. Pourquoi ? Parce que cela se passe dans l'intrépide Silicon Valley et qu'il s'agit de cinq étudiants fans de kung-fu, très « trendy ». Bref, des ingrédients à faire rêver, un point c'est Net (www.thekwoon.com).

Radio câblée

Sous un look rétro, limite ringard, se cache une radio à la pointe du web. Son petit nom est *Internet Radio* et elle a été conçue par Kerbango, une société américaine. Elle n'est pas comme les autres car elle a troqué son antenne contre une prise pour être reliée au téléphone ou au réseau câblé. Une fois branchée, Internet Radio « swingue » sur toutes les radios du web et les diffuse ! C'est donc des milliers de stations radio qui peuvent venir enchanter vos délicates oreilles. *Internet Radio* récupère aussi des titres gratuits au format MP3. Ainsi, une fois déconnectée, elle fait magnéto'. Dispo', elle l'est mais uniquement aux States !

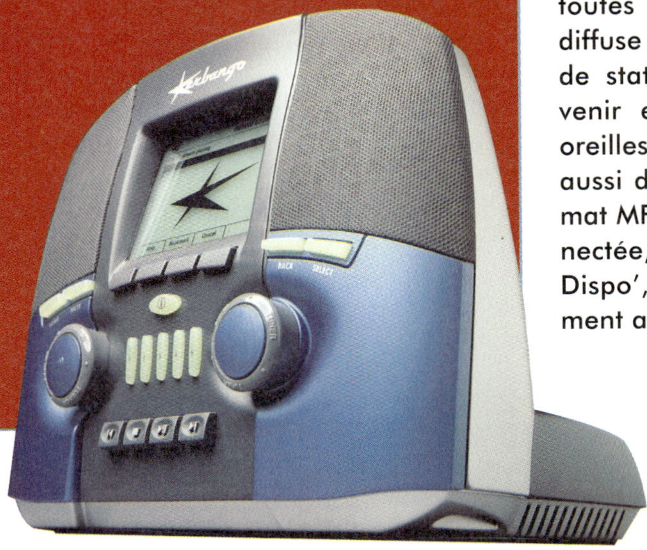

Profs en 3D

Adèle et Steve enseignent à l'université de Californie du Sud. L'une apprend à diagnostiquer à des étudiants en médecine, l'autre enseigne « l'art » de la Navy. Ils sont doués d'une patience extrême, ils ne font jamais d'erreurs et ils ne sont jamais malades. Leur unique faiblesse est la coupure d'électricité. Quel rapport ? Adèle et Steve sont des professeurs virtuels qui instruisent des étudiants bien réels, munis d'un casque et d'une paire de gants chacun. Une expérience grisante à tenter absolument.

Un prof en chair et en os, Eddy Murphy dans *Professeur Foldingue*.

La borne « Net »

Les *Webfinger* vont être à l'Internet ce qu'ont été les cabines téléphoniques publiques au téléphone. Ces bornes d'accès à Internet, conçues par André Lukali aidé de sa fille, commencent à « faire un malheur » dans les bars et vont bientôt « fleurir » dans les hôtels en France. Les *Webfinger* permettent de surfer sur le web via un écran tactile. Pour 25 FF (3,81 euros), prix de la carte d'accès à la borne, on peut naviguer sur le Net pendant 1 heure. Et le top pour la fin : chaque *Webfinger* est équipé d'une caméra intégrée offrant des visioconférences calmes ou houleuses, au choix !

Une hôtesse Net !

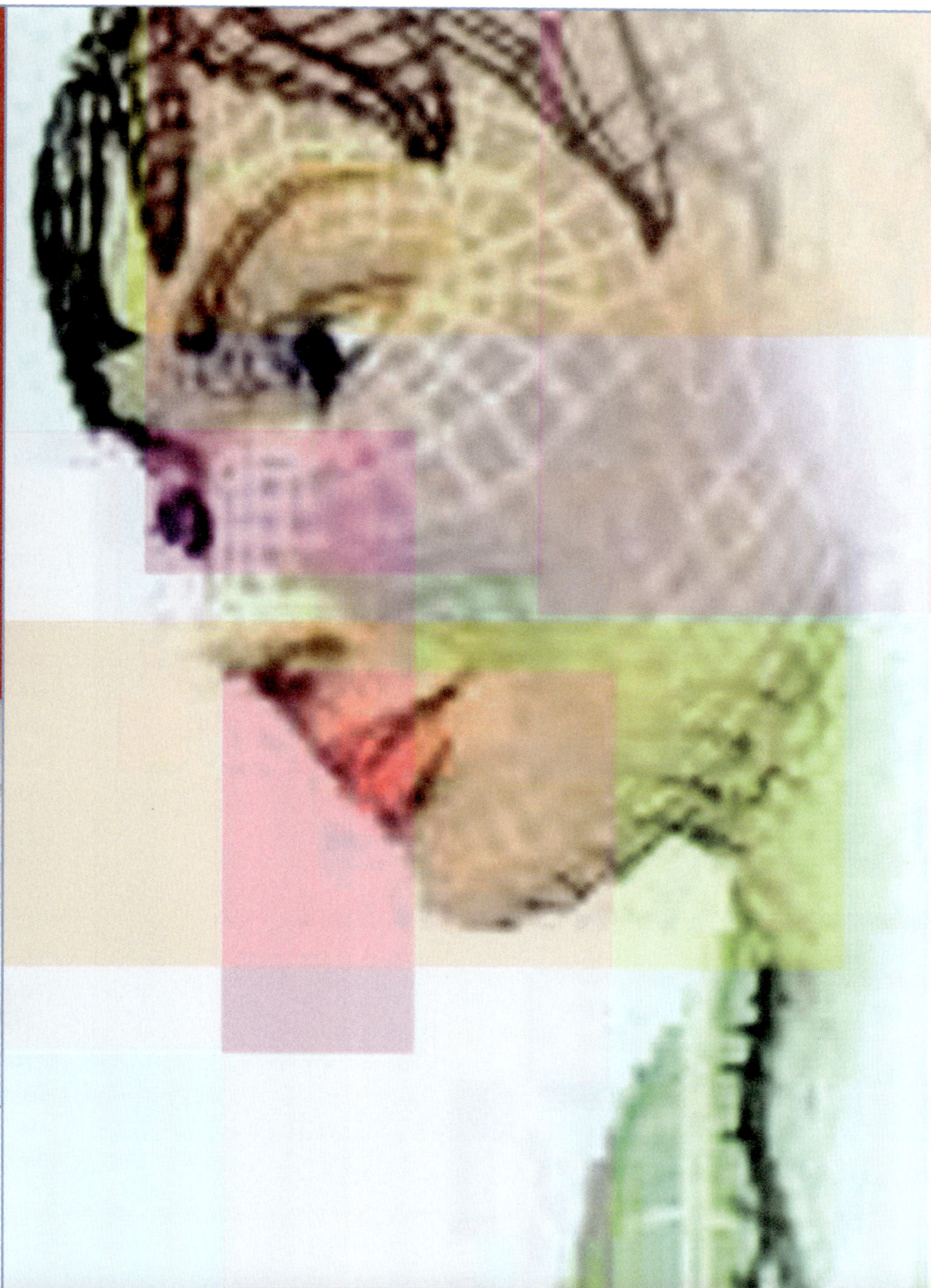

Elle est belle, intelligente, toujours à l'écoute et elle fait tout pour répondre au mieux aux attentes de ses interlocuteurs. Mais voilà, elle n'est pas en chair et en os, elle est virtuelle. Elle s'appelle *Semantia* et on communique avec elle uniquement par écrit via le Net. Son job est de guider et de renseigner les voyageurs de la SNCM, Société Nationale Maritime Corse Méditerranée.

Le fauteuil câblé

Surfer sur le Net et prendre connaissance de ses mails sur la TV grâce à un fauteuil, c'est possible ! Microsoft a poussé « l'Internet mania » en créant *Explorer*. L'astuce ? Ce fauteuil est doté d'un décodeur WebTV et d'un clavier sans fil !

Parles-tu Weblish ?

Communiquer par e-mail a engendré un nouveau type de langage écrit. Baptisé *Weblish*, contraction de web et English, ce langage marque le XXIe siècle. Le *Weblish*, c'est le retour de la ponctuation avec une préférence pour les " et (), la contraction de lettre « Gfaim », « GT'M », la disparition de l'espace et l'envahissement du e- qui se colle partout, je suis e-sportif...
Et toi, es-tu e-Weblish ?

Signer à distance

La signature manuscrite est bientôt désuète. Depuis le 31 mars 2001, la signature électronique est entrée sur scène légalement en France. Ne pas y voir un paraphe mais une clé unique produite par un logiciel informatique. De quel style ? D'une suite de symboles : 2e3 3e1. Sous quelle forme ? Celle d'une carte à puce, d'un détecteur d'empreinte digitale ou d'un message envoyé d'un téléphone portable. En quelques mots, c'est une invention « juteuse » pour signer un contrat à distance, envoyer des documents administratifs... et elle promet de beaux jours au commerce électronique !

Les puces prolifèrent! Qu'elles s'implantent sous la peau, qu'elles nous protègent, ou qu'elles travaillent pour nous... elles font tout pour nous faciliter la vie, mais elles restent dans l'ombre...

PUCES...

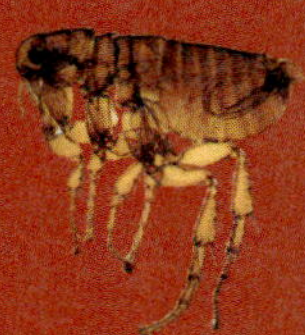

Une union qui paie

Devinette : IBM + Gemplus = ?

Réponse : une carte de paiement sécurisée offrant des monnaies électroniques et des produits financiers interactifs.

Remarque : le projet porte le nom de *Smart Card Life Cycle Management*.

Plus fort que Deep Blue

C'est la puce *Cell*, le supercalculateur. Elle est née de l'association détonante entre Sony Computer Entertainment, Toshiba et IBM. Elle excellerait dans la diffusion des films et de la musique sur le Net ! Étonnant tout de même lorsqu'on sait que le problème vient plutôt de la taille des « tuyaux » du réseau mais nous verrons bien en 2002, date de sa sortie ! Outre les nombreuses heures qu'aura nécessitées sa conception, *Cell* relèvera de 400 millions de $ d'investissements. Pourvu qu'elle tienne la route !

Internet sans fil sur ordi'

Une « carte de crédit » exclusivement réservée au PC portable qui permettrait l'accès à Internet sans fil, c'est possible ? Oui, avec la creditcard *GPRS*. La société Xircom souhaite la mettre dans les bacs des magasins à la fin de l'année 2001. Bon, souhaitons que la norme *GPRS* fonctionnera d'ici là !

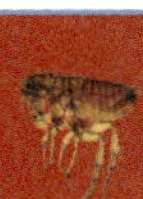

Une puce « santé »

Pour contrer le champ électromagnétique du téléphone portable, la start-up californienne EMX Corporation semblerait avoir une solution. Laquelle ? Une puce.
Elle enverrait elle-même un champ électromagnétique qui neutraliserait autant que possible celui du mobile. Où se place-t-elle ? Elle se loge dans la batterie. Si elle sort un jour des laboratoires, alors ce sont les States qui en bénéficieront en premier.

L'étui à ne pas oublier !

Le Français Maurice Sinnah a pensé à toutes les têtes de linotte et tout particulièrement à tous ceux qui ont tendance à oublier leur carte de crédit une fois un paiement effectué. Le principe est simple et ingénieux. *Mémo Lynote* est un système à insérer dans n'importe quel type d'étui à carte. Et lorsque la carte quitte trop longtemps son « enveloppe », *Mémo Lynote* émet un son avertissant l'étourdi. Pratique pour échapper aux oublis fâcheux !

Une puce sous la peau

Une puce électronique va être commercialisée par la firme américaine Applied Digital Solutions, et pas n'importe laquelle. *Ange numérique* est à insérer sous la peau de l'homme ! L'intérêt ? Elle permettrait de situer à tout moment l'individu qui la porte. Comment ? Cette puce est dotée de la technologie GPS. Elle est directement connectée aux satellites espions. Le pire est qu'elle ne peut pas tomber en panne puisqu'elle fonctionne à l'énergie humaine c'est-à-dire aux moindres mouvements des muscles. *Ange numérique* serait idéale pour les enfants et les randonneurs. Ça commence comme ça mais on ne sait pas où cela finit !

4

Le processeur *Intel Pentium 4* a débarqué en totale rupture avec les précédents. Les puces sont plus petites, l'architecture est modifiée, les technologies sont différentes. En résumé, il exécute les opérations encore plus vite (1,7 GHz). L'*Intel Pentium 4* est pro multimédia, il favorise l'image 3D, le son, la vidéo en continu, l'Internet… et tout ça toujours plus rapidement.

« L'OS à puce »

Camille est une puce pas comme les autres. Hormis son nom peu commun dans le monde de l'informatique, elle renferme un véritable système d'exploitation, une première dans les cartes à puce. Son père est un jeune Français, fraîchement sorti docteur de l'université des Sciences et Technologies de Lille, qui répond au nom de Gilles Grimaud. L'intérêt de *Camille* ? La fin de l'envahissement des cartes ! Une seule carte faisant à la fois carte bancaire, carte Vitale et carte Videoclub (c'est un exemple) !
Un sacré poids en moins pour nos portefeuilles ! Seul hic : il semblerait que cela ne soit pas pour tout de suite, vu la réticence des banques…

Cyberacheteurs, achetez en ligne en toute tranquillité !

C'est ce que nous promet la firme franco-américaine Elva pour 2002, une fois les tests réussis.
Comment ? Grâce à une carte à puce sonore baptisée *VocaliD*. Le principe est simple. La carte produit un son transmis au serveur par téléphone ou par ordinateur. L'utilisateur est reconnu.
Le serveur demande une confirmation d'identité en réclamant un code PIN à 4 chiffres. Dès que l'identification est validée, le paiement s'effectue en toute confiance. De beaux jours en perspective pour le e-commerce !

Une puce qui a de l'oreille

La puce électronique de la société britannique Domain Dynamics n'est pas dure d'oreille. Non seulement elle enregistre en 2 minutes la voix d'un individu et l'identifie par la suite en quelques millisecondes mais de plus elle reconnaît la personne même si elle est enrouée, enrhumée ou encore si elle est dans un endroit bruyant. Et aphone, ça marche aussi au souffle ?

Des souris intelligentes, des ordis' « trendy », des disquettes physiquement surprenantes, des coffres-forts virtuels, des ardoises électroniques, des claviers pour tous... c'est ça, le matos de 2002!

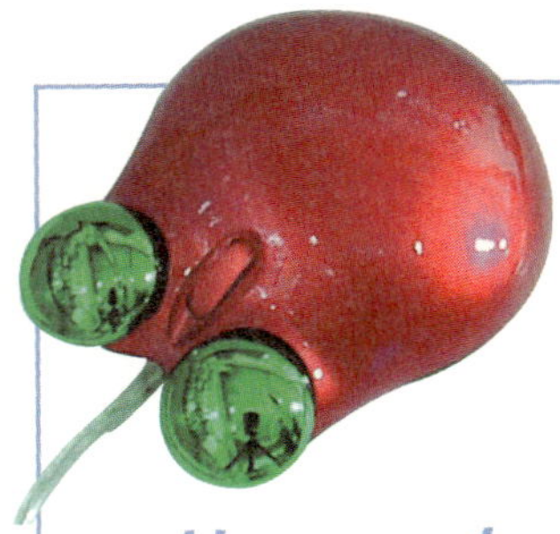

Une souris « grenouille-ment » modifiée

Juste pour le plaisir des yeux, on souhaite l'acquérir ! Cette souris informatique au look de grenouille psychédélique n'apporte rien d'autre que son esthétique tape-à-l'œil. À manipuler, rien de plus simple : les yeux verts font office de boutons de défilement et le nez rouge sert à « moover » le curseur. *Frog Mysh* de Bosswave est disponible en 12 coloris.

MATOS

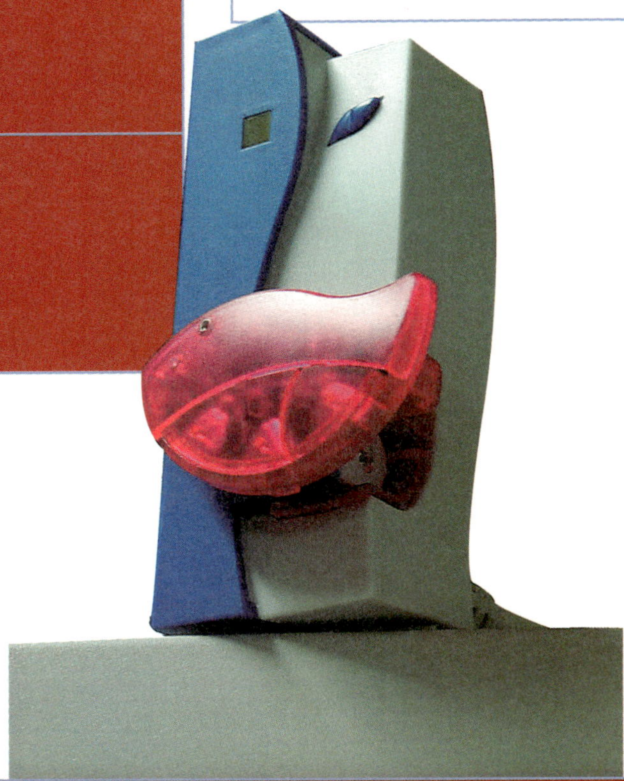

Une souris « frappante »

Las et lasses de taper sur un clavier et des touchpads ? Optez pour la souris *Super Mini Optical Mouse* d'Atek Electronics, elle frappe pour vous. Elle a le physique d'un tube de rouge à lèvres mais c'est une souris de choc ! Elle permet de taper des docs' en toutes circonstances : voiture, avion... grâce au système optique dont elle dispose. Par contre, les pro-Mac devront encore patienter car elle n'aime pour l'instant que les PC !

Une souris entre les doigts

Bosswave innove en relookant la souris informatique. Elle n'est plus à agripper mais à prendre entre les doigts. Elle ne se glisse plus, elle se presse pour exécuter une fonction. Ainsi, la main ne bouge plus et la souris libère de la place sur le bureau. *FinRing* fonctionne sur la fréquence stable 433,92 MHz et dispose d'un code individuel permettant à plusieurs appareils de travailler en même temps et dans la même pièce. Enfin, *FinRing* se range sur le pourtour de l'écran de l'ordi' !

UNE SOURIS A PRIORI À L'ÉCOUTE

Emotion Mouse d'IBM est une souris informatique qui se veut proche de toi. Pose ta main sur elle et en un instant elle détermine ton état émotionnel ! Elle calcule ton rythme cardiaque, la température et la charge électrique de ta peau. *Emotion Mouse* c'est innovant, mais reste à savoir ce qu'elle apporte lorsque tu es stressé(e) !

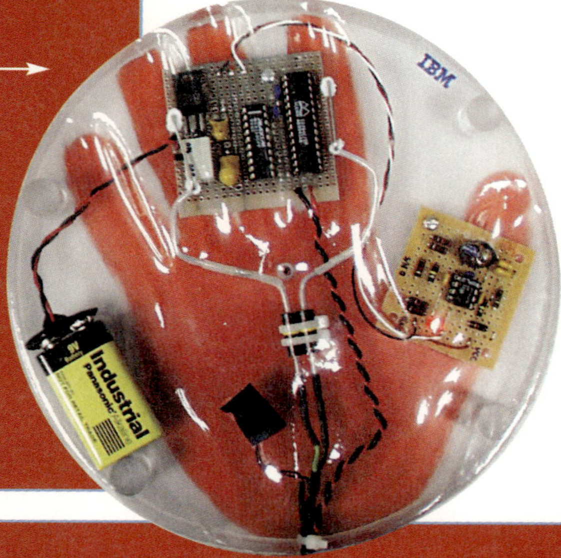

Après le chien pour aveugles, la souris pour aveugles

Le monde informatique et l'Internet sont désormais accessibles à tout le monde. Avec la souris *Virtual Touch System* de la société israélienne VirTouch Ltd, les aveugles et malvoyants peuvent apprécier les joies de l'informatique (et ses peines aussi…) et surfer sur le web. Comment ? Grâce à des capteurs spéciaux intégrés à la souris. Seul hic, son prix : 5 000 $ (35 000 FF ou 5 335,71 euros).

MA SOURIS TÉLÉPHONE

La firme américaine AMERICOMM Innovations a osé le faire : une souris informatique qui clique et qui… téléphone. Et elle porte bien son nom : *Go Chat*. Cette merveille de petite souris a troqué sa « queue » contre un port lui permettant d'être reliée à une ligne téléphonique. Elle transmet la communication à un casque sans fil, et oui il faut bien garder les mains libres en cas de clic « urgentissime » !
AMERICOMM Innovations en a profité pour relooker la traditionnelle souris en un objet rond portant sur son dos tout un tas de numérotations avec une touche « rappel ». Pour les nostalgiques, *Go Chat* existe en gris souris, et pour les autres, découvrez les couleurs « trashs » !

Snoopy se fait souris

Fans du célèbre chien-aviateur Snoopy, *Flying Ace* est la souris informatique qu'il vous faut ! Sa tête et ses bras s'agitent à la réception d'un e-mail et son socle est doté de boutons pour faciliter le surf sur le Net. Un hic, *Flying Ace* de Nec (Japon) s'adapte uniquement au PC.

Clavier illuminé

Flylight de Kensington est « l'objet indispensable » des bosseurs sur ordi' dans les ambiances tamisées. Cette lampe a été spécialement conçue pour éclairer le clavier de tout type d'ordinateur et elle se branche sur le port USB. Un prix : 159 FF (24,24 euros).

DynaSheet in the pocket !

En 2005, l'ordinateur se portera dans la poche ou en pendentif. *DynaSheet* de Toshiba annonce une nouvelle génération d'ordinateur portable. Il se plie et se déplie à volonté. Son écran souple, construit en LEP, est de la taille d'une feuille A4. *DynaSheet* ne pèse que 200 g et a l'épaisseur d'une plaquette de chocolat pâtissier. Vivement 2005 qu'on se régale !

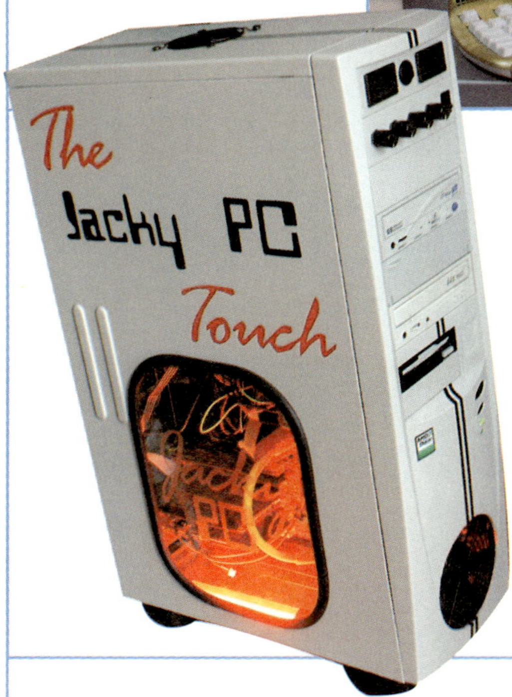

« Tuning » pour PC

La voiture n'est plus la seule à bénéficier d'une mise en beauté personnalisée. Le PC peut aussi arborer un clavier à moumoute ou en peau de léopard ! C'est possible en surfant sur le site www.jackypc.com.

Aïe, tu m'fais mal !

C'est ce qu'aurait pu dire *Squeekee*, la souris informatique réactive au stress de l'utilisateur. Quèsaco ? Une souris sensible à la force et à la pression que produit l'usager sur elle. *Squeekee* s'exprime en couinant et avertit à l'aide d'un écran qu'il serait temps, soit de se calmer, soit de faire une petite pause afin d'éviter des microtraumatismes. Une souris zen qui ne s'arrête pas là puisqu'elle offrirait des commandes plus intuitives qu'une souris classique.
Actuellement, *Squeekee* est un prototype né de l'imagination ingénieuse du chercheur londonien Michael Macaulay.
À suivre...

Un ordi' mutant

PaceBook est un ordinateur portable amovible de PaceBlad Technology, firme américaine. Il se démantèle pour s'adapter au mieux à son utilisateur. Clavier et écran se détachent : le clavier pour le régler à sa vue et à ses bras, l'écran LCD lorsqu'il est urgent de saisir des notes alors qu'on marche ! Quant à sa configuration, elle reste traditionnelle. *PaceBook* a envahi le marché en été 2001.

L'ordinateur se fait une beauté

L'ordinateur sort du bureau et s'exhibe. L'Allemande Beate Dyballa embellit nos écrans ternes et gris en créant des caches écrans, amovibles, de couleurs et de formes variées : poisson, jungle...
Le mot d'ordre est gaieté.

L'iMac fait dans les sixties

Apple a revu le look de l'iMac façon psychédélique : fleurs ou points sont les nouvelles tendances que devront arborer nos bébêtes informatiques. Mais Apple a pensé aux traditionalistes en conservant le look Graphite. Outre un net changement des robes informatiques, l'iMac donne dans la caméra vidéo et se la joue studio de création musicale. N'oubliez pas : Blue Dalmatian, les points blancs sur fond bleu, et Flower Power, la puissance des fleurs !

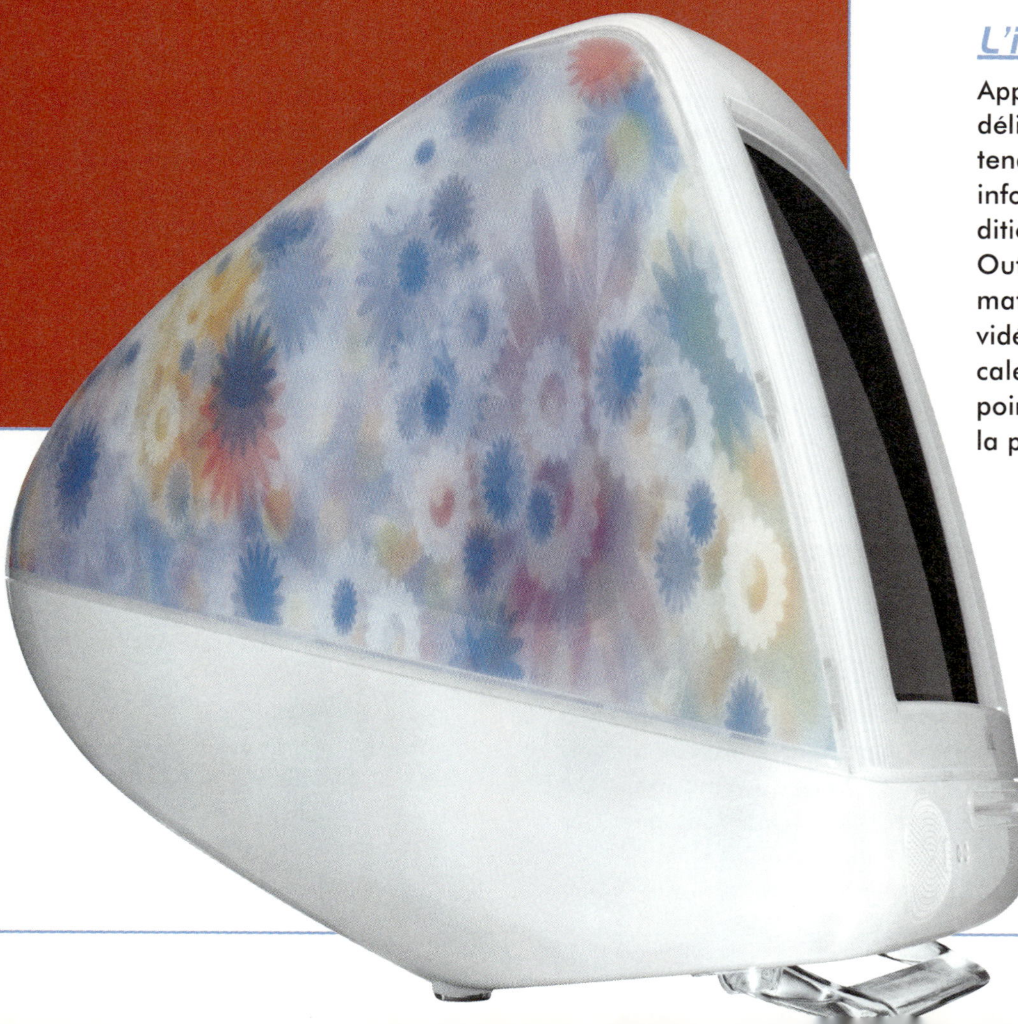

1,3 giga octet !

C'est la capacité d'enregistrement des CD *DD-R* et *DD-RW* mis au point par Sony. Ils coûtent quasiment le même prix qu'un CD enregistrable standard et bien moins cher qu'un DVD ! En revanche, ils nécessitent un lecteur-graveur Sony spécifique, à relier sur l'ordi'.

Coffre-fort virtuel

Données informatiques importantes, précieuses, confidentielles, bref quasiment vitales ? La Bankinter de Madrid a ce qu'il vous faut : le coffre-fort virtuel. Il stocke tous les fichiers sur des disques durs sécurisés. Pour ce service rendu, les trois premiers mois sont à l'œil puis l'abonnement coûte 6 euros (39,35 FF) par mois.

Du piquant pour l'ordi'

Sony s'est « accaparé » la série japonaise *Doko Demo Issho* en créant des figurines qui se branchent sur les ordinateurs. Elles n'ont aucun autre intérêt que de distraire l'utilisateur de son écran. Par exemple, lorsque le clavier est sollicité, la figurine fait bouger sa tête.
Bref, elles sont uniquement conçues pour égayer l'environnement du travail. Juste pour déstresser, rien de plus !

Le descendant de la disquette

Il a la forme et la taille d'un marqueur mais il ne surligne pas, il enregistre comme une disquette. À la différence qu'il est plus petit et fonctionne aussi bien sur Mac que sur PC. *DiskOnKey* de M-Systems est sans batterie, sans câble, sans alimentation, se branche sur le port USB et stocke jusqu'à 32 Mo de données.

Tout est bon pour l'électronique

Après les ordis', les téléphones, les PDA, voici l'ardoise électronique de Microsoft. Nom de code : *Tablet PC*. Elle dispose du traitement de texte, stocke des docs et « carbure au Windows ». On n'y frappe pas mais on y écrit à l'aide d'un stylet ! À essayer dès 2002 !

Rabbi Jacob, interprété par Louis de Funès, englué dans du chewing-gum... à mémoire ?

Une mémoire collante

Il ne s'agit pas d'une blague, le CD cylindrique adhésif stockant jusqu'à 3 Go de données est pour demain. Il a été conçu par l'équipe de Steffen Noehte à l'European Media Laboratory de Heidelberg. Haut de 1 cm et d'un diamètre de 3 cm, le support jetable est plus petit qu'un CD-Rom traditionnel et enregistre 4 fois plus d'informations. Le secret ? En gros, car tout n'a pas été divulgué, la colle a été remplacée par un matériau top secret qui a rendu le film très transparent donc très lisible par le laser et ce sur les 20 couches superposées…

L'avancée ne s'arrête pas là puisque Steffen Noehte projette d'augmenter la mémoire du CD cylindrique jusqu'à 10 Go dans la mesure où un hologramme y a été gravé. Une affaire à coller !

Surfer à Paris et imprimer à Washington

Les professionnels vont adorer la nouvelle génération d'imprimantes de Hewlett-Packard. Elles ont toutes la capacité d'imprimer des documents à distance grâce à une connexion Internet. Pour cela, il faut l'imprimante de Hewlett-Packard et un e-appareil (ordinateur portable, téléphones, PDA…). L'astuce ? L'imprimante a une adresse URL. Mais comme toute star, le système se fait un peu capricieux : il fonctionne uniquement sur des LaserJet monochromes, mais qui sait…

Un ordi' aux neurones humains

Un cerveau humain artificiel en guise de système d'exploitation dans un ordi', c'est ce qu'ont annoncé des chercheurs russes. Vitali Valtsev, membre de l'Académie internationale des sciences de l'information, annonce cet ordinateur comme une véritable machine à penser à qui il faut tout apprendre et aussi beaucoup surveiller comme un nouveau-né. En bref, il ne faudrait pas qu'il tombe entre de mauvaises mains !

Glissez, c'est enregistré !

Quicklink Pen de Wizcom Technologie est un stylo magique, « un peu » aidé par un scanner. Au lieu de taper ses notes prises à la main sur l'ordi' il suffit de faire « surfer » le stylo sur chaque ligne.

Quicklink Pen enregistre toutes les données manuscrites et les transfère par câble à un ordinateur ou à un agenda électronique. De plus, il jongle avec 8 langues et retient jusqu'à 1 000 pages écrites.

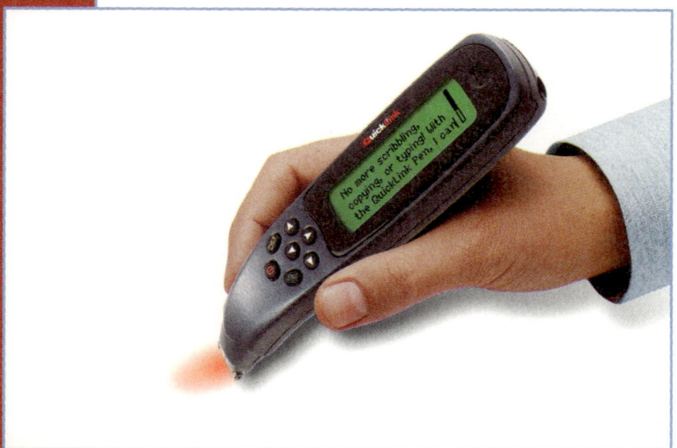

Qu'est-ce qui...

... n'est pas plus gros qu'une pièce de monnaie, a une grande capacité de stockage de données et qui existe en deux versions (250 et 500 Mo) ?

Indice : il fait concurrence à d'autres formats de stockage pour les appareils nomades.

Réponse : *DataPlay* de la firme américaine du même nom !

Rohm ou Sony ?

Lequel arrivera à commercialiser des écrans organiques ultra plats électroluminescents (vous savez, ces écrans conçus à partir d'une fine pellicule de plastique qui émet de la lumière dès qu'elle est sous tension) ? Même si Sony est au stade du proto', Rohm promet sa commercialisation pour 2002. Cela dit, dans les deux cas ce sera le Japon le premier !

À CHACUN SON CLAVIER

Pas de raison que les enfants de 12 à 36 mois échappent à la micromania. C'est pourquoi Berchet, le fabricant de jouets français, a mis au point *Le Clavier des Bébés*. Il s'adapte sur celui de l'ordinateur, se compose de 9 grosses touches de couleur et s'accompagne de 3 logiciels d'éveil. À quand le clavier pour le fœtus ?

UNE « SOURICETTE »

Après le clavier, Berchet met à disposition une souris informatique spécialement adaptée aux mains des enfants. Elle s'appelle *La souris des tout-petits*, elle affiche de belles couleurs éblouissantes et elle est livrée avec un tapis et un CD-Rom. Pourquoi un CD-Rom ? Pour que les enfants apprennent à manipuler la souris tout en s'amusant !

L'ardoise Internet

La grande mode est aux Internet Appliances et Hitachi y plonge à pieds joints. Sa tablette connectable porte le nom « high-techno-champêtre » de *Flora-ie*. Outre le processeur Celeron et Windows 98 dont elle est équipée, elle surfe sur la Toile et fait office d'agenda. Mais ce n'est pas tout, Hitachi fait dans l'art. Et oui, *Flora-ie* existe en deux versions. L'une initie l'utilisateur aux arts graphiques exotiques et l'autre au jeu d'échecs chinois ! Seul hic, ces ardoises sont conçues exclusivement pour le marché japonais.

Le clavier coupé en deux

Quand les téléphones portables deviennent de véritables petits ordinateurs, quoi de plus inconfortable que d'y taper la moindre lettre. Le constructeur Matias a la solution avec le *Half Keyboard*. Sur ce demi-clavier, chaque touche correspond à plusieurs lettres. Ingénieux, non ?

Beau temps pour les ordis'

« C'est *Rita* qui le dit ! » *Rita* est la Madame Météo des ordi'. Elle indique réellement le temps environnant votre ordinateur ! Pas vraiment indispensable mais surtout pour le fun, elle a été conçue par la société française DEIS de Haute-Savoie Alpes.

Le tout en plastique

Telle est la volonté de Philips et tout particulièrement en ce qui concerne les écrans. Dans le laboratoire de recherches, les scientifiques Philips « cogitent » et font de grands pas. À l'heure actuelle, ils ont réussi à réaliser un écran pas plus grand qu'un timbre-poste. Côté flexibilité, ce n'est pas encore ça. Rendre l'écran souple nécessite que les transistors et la puce soient en plastique (en polymères exactement) et qu'ils résistent à toutes sortes d'étirements. Un autre grand pas est à réaliser et pas des moindres !

Tracer et numériser

Amoureux du stylo, plume et électronique ne sont plus incompatibles. IBM a trouvé la solution en créant *TransNote*, un PC portable Pentium III cadencé à 600 MHz. Il suffit de noircir la feuille située sur la tablette intégrée à l'ordi' et la tablette lui communique le tracé du stylo. *TransNote*, un beau compromis entre l'ère de l'écriture et le troisième millénaire.
Le *TransNote* d'IBM a fait partie des nominés du Prix « Siemens 2000 ».

Bluetooth arrive !
Cette technologie, intégrée aux appareils électroniques leur permettant d'échanger des infos par radio jusqu'à 10 m, a séduit plus d'un constructeur.

BLUETOOTH

UN HÔTEL SANS FIL

Depuis mars 2001, à New York, il est possible de s'enregistrer à l'hôtel Holiday Inn Wall Street, d'entrer dans la chambre sans clef, de régler ses nuitées et ses repas en utilisant uniquement son mobile ou son PDA. De la magie ? Non, c'est « du » Bluetooth ! L'hôtel a été entièrement équipé de ce système de communication sans fil. Attention, encore faut-il que votre PDA et votre cellulaire soient compatibles à Bluetooth.

Le stylo voyeur

Anoto Pen ne fait pas qu'écrire, il « mate » tout ce que tu lui fais griffonner. Pourquoi ? Parce qu'il est équipé d'une micro-caméra et d'un émetteur Bluetooth. L'intérêt ? Tout ce que tu écris est directement transmis à ton ordinateur, à ton PDA ou à ton téléphone Wap, bref à ce que tu veux. Donc plus besoin de taper tes textes. En revanche, n'oublie pas d'acheter le papier adapté.

Valise, aux pieds !

La société Bluetags a trouvé judicieux de « connecter » le voyageur à sa valise. Le scénario est simple, tournant autour de trois « personnages » et une technologie de pointe : le voyageur, son téléphone mobile (ou son PDA), sa valise et Bluetooth. Primo, le module Bluetooth est fixé sur son sac. Deuzio, le voyageur prend son mobile sur lui. Tertio, il ne surveille plus son sac. Trame de l'histoire : sa valise s'éloigne de lui, le module Bluetooth le lui fera savoir sur son portable ! Bref, jamais sans son portable !

BLUETOOTH PEUT SE FAIRE DES CHEVEUX GRIS !

802.11B de l'américain IEEE (Institute of Electrical and Electronics Engineers, Inc.) est sans doute la bête noire de Bluetooth car c'est aussi un protocole de communication sans fil. *802.11B* a débarqué sur le marché avant Bluetooth et a eu le temps de faire ses preuves et de conquérir des ordinateurs portables tels ceux d'Apple et de Dell pour ne citer qu'eux ! Et pour clore le tableau, la portée de *802.11B* est de 300 m alors que celle de Bluetooth ne dépasse pas les 10 m. Belle bagarre en perspective !

BLUETOOTH FAIT SON CINÉMA

Le pack Bluetooth *Data Projector Kit* de Toshiba propose deux cartes dont l'une s'insère sur l'ordinateur et l'autre sur le projecteur. Pour quoi faire ? Pour que le film contenu dans l'ordi' soit projeté directement par le projo' sans l'intermédiaire de câbles, grâce à la carte Bluetooth. Ce kit peut s'acquérir au Japon pour moins de 4 000 FF (609,80 euros), attention il est livré sans le projecteur ni l'ordinateur !

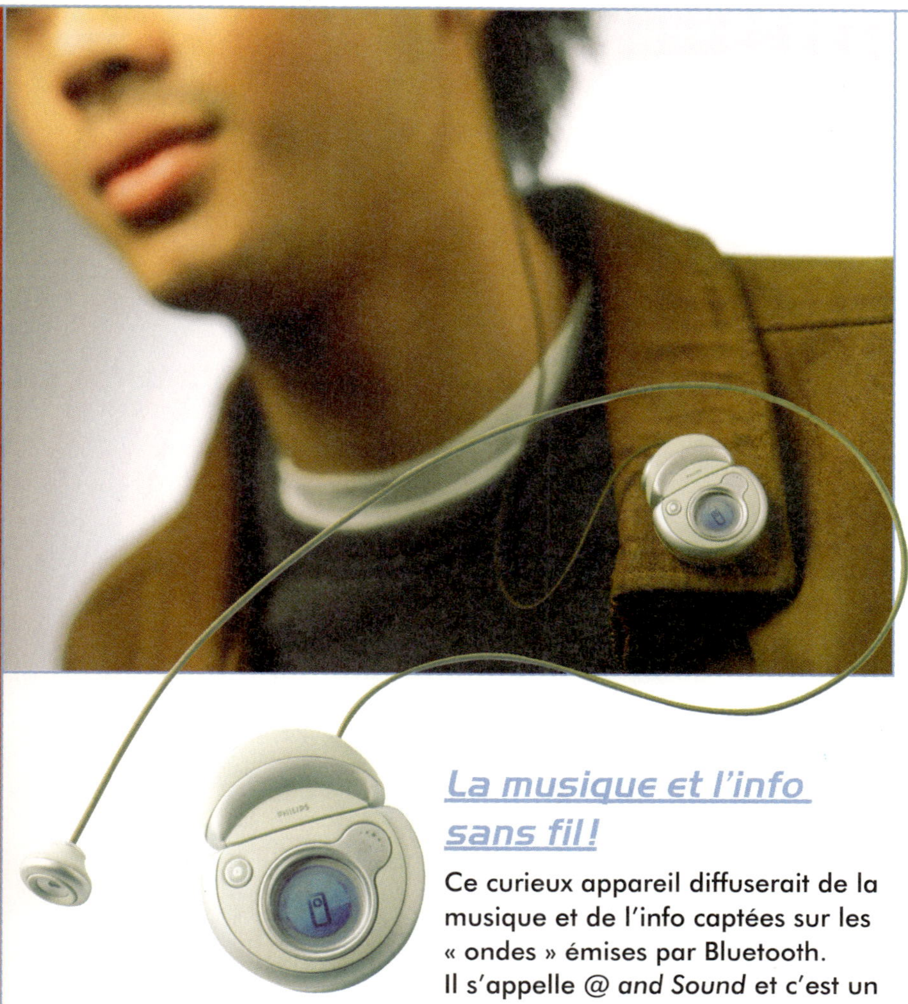

La musique et l'info sans fil !

Ce curieux appareil diffuserait de la musique et de l'info captées sur les « ondes » émises par Bluetooth.
Il s'appelle *@ and Sound* et c'est un prototype de Philips. La transmission s'effectue entre le module « @ » Bluetooth 3G et le casque stéréophonique « sound ».
Attention ! Le fil qui les relie n'en est pas un, c'est l'antenne !

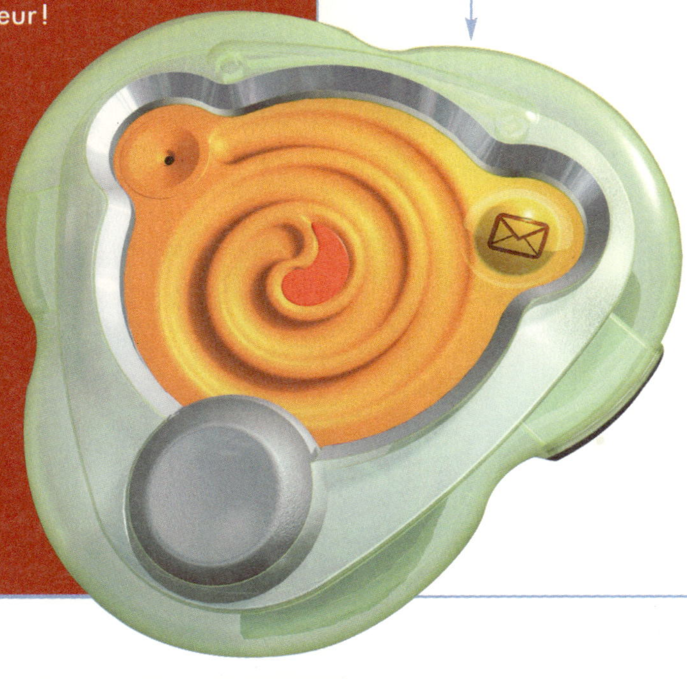

OBJET NON IDENTIFIÉ PRÉVU POUR 2005

Il a le physique d'une soucoupe volante new-age et pourtant ça n'a rien à voir.
Le *Teddy Bar* de Philips est un téléphone mobile à reconnaissance vocale pour enfants.
L'intérêt ? Les bambins pourront envoyer des mails à leurs amis en couche-culotte en les dictant.

Ordis'« bleutés »

Vaio C1 et *Vaio Note SR* sont deux ordis' portables peu ordinaires. Sony les a conçus en leur intégrant la technologie Bluetooth. Ainsi, ils sont tous les deux équipés d'un logiciel utilitaire appelé *Bluespace*. Ce dernier s'occupe de détecter d'autres ordis' compatibles Bluetooth dans un rayon de 10 à 100 m, puis il les connecte afin que les données s'échangent directement d'un disque dur à l'autre. Attention, Bluespace surveille ! Grâce à l'une de ses fonctions, il est possible de restreindre l'accès aux informations de son disque et de choisir les ordis' avec lesquels on souhaite ou non communiquer. Sony a pensé à mettre à disposition un modem Bluetooth (Modem Bluetooth Station) pour que ses deux ordinateurs puissent se connecter à une ligne analogique. *Vaio C1* et *Vaio Note SR* coûtent chacun 2 314 euros et le modem 278 euros !

Écrit, son, image

Ces deux accessoires qui ne forment qu'un seul appareil, sont un téléphone-assistant personnel et un mini-projecteur. Très utile pour les réunions d'affaires, ce prototype du nom de *Viking* sera concrétisé dans les années à venir avec la norme Bluetooth – c'est en tout cas le souhait de la société japonaise Trium. En clair, le projo, haut de 10 cm, et le téléphone-assistant perso' s'échangeraient les infos via Bluetooth. Outre la technologie, le design se jette dans le singulier !

Blip, Blip !

Créer un petit serveur exclusivement réservé aux appareils compatibles à Bluetooth, telle est la nouveauté sortie tout droit de chez Ericsson.
Son nom de code est *Blip* (*Bluetooth Local Infotainment Point*). Cette borne permet aux appareils high-tech (téléphones portables, montres, PDA...) de bénéficier des données multimédias sans avoir à utiliser un câble. *Blip* doit apparaître dans le courant du deuxième semestre 2001 à un prix encore mystérieux.

Un haut-débit sans fil

Se connecter à Internet sans passer par un câble, c'est possible ! Le boîtier s'appelle *BlueDSL* et a été créé par Inventel, société française. Il s'agit ni plus ni moins du mariage de l'ADSL et de la technologie Bluetooth. En conséquence, 7 appareils Bluetooth, tels qu'appareil photo numérique, assistant personnel, téléphone portable... peuvent communiquer entre eux simultanément avec ou sans Internet à haut débit et sans fil !

Téléphone Bluetooth !

LG Electronics est le premier constructeur de mobiles à avoir fabriqué un téléphone portable Bluetooth certifié par le groupement des principales sociétés de téléphonie mondiale (SIG). Il a été baptisé *LG-P610B*. Grâce à lui, on peut commander à distance d'autres appareils à la technologie Bluetooth, c'est-à-dire des ordis' portables mais aussi des fours à micro-ondes !

Retrouvez-les...

ROBOTS

www.admiroutes.asso.fr/action/theme/science/pekee.htm
www.almaden.ibm.com
www.bandai.co.jp
ww.w.fisher-price.com/fr/
www.gastrobots.com
www.hasbro.com
www.intz.com
www.ir-vonline.com
www.roboscience.com
www.sandia.gov
www.segatoys.co.jp
www.sok.co.jp
www.sony.com
www.takara.co.jp
www.tmsuk.co.jps
www.tomy.fr
http://web.mit.edu
http://world.honda.com/ASIMO/
www02.so-net.ne.jp/~itou/Silf-H1.html
http://ib.berkeley.edu/faculty/dickinsonm.html

SOFTS

www.adobe.com
www.a-i.com
www.apple.com/macosx/
www.canon.com
www.cybergroupnetwork.com
www.glfc.coms
www.ibm.com
www.infineon.com
www.linux.com
www.microsoft.com
www.pulsedata.co.nz
www.raytheon.com
www.surfcontrol.nl/fr/superscout.html
www.sourcenext.com
www.transmeta.com
www.ultraorange com

WEB

www.amergence.fr
www.clubcaraibes.com
www.edf.fr
www.evesolal.com
www.francetelecom.fr
www.jamonline.com
www.kerbango.com
www.landsend.com
www.microsoft.coms
www.nascomms.com
www.renault.fr/RenaultSITe/index.jsp
www.semantia.com
www.sncm.fr
www.thekwoon.com
www.thomson-mulimedia.com
www.webfinger-station.com

PUCES

www.adsx.com
www.elva.fr
www.emf.com
www.ibm.com
www.intel.com
www.lifl.fr/~grimaud/memoire/
www.xircom.com

MATOS

www.americomm-innovations.coms
www.apacabar.fr
www.apple.com
www.atekelec.com
www.berchetmedia.com
www.bosswave.com
www;dataplay.com
www.hp.com
www.ibm.com
www.jackypc.com
www.kensington.com
www.microsoft.com
www.m-sys.com/diskonkey
www.nec.co.jp
www.paceblade.com
www.sony.com
www;squeekee.com
www.toshiba.com
www.virtouch.co.il
http://FroggyHome.com
http://halfkeyboard.com

BLUETOOTH

www.anoto.com
www.bluetags.com
www;ericsson.com
www.holidayinnwsd.com
www.inventel.com
www.lge.com
www.philips.com
www.sony.com
www.toshiba.com
www.trium.net
http://80211b.weblogger.com/about

plus vite

plus vite
plus vite

AUTOS p. 118
SUR L'EAU p. 134
MOTOS p. 142
EN L'AIR p. 146

La 307 fait des petits chez Peugeot

Si la Peugeot 307 a attiré de nombreux regards au salon de Genève, il n'en demeure pas moins que le prototype *Caméléo*, qui en découle, est tout aussi intéressant. *Caméléo* est une sorte de 307 pick-up. Elle a le look de la 307 sauf qu'à l'arrière une plate-forme a été intégrée. Grâce à ses deux arceaux en inox qui encadrent le plateau arrière, elle peut arrimer voiture, bateau... *Caméléo* promet beaucoup mais elle restera à l'état de concept-car !

Voiture « hype », voiture jouet, voiture de demain, voiture féminine, voiture nostalgie, voiture solaire, voiture électrique... il y en a pour tous les goûts en ce début de troisième millénaire !

AUTOS

Retour vers les années 50

Super 8 Hemi de Dodge (DaimlerChrysler) est un concept-car du troisième millénaire et pourtant sa silhouette est un retour aux années 50, où insouciance et optimisme primaient. On retrouve donc la ceinture de caisse très haute en contraste avec les vitres basses, un pare-brise très droit sans oublier les typiques 3 rangées de protections latérales. D'un point de vue puissance, elle développe 353 Ch (une première dans l'automobile) grâce à un moteur V8 (8 cylindres disposés en V) dont elle a été équipée. Enfin, grâce aux technologies de communication dernier cri qu'elle renferme (possibilité d'envoyer des mails sans clavier), *Super 8 Hemi* rappelle qu'elle est une voiture nouvelle génération !

La diligence du XXIe siècle

L'antenne américaine du constructeur japonais Isuzu fait un saut dans le mythique. En élaborant *GBX*, elle a pensé à l'époque des diligences, ces fameuses voitures à chevaux. Sauf que ces derniers ont été remplacés par un moteur V6 à injection directe. *GBX* est un concept-car dans la lignée des SUV (Sports Utility Vehicle).

Une « motomobile »

Dans un nouveau genre, Peugeot présente *City Toyz Vroomster*. Ce prototype se situe entre la voiture et la moto puisqu'elle se chevauche et offre deux sièges situés l'un derrière l'autre. En revanche, elle a quatre roues, un pare-brise et les deux occupants ont une ceinture de sécurité à mettre. « Le tout » se conduit à partir d'un volant-guidon. En un mot, *City Toyz Vroomster* est une « motomobile » !

La New Beetle s'étire

Après la Coccinelle, la New Beetle voici maintenant la *New Beetle Limousine* de Volkswagen. Elle n'est pas encore arrivée en France mais elle sillonne déjà Londres !

Renault Scénic increvable

C'est une première dans l'histoire des voitures de grande série. La Renault Scénic va être équipée du célèbre système *Pax* mis au point par Michelin en collaboration avec Goodyear et Pirelli. Rappelons-le, ce système permet, en cas de crevaison, de continuer à rouler chargé pendant 200 km à 80 km/h.

Papier et électricité

Cela peut paraître surnaturel mais cela ne l'est pas ! La voiture électrique tout en papier existe ! Elle sort tout droit de la griffe du designer japonais Yoko Yamamoto.
Et elle monte jusqu'à 125 km/h !

Retour aux sources

Si ce concept a un air de char d'assaut, ce n'est qu'une apparence car sa structure est en aluminium, surmontée d'une coque en carbone. Résultat, *Willys* est un poids plume, tout le contraire du char ! En fait, ce concept est avant tout un clin d'œil au premier modèle de Jeep qui a lancé la marque. Cet hommage n'a pas empêché les techniciens d'équiper *Willys* de la technologie du troisième millénaire.

ÇA ROULE À 300 KM/H...

... avec une autonomie de 300 km et ce sont des batteries en lithium qui le font avancer ! Il s'agit d'un véhicule électrique élaboré par l'équipe du professeur Hiroshi Shimizu de l'université Keio de Tokyo. Le compartiment moteur a été supprimé car, en fait, ce véhicule est monté sur 8 roues dont chacune est équipée d'un petit moteur électrique. Résultat : la force motrice est mieux répartie, la tenue de route meilleure et le véhicule ne pollue pas ! Ce véhicule sans nom, pèse 2,980 t pour 6,7 m de long et 1,95 m de large, et peut accueillir jusqu'à 8 personnes. Date de sortie inconnue.

ÉCLAIRÉ OU GONFLÉ !

En Belgique, et tout particulièrement à Liège, les passages cloutés s'illuminent au moindre contact du pied. Ce système rencontre un franc succès, laissant au tapis les feux tricolores car les automobilistes perçoivent mieux les piétons et ces derniers sont davantage poussés à se discipliner pour traverser sur les clous.
À Londres, les Anglais ont pu tester un nouveau ralentisseur constitué d'un boudin de caoutchouc rempli d'air et d'un capteur de vitesse. Si une voiture roule trop vite par rapport à la vitesse autorisée, alors le ralentisseur se gonfle. Quant la voiture respecte la limitation de vitesse, le boudin reste plat.
De plus, le boudin-ralentisseur est suffisamment intelligent pour distinguer les ambulances, les pompiers et la police, des voitures lambda, et les laisser rouler à leur guise !

Honda pense jeune!

Le constructeur asiatique vise la jeunesse et surtout la génération Y, c'est-à-dire vous, nés entre 1977 et 1994, en proposant un hybride entre le pick-up et le SUV (Sports Utility Vehicle). L'oiseau rare a été baptisé *Model X*, et on peut dire qu'il fait partie de la famille high-tech avec son accès au Net. Honda l'a aussi doté d'un système de navigation et d'un lecteur DVD.
En un mot, *Model X* est connecté!

Une voiture jouet?

Non, c'est la voiture de demain. *Sparrow* est petite: 145 cm de haut et 155 cm de large. Elle pèse 612 kg. Son habitacle n'accepte qu'une seule personne. Sa vitesse de pointe est de 110 km/h et son autonomie de 97 km. Tout cela est largement suffisant pour une voiture exclusivement taillée pour la ville. Et oui, *Sparrow* est une pure citadine: petite, pratique et écologique. Spécialement conçue pour lutter contre l'étouffement et l'asphyxie de la ville, elle renferme un moteur tout électrique: 13 batteries de 12 volts chacune. Et, pour ne rien gâcher, *Sparrow* se décline en 14 coloris plus « trashi » les uns que les autres! En revanche, elle vaut 104 000 FF (15 855 euros), sans l'option jantes chromées: dur!

Fonctionnel et sportif

C'est *Sabia*, le nouveau concept-car mis au point par le centre de style GM (General Motors) do Brasil. *Sabia* est à la fois un pick-up et un coupé sportif. Le mélange des genres est une vraie réussite. Ce concept-car a du caractère tant au niveau pratique qu'au niveau frime. L'ouverture de ses 4 portes est surprenante. Le montant entre les portes avant et arrière ayant été supprimé, elles s'ouvrent en opposition offrant un très large accès. Surélevé, *Sabia* l'est avec ses roues de 20 pouces de diamètre, et les deux de devant sont motrices. Pour ne rien gâcher, ce concept-car se moove grâce à un moteur 4 cylindres de 2 litres suralimenté!

Souvenirs, souvenirs

Oui, Ford plonge dans les bons souvenirs où son activité battait son plein juste après la guerre, en présentant son nouveau concept-car : *Forty-Nine* qui porte bien son nom. Elle est coupée et longue, et sa silhouette entièrement rétro !
Mais la nostalgie s'arrête là car, côté moteur, c'est un V8 qui « gronde » sous le capot ! Bon d'accord, il est seulement de 3,9 litres.

GRAND PRIX SIEMENS DE L'INNOVATION

Lorsque le béton devient un allié de la sécurité routière

Colas a mis au point un béton aux qualités de bitume hors pair. Baptisé *Colasmac clair*, il respecte l'environnement et « illumine » les tunnels. Il a la qualité de retenir la lumière. Grâce à lui, l'ambiance lumineuse dans le tunnel s'accroît. Les obstacles sombres deviennent plus visibles. Lorsque le conducteur entre et sort du tunnel, le contraste est moindre et l'automobiliste est ainsi moins ébloui. Et pour ne rien gâcher, *Colasmac clair* se dépose à froid en couche de roulement de très faible épaisseur (2,5 cm). Résultat : l'environnement est respecté et beaucoup d'énergie est économisée. *Colasmac clair* a reçu le 3e Prix du « Siemens de l'innovation ».

Radieuse Radiance !

Elle sort tout droit de la Queen's University d'Ontario et elle se démarque totalement de la voiture tradi'. Son look de soucoupe volante à angles quasi droits tranche net dans l'histoire de la voiture tant au niveau du design qu'au niveau de la technologie : *Radiance* carbure aux rayons solaires.
Son moteur de 5,6 kW lui permet de réaliser des pointes de 125 km/h. Son poids plume (245 kg) est dû à son châssis en fibres de carbone et à son capot en fibres de verre recouvert de Kevlar.
Pour la petite histoire, *Radiance* a parcouru en seulement trois semaines, 7 044 km, la distance entre Halifax (Nouvelle-Écosse) et Vancouver (Colombie-Britannique), à raison de 350 km par jour. Une sacrée performance pour une voiture solaire !

Matrix

Non, il ne s'agit pas du film des frères Wachowski mais du proto' de Toyota, réalisé en collaboration avec General Motors. *Matrix* est un monospace qui a l'originalité d'être compact : il mesure 4,35 m de long. Il a été conçu à partir de la future Corolla mais il est avant tout destiné aux jeunes. Donc, son prix est annoncé comprimé et *Matrix* sera commercialisé en 2002. Il sera dispo' en 2 roues motrices puis en 4 et son moteur de 1 800 cm^3 développera, dans un premier temps, 130 Ch. Et, dans un second, 180 Ch.

←Nissan signe d'un Z

Le constructeur japonais promet son nouveau coupé Z pour 2002 aux States et 2003 en Europe. Le prototype annonce une silhouette moderne, dynamique et agressive. C'est un coupé de deux places, doté de 260 Ch, d'un moteur longitudinal avant et de roues arrière motrices. Côté performance, la Z monterait de 0 à 100 km/h en moins de 6 secondes. Le tout, pour moins de 210 000 FF (32 015 euros).

Voiture « nez »

Le Suisse Franco Sbarro a encore frappé en concevant *Sbarro Bi-Moto Formula 1*. Elle a seulement trois roues et le capot avant est ultra allongé faisant penser à un nez. Cette petite bombe a 260 Ch et monte à 100 km/h en 5 secondes.

Un concept-car arqué

Si on vous avait dit qu'un jour l'architecture de la cathédrale Notre-Dame de Paris inspirerait des designers d'automobiles, vous ne l'auriez pas cru ! Et pourtant aujourd'hui c'est fait ! Elle s'appelle *ARCA* (un clin d'œil aux arcs-boutants qu'elle arbore) et, plutôt qu'une voiture, c'est un spider 2 places. Son moteur de 252 Ch lui permet de monter de 0 à 100 km/h en 3,4 secondes : une petite bombe. Côté poids, elle est aussi légère (700 kg) qu'elle tient bien la route. D'ailleurs, chemins revêtus ou non, *ARCA* ne fait pas la différence : elle fonce ! Merci les pneus mixtes. Les maîtres d'œuvre de cette merveille auto-architecturale sont le groupe français Design Performance.

Volvo a l'œil

Sur son nouveau concept-car *Safety Concept Car* (SCC), le constructeur suédois, toujours fidèle à sa politique, joue la carte de la sécurité. Étant donné que les accidents sont souvent dus à un problème de visibilité, Volvo a centré ses recherches sur la vision du conducteur. Ainsi, dès que celui-ci s'installe aux commandes, un capteur détecte la position des yeux et règle sa position optimale. En premier lieu, il ajuste le siège et en second lieu il règle le plancher, le pédalier, le volant, la console et le levier de vitesses. Par ailleurs, les montants du pare-brise mélangent métal et Plexiglas, ils sont donc ajourés et réduisent à néant les angles morts. *SCC* est aussi un cabriolet dessiné par le bureau de style californien de Volvo !

Citroën se propulse !

Elle porte bien son nom, la nouvelle berline sport de Citroën, *Osée*. Oui, le constructeur français s'est lâché et a effectivement osé. Non seulement il a fait appel au designer chouchou de Ferrari, Pininfarina, pour la sculpter, mais en plus *Osée* est une propulsion. Et il y avait bien longtemps que Citroën n'en avait pas élaboré. Ainsi placé au centre arrière, le moteur d'*Osée* est un V6 de 3 litres pour 210 Ch. S'ajoute à cela la boîte automatique à commande séquentielle. Si on regarde sa silhouette, on en reste « baba » : jamais Citroën n'avait tant stylisé ses voitures. Pour l'originalité, *Osée* est une trois places et la place du conducteur est au centre !

La voiture qui ne cache rien

M72 de Matra est ouverte à tout et sur tout ! Sa structure fait que les occupants ont un champ de vision maximal, ils voient même le ciel car le toit n'y est plus et les personnes de l'extérieur peuvent admirer aisément son intérieur puisque les portières sont transparentes. M72 est un concept-car de la voiture urbaine dans un avenir proche. Seulement dotée de deux places, elle est équipée d'un moteur de 750 cm^3 (20 Ch), et monte à 110 km/h. Légère (380 kg) grâce à un châssis en alu' et une carrosserie en thermoplastique, elle se conduit facilement, sans compter sa boîte de vitesses automatique.
Petite, 3,14 m de long, M72 se faufile partout et quant à la sécurité, elle s'y connaît... Le nec plus ultra, si elle venait à être commercialisée, elle vaudrait seulement 45 000 FF (6 860 euros).

Une américaine européanisée

GM présente O4 d'Oldsmobile, un concept-car aux dimensions européennes. Pourquoi ? Parce qu'il s'agit d'un cabriolet (4 portes, 4 places) élaboré sur la plate-forme de l'Astra sans compter le moteur 2 litres turbo de 190 Ch et la boîte manuelle à 5 vitesses. O4 affiche des phares avant étirés et un « museau arrondi » lui donnant un aspect « fonceur ».
Bref, un concept attirant !

Peace & surf

Certains y verront le retour du Combi des années Peace and Love, d'autres la voiture des surfeurs relookée, et ils auront tous raison ! *Microbus* de Volkswagen est le descendant du Combi lifté et remis aux goûts et technologies du jour. Déjà, il est plus grand : 4,72 m de long pour 1,90 m de large. Par ailleurs, un moteur V6 de 3,2 litres, dorénavant situé à l'avant du véhicule, a supplanté le moteur à 4 cylindres à air. Enfin, *Microbus* n'est plus un utilitaire mais bel et bien une voiture monospace de trois rangées de sièges. *Microbus*, un prototype dont la production est envisageable !

Coupée ou allongée

En 2004, il sera possible de choisir entre la *Smart coupée* et la *Smart berline*. On pourra déjà bénéficier du coupé en 2003. Son constructeur, Daimler-Benz, l'annonce sportive et longue de 3,22 m.
Elle sera équipée d'un moteur turbo à 3 cylindres de 0,7 litre déployant ainsi 70 à 85 Ch. Quant à la berline, elle perdra sa petite longueur distinctive pour offrir 4 places et 4 portes. Chacune d'entre elles ne devrait pas dépasser les 100 000 FF (15 245 euros).

Tout-terrain et féminin

Les statistiques le disent, les femmes ont un penchant pour les 4x4. Volvo a bien reçu le message et lance le tout-terrain de loisirs ACC, (*Adventure Concept Car*).
Pour répondre au mieux aux goûts des femmes, le constructeur suédois les questionne via Internet. C'est pourquoi il est possible que ce prototype évolue physiquement avant sa sortie prévue en 2003. Cependant, une chose est certaine : ACC est un modèle qui s'inspire du châssis du V70 Cross Country.

Un quatre-roues high-tech

Renault commercialise son prototype « trendy » depuis septembre 2001. *Vel Satis* est un coupé urbain au physique rare, renfermant une foule de technologies pour une conduite sécurisée.
Son toit est entièrement en verre et elle toise du haut de ses 1,55 m. Son « arrière-train » rappelle sans équivoque la DS et... *Vel Satis* gronde grâce au moteur Nissan V6 3,6 litres développant 250 Ch. Son bouclier est bourré de détecteurs d'obstacle. ESP (contrôle de la stabilité) et l'assistance en freinage d'urgence sont de la partie, sans oublier une suspension amplifiée et un détecteur de sous-gonflage des pneus. Une station multimédia (GPS et ordi' de bord) à commande vocale trône à la droite du conducteur. Et, pour la frime, *Vel Satis* a aussi été équipé de Keyless Go, un démarreur qui fonctionne sans clé !

Une ceinture gonflée !

On connaissait les airbags voiture mais pas la ceinture de sécurité airbag. Pourtant elle existe et elle a été inventée par l'Américain Don Lewis. Il l'a baptisée *SmartBelt* et elle se gonfle en cas de choc violent !

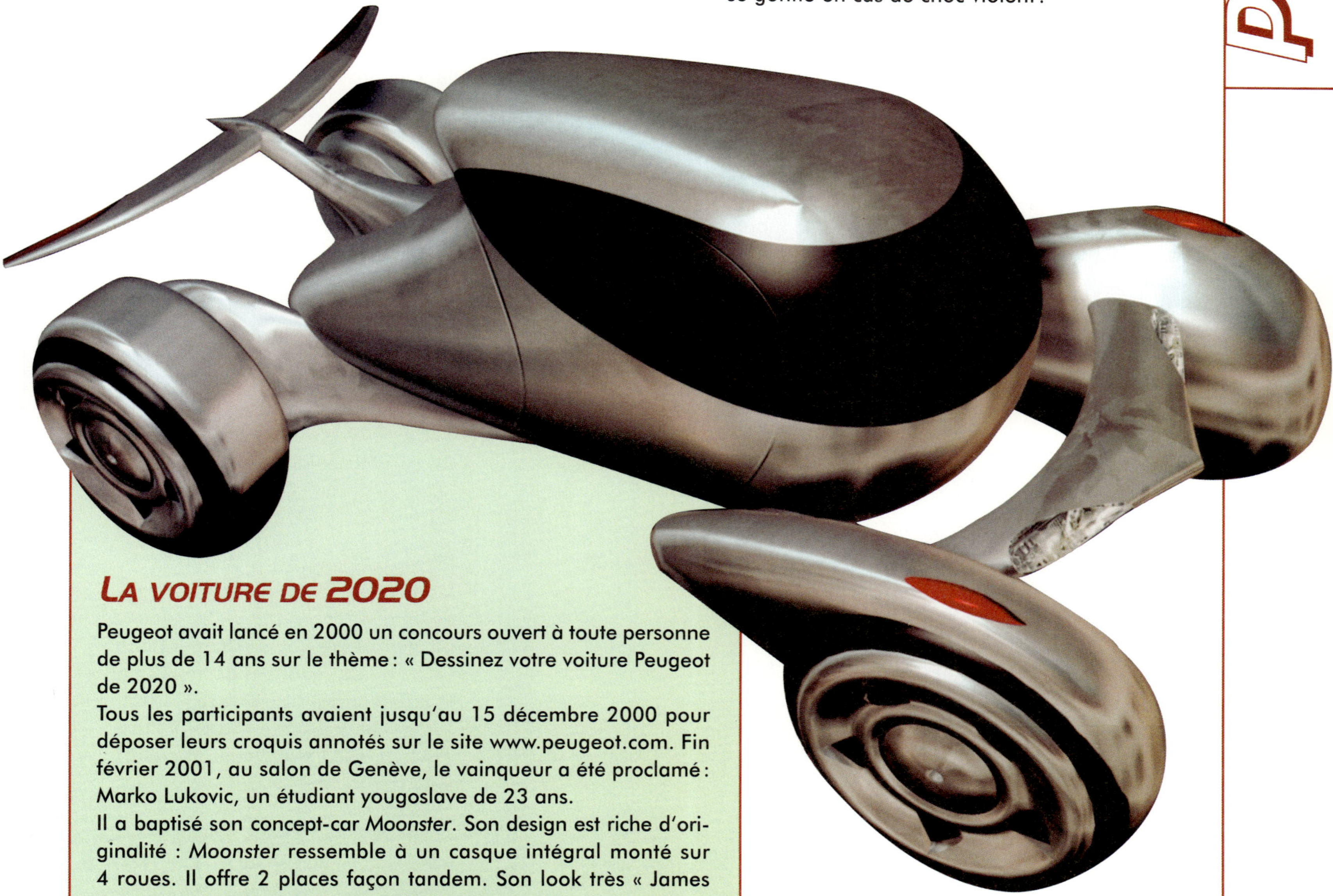

La voiture de 2020

Peugeot avait lancé en 2000 un concours ouvert à toute personne de plus de 14 ans sur le thème : « Dessinez votre voiture Peugeot de 2020 ».
Tous les participants avaient jusqu'au 15 décembre 2000 pour déposer leurs croquis annotés sur le site www.peugeot.com. Fin février 2001, au salon de Genève, le vainqueur a été proclamé : Marko Lukovic, un étudiant yougoslave de 23 ans.
Il a baptisé son concept-car *Moonster*. Son design est riche d'originalité : *Moonster* ressemble à un casque intégral monté sur 4 roues. Il offre 2 places façon tandem. Son look très « James Bondien » est dû à la forme aérodynamique de ses roues et... à sa queue de poisson ! En fait, *Moonster* est à voir non à décrire, et Peugeot l'a compris puisqu'il l'a exposé au salon de Francfort en septembre 2001.

X Coupé

BMW tape dans l'originalité avec son prototype *X Coupé* ! C'est par le coffre que les passagers monteront à l'arrière. En effet, le hayon arrière est dissymétrique et s'ouvre latéralement, donnant accès au coffre et aux places arrière (soit dit en passant, l'espace intérieur offre plutôt un 3+1 qu'un 2+2, pour le plus grand confort du conducteur!). Toujours dans l'asymétrie, il a été fixé un montant arrière sur le côté gauche, absent du côté droit. En ce qui concerne le moteur, il s'agit d'un 3 litres turbo diesel de 184 Ch. Bref, *X Coupé* est aussi puissante qu'elle est asymétrique !

Recette

Prendre de l'eau et du gazole. Les mélanger. Vous obtiendrez alors un carburant réduisant jusqu'à 10 % la consommation à l'injection. Le truc ? L'addition de PIB (polyisobutylène) « squeeze » la séparation de l'eau et du gazole. C'est une véritable émulsion !
Le responsable ? BASF, l'entreprise allemande. Total-Elf-Fina distribue ce carburant en France mais il est principalement fourni aux bus et aux poids-lourds.

Un max' de visibilité

Un rapide coup d'œil dans le *Biviseur* automobile et hop je double « speed », mais en toute sécurité. Et oui, l'invention de l'Algérien Abdelkader Behlouli est un objet à glace qui se fixe sur le rétro et qui permet d'y voir non seulement les voitures de derrière mais aussi celles venant en sens inverse. Moralité, l'angle mort est fortement réduit !

Des Mercedes en lin

Dans le même esprit que les voitures en plastique de patates douces, DaimlerChrysler dote déjà la Mercedes Classe C d'équipements intérieurs consolidés à la fibre de lin.
Ce lin est cultivé abondamment en Afrique du Sud.
Le constructeur germano-américain compte prochainement produire la C entièrement équipée de composants en lin du toit aux roues !

La FI en chariot

L'Australien voit pratique quand il s'agit de faire ses courses. Plutôt que de remplir un chariot, de tout décharger dans le coffre de sa voiture et de recommencer la même procédure une fois arrivé chez soi, il a opté pour le chariot-voiture. Avec lui, exit l'étape chariot-coffre !
Il décharge directement son chariot à la maison.
Et, pour ne rien gâcher, le chariot-voiture est doté de 1 000 chevaux, une véritable bombe ! Son prix de location est aussi explosif : 245 000 FF/an (37 350 euros) !

Tiger Woods aux côtés de la *Buick Bengal* de GM.

Bengal, belle gueule !

Buick Bengal de General Motors est un roadster atypique ! D'abord, c'est un 4 places. Techniquement, il renferme un moteur V6 de 3,4 litres suralimenté, qui a la particularité d'avoir été placé transversalement sous le capot avant. Sans compter sa boîte de 6 vitesses manuelles, *Buick Bengal* est un véritable bolide !

La « bombe » solaire !

Quand la chaleur monte, *Hélios* voit sa vitesse augmenter et peut atteindre les 130 km/h. *Hélios* ? La voiture entièrement solaire et au look spatial, genre soucoupe volante du quatrième millénaire. *Hélios* est une invention « bio », nouvelle génération, réalisée par des étudiants de l'École de hautes études industrielles de Lille. Bravo !

Concept commercialisé

Thunderbird de Ford, un concept dévoilé en 1999 au salon de Détroit, est commercialisé depuis septembre 2001, entre 270 000 FF (41 160 euros) et 303 000 FF (46 190 euros). Rappelons-le, ce concept-car est un roadster biplace très prometteur pour son acquéreur ! *Thunderbird* renferme un moteur V8 23 soupapes de 4,9 litres développant jusqu'à 252 Ch. Sa boîte de vitesses est automatique et à 5 rapports. *Thunderbird* est aussi alléchante par son look rétro, idéale pour attirer tous les regards !

La « Jag » des années 60 de retour

La concept-car *F-Type* de Jaguar se veut le successeur de la sportive E-Type des années 60 ; il débarquera sur le marché en 2004. C'est officiel ! *F-Type* est un petit roadster qui complétera la gamme sportive de Jaguar, jamais construit depuis les années 50. En effet, elle affichera seulement 4,10 m de longueur mais cela ne l'empêchera pas de développer de 294 à 363 Ch grâce au moteur dont elle sera équipée, un V8.

Toyota cultive des champs de patates

Ayant découvert des patates douces dont la teneur en amidon est de 30 % supérieure à la normale, Toyota veut les utiliser pour les transformer en plastique. Le constructeur japonais souhaite donc se lancer dans la fabrication d'automobiles tout en plastique, à l'intérieur comme à l'extérieur. L'idée est de cultiver ces patates douces sur 10000 hectares et de faire « pousser » une splendide usine au milieu des champs ! Pourquoi cet acharnement ?
Parce qu'il semblerait que ce plastique soit biodégradable. Sous terre, il se décomposerait en dioxyde de carbone et en eau ! Prometteur pour l'environnement.

Le Vigilant, il l'est !

Brouillard, tu ne nous fais plus peur ! *Le Vigilant* est un système doté d'un émetteur-récepteur qui détecte tout obstacle sur un rayon d'un kilomètre et qui avertit le conducteur à l'aide d'un bip sonore et d'une lampe qui clignote. Ses inventeurs, Jean-Marc Baggio et Serge Krebs, parlent de lui en terme d'anti-carambolage. *Le Vigilant* se présente sous la forme d'un boîtier pas plus grand qu'un téléphone portable ancien modèle et pèse 20 grammes. Il se fixe près du rétroviseur central et fonctionne par ondes radio.
À se procurer pour 100 euros (655 FF).

Demain, voler tous les jours !

En 2010, nos voitures voleront et ne rouleront plus. C'est ce à quoi travaillent Paul Moller et son équipe californienne de Davis. L'engin « fou » se nomme *Skycar*, et il est en cours d'élaboration. La voiture volante décollera à la verticale avec son conducteur et ses 3 passagers avant et sillonnera le ciel à une altitude de 7500 m. Sa vitesse de croisière est promise à 520 km/h. *Skycar* maintiendra son vol grâce à l'alcool, au gazole, à l'essence, au kérosène ou au gaz naturel. Le must est qu'il ne requiert aucune spécificité pour être piloté… ou conduit ! Cependant, il existe un gros nuage noir, son prix. Avant d'être produit en masse, il est annoncé à 7,5 millions de FF (1 143 367 euros). Ça fait mal !

Attention, vous êtes surveillés !

Non, on n'attente pas à votre liberté ! D'abord, cela se passe dans la voiture. Un système du nom de code *Facelab* agit en ange gardien.
Il traque la moindre somnolence qui viendrait « surprendre » le conducteur. Ses cibles sont les oreilles, le nez et le menton, pour estimer si la position du visage est « normale », et le battement des cils, pour surveiller leur rythme.
Et oui, si la tête baisse ou que les cils battent rapidement, alors les bras de Morphée ne sont pas loin et *Facelab* avertit le conducteur. Or, le volant n'est pas le lieu idéal pour s'endormir. *Facelab* a été « cogité » par la firme anglaise Seeing Machines et soutenu par Volvo.

Pour l'air

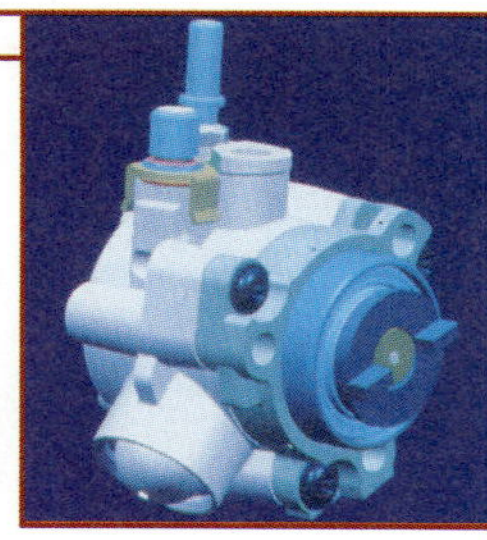

PSA a créé un nouveau moteur *HPI* (injection directe essence haute pression et mélange pauvre), qui donne des ailes aux voitures. Consommation de carburant et émission de CO_2 réduites, mais vivacité du moteur augmentée, c'est le trio économie-écologie-efficacité de Peugeot et Citroën qui a reçu le premier prix Siemens de l'Innovation 2001 !
En plus, ce nouveau moteur est installé en série sur les gammes moyennes supérieures, depuis l'hiver dernier.

GRAND PRIX SIEMENS DE L'INNOVATION
VAINQUEUR

Qu'est-ce qui...

... se conduit avec un permis B1, a deux places, est très maniable, peu encombrant et peut atteindre 100 km/h ?

Indice : a une boîte automatique et une carrosserie polycarbonate ABS.

Réponse : l'hybride voiture/scooter *Be Up* de Ligier.

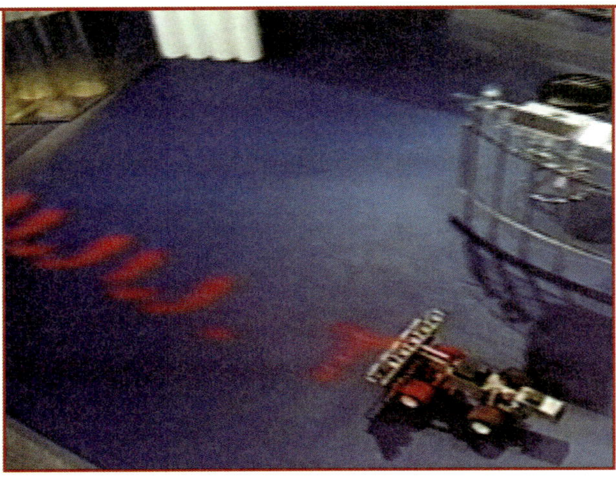

Taguez sans être pris !

C'est ce que propose l'Américain Greg Baltus avec le *graffitiWriter*. Il s'agit d'une voiture télécommandée à option tag. Équipée de bombes de peinture, elle vous permet de taguer le sol de messages plus révolutionnaires les uns que les autres sans être vu et sous le nez des services de l'ordre. Prix de cet objet contestataire et sans doute contesté : 4 000 FF environ (610 euros).

Haute sécurité

La *Laguna II* de Renault est au top de la sécurité. Entièrement dotée d'équipements high tech de série, cette voiture prend grand soin du conducteur et des passagers. Une sécurité dite « active » (par exemple tout ce qui est associé au freinage) vient compléter les équipements fondamentaux et la sécurité « passive » (tout ce qui est prévu pour protéger au maximum les passagers lors d'un choc, comme un habitacle renforcé) aux places avant et arrière.

La liste serait trop longue pour énumérer toutes les innovations de la *Laguna II*. Ce sont, entre autres : l'ABS de dernière génération, l'EBV (répartition électrique du freinage), l'ESP soit un contrôle dynamique de conduite permettant de conserver la maîtrise du véhicule en cas de perte brutale d'adhérence suite à une manœuvre d'urgence, l'ASR qui est un antipatinage au démarrage et lors de l'accélération, un système de surveillance de la pression des pneus... Bref, *Laguna II* égale sécurité !

La *Laguna II* a fait partie de la sélection des innovations du Prix « Siemens 2000 ».

La voiture aux ouïes

Le capot avant étiré, les angles arrondis et les ouïes latérales dans les ailes avant font de la *Crossfire* de Chrysler une voiture agressive, dynamique et moderne. Bien qu'américaine, elle recouvre un gabarit européen et est une berline... à deux places. Côté puissance, elle a du répondant, mais ce qui la démarque est sans doute le système Evic qui l'équipe. Il indique sur un écran placé devant le passager les accélérations longitudinales et transversales, le temps au tour...

Toujours vert

L'an dernier nous vous annoncions la participation d'un « bolide vert » conçu par l'association Idée Verte Compétition aux 24 heures du Mans 2000 : avec son moteur propre au GPL qui ne rejette que de l'eau et du CO2, cette voiture pleine d'avenir n'a finalement pas pu participer à l'édition 2000, mais on attend de pied ferme la *WR LM* (c'est le nom du proto !) invitée par l'Automobile Club de l'Ouest à celle de 2002.

Voiture et environnement

Juin 2001, Shell France organisait le 17e concours Shell Éco-Marathon. L'objectif est toujours le même : réaliser un véhicule capable d'effectuer un maximum de kilomètres avec très peu de carburant et une vitesse minimale de 25 km/h. Ce concours est une façon de trouver des solutions pour préserver l'environnement et pour annoncer la voiture de demain. Seules des règles sportives et de sécurité sont imposées, quant au choix des matériaux, du design... le champ est libre.
C'est un couple d'ingénieurs indépendants japonais qui a gagné le concours.
Leur prototype a sillonné 3 444 km avec un seul litre de carburant.
Et pour info, le Lycée Professionnel Georges Cisson de Toulon a remporté le prix de l'Innovation.

La voiture à pile de Toyota

La dead line se rapproche ! En 2003, Toyota souhaite mettre sur le marché sa voiture à pile à combustible.
Le troisième prototype, baptisé *FCHV-3*, fonctionne à l'hydrogène liquide. Ce bijou presque écologique a une vitesse de pointe de 150 km/h et une autonomie de 300 km.
Une menace pour la voiture traditionnelle et un grand espoir pour l'environnement.

Une bombe de chariot

Carrossé façon voiture de star, *RXX@* de Still and Saxby est un chariot élévateur. Encore au stade de prototype, il promet malgré tout de beaux jours aux caristes. *RXX@* offre confort et facilité de manipulation au conducteur. En voilà un aperçu : siège grand confort avec haut-parleurs intégrés, une commande joystick, un système de caméra de recul... et, en plus, il reconnaît son « maître » à sa voix ou à son empreinte digitale !

Depuis la nuit des temps, l'eau a toujours passionné et intrigué l'homme. C'est pourquoi il essaie sans cesse de dompter ce milieu si imprévisible... Il invente des objets de plus en plus farfelus et inattendus !

SUR L'EAU

VRAI OU FAUX ?

Un voilier qui chavire ne peut pas se redresser tout seul.
Faux, aujourd'hui un voilier peut remettre à flot sa quille sortie de l'eau, mais il est vrai que cette dernière doit être celle dessinée par les architectes Jean-Marie Finot et Pascal Conq. Il s'agit d'une quille pivotante qui, lorsqu'on l'incline légèrement, entraîne le reste du voilier pour se remettre d'aplomb.
Le secret ? La répartition des masses !

Voilier solaire

Avec sa crête de « voiles » au sommet, il ressemble à un gros insecte et pourtant c'est un voilier. *Solar Sailor* détonne aussi par son mode de fonctionnement. Il navigue à l'énergie solaire transformée en électricité. En fait, ses 8 voiles possèdent chacune 84 cellules solaires et sont très mobiles pour capter au mieux l'énergie du soleil. Une fois cette dernière capturée, elle est stockée dans 80 batteries et entraînera 2 moteurs à courant continu de 50 Ch qui mettront à leur tour en mouvement 2 hélices. Résultat, c'est un catamaran de 21 m de long qui croise à 6 nœuds ! Bravo au médecin australien Robert Dane, l'initiateur de ces voiles !

Vélo des eaux

Après le pédalo, voici venu le vélo nautique solo, *Surfbike* de Loisirs Pro. Cette fois, on ne pédale plus assis mais debout, comme sur une bicyclette. *Surfbike* se compose d'une planche sur laquelle il a été fixé une selle, des pédales et un guidon. Pour les partisans du moindre effort, la vitesse de croisière sera de 5 nœuds (9 km/h) et, pour les sportifs de 8 nœuds (14 km/h). Enfin, pour les inconditionnels du pédalo, *Surfbike* se transforme en Cruz Connection, assurant des promenades en duo synchro !

Sous-marin à pile !

ALTEX (*Atlantic Layer Tracking Experiment*) n'est pas un sous-marin comme les autres. S'il se déplace, c'est uniquement grâce à… une pile à combustible. Elle renferme un noyau d'aluminium et d'eau oxygénée produisant une énergie 20 fois supérieure à celle d'une pile en acide et plomb. Ainsi, *ALTEX* bénéficie d'une autonomie de 200 heures à « plein régime » ! Et à qui devons-nous cette invention ? À la société canadienne Fuel Cell Technologies (FCT) qui a conçu aussi le submersible. Pour la petite histoire, *ALTEX*, encore en phase de test en Californie, n'accueillera aucun passager. Il a été mis au point dans un but scientifique pour étudier les effets du changement climatique de la planète…

Planche à voile

Le Français Joël Tartar innove en créant un dispositif optimisant la conduite d'une planche à voile. Son invention, brevetée mais encore sans nom, se caractérise par une suppression de certaines actions effectuées par le pied de l'utilisateur. L'idée est que ce dernier puisse se consacrer uniquement aux mouvements essentiels et nécessaires à l'exécution d'un virage réussi. Joël Tartar a reçu, au Concours Lépine de la Foire de Paris 2001, un diplôme du Concours et une médaille de bronze offerte par le ministère de la Jeunesse et des Sports !

Bateau écolo

Il serait peut-être plus juste de parler d'embarcation que de bateau proprement dit. Mais il n'en demeure pas moins que cet engin sillonne les mers jusqu'à 15 km/h grâce à une pile à combustible.
C'est l'Institut Paul-Scherer qui a confectionné cette pile et c'est Jean-François Affolter, un ingénieur du Centre énergie et système électriques (Yverdon, Suisse), qui est à l'origine du bateau à pile. Une bonne invention pour les poissons !
La pile à combustible fonctionne au gaz naturel, au méthanol ou à l'hydrogène. Elle produit peu ou pas d'émissions polluantes.

Quelques milliards de francs

C'est ce que versera la DGA pour la réalisation d'îles artificielles flottantes. L'idée est de permettre aux militaires de tester les nouveautés en matière d'avion et de missiles sur les eaux internationales. Ces îles artificielles seront toutes en béton à des dimensions surprenantes : 1 500 m de long sur 300 m de large. Mais quand on sait qu'elles serviront à la fois de porte-avions, de bases de sous-marins et de missiles, l'étonnement s'amoindrit. La DGA espère expérimenter les premières îles dès 2005.

Sauter, rebondir, sauter, re... plouf !

Sauter sur un trampoline c'est top, mais sauter sur un trampoline flottant c'est encore mieux. Terminées les chutes intempestives sur mur et sol. Avec *Aqua Jump* d'Aviva Sports, plus de soucis : un saut mal contrôlé et hop on atterrit le bec dans l'eau ! *Aqua Jump* s'ancre facilement dans toutes les eaux : lac, piscine (en prévoir une très grande), mer... Il se décline en 3 tailles : 3 m, 5 m et 7 m. Et il a été équipé d'une échelle pour les fainéants ou les moins sportifs, comme on veut !

Simple comme bonjour

Par mauvais temps il est indispensable de bien mouiller l'ancre et d'effectuer un empennelage, c'est-à-dire d'amarrer une autre petite ancre à l'ancre principale. Cette manœuvre est délicate voire laborieuse et on ne parle pas du temps qu'on passe à la retirer au moment du départ.
Et pourtant, bien ancrer son bateau c'est primordial surtout par temps orageux ou venteux. C'est pourquoi la société X Marine a réalisé le chariot *Stopfast*, l'ancrage de sécurité. *Stopfast* sert de support à la deuxième ancre, autorisant ainsi un empennelage aisé, rapide et sûr en toutes circonstances. Il coulisse « naturellement » le long de la chaîne de l'ancre et il se bloque dès son positionnement sur le fond. Ainsi, la deuxième ancre est à une distance idéale de l'ancre principale d'où une sécurité optimale d'ancrage !
Pour repartir, c'est ultra « easy » : aucun temps d'arrêt n'est nécessaire pour la remontée du mouillage, et le bateau reste manœuvrable à la barre !

Figaro Bénéteau *revu et corrigé*

C'est un nouveau *Figaro Bénéteau* qui voguera lors de la course Solitaire 2003. Encore au stade de prototype, ce voilier en promet : monocoque racé, rapide et amusant. Il sera long de 10,09 m, large de 3,45 m et pèsera 3 tonnes. Dans le détail, *Figaro Bénéteau* sera équipé d'un mât ultra léger en carbone, compensé par une quille lourde renfermant un bulbe en plomb.
Sa voile sera de 36 m² et sa coque construite en sandwich verre/vinylester avec une âme en balsa. Ainsi, il sera plus rapide que son prédécesseur. Marc Lombard, architecte en chef, prévoit un gain de 1 nœud. Enfin, son arrière très large et son système de bi-safran lui permettront d'être plus stable. Mais avant d'être produit en série, *Figaro Bénéteau* effectuera ses premiers tests en juillet 2002 !

Un drôle de boudin

Envie de sensations fortes ou d'une petite promenade sur la mer ? Pas de soucis, *Flyfish* est là. *Flyfish*, c'est 4 boudins et un plancher. Tracté par un bateau, il peut rugir tel un lion de mer et bondir jusqu'à 4 mètres au-dessus des vagues, comme il peut flirter au gré du courant. Tout est une question de vitesse. *Flyfish* a vu le jour en 1999 grâce au Français Roger Lorier. Et une ovation, s'il vous plaît !

LES DENTS DE LA MER

Vous l'avez deviné, ce n'est pas un requin mais bien un nageur équipé d'une voile rouge. Elle a été baptisée *Nouvelle nage avec voile* par son inventeur, le Français Jean-Claude Xerri, et elle se fixe sur le dos du nageur grâce à une sangle à serrer autour de la taille. Hormis le fait de se faire remarquer, cette voile permet de nager plus vite sans effort. Le nageur qui la porte est aidé par le vent qui pousse sur la voile… encore faut-il ne pas avoir le vent contre soi !

LE MINI VOILIER

Jean-Pierre Boutemy, champion international de voile sur dériveur, a pensé aux petits matelots en herbe en confectionnant *Mini Yacht*. Ce n'est pas un jouet, il a toutes les caractéristiques d'un grand voilier. *Mini Yacht* mesure 1,40 m de long sur une largeur de 0,80 m et possède une voilure de 0,70 m². Par la même occasion, il est le plus petit voilier au monde.

Bateau dopé au soleil

Lestrheol, sous ses aspects de bateau-vedette, n'est pas ordinaire. Il a été équipé uniquement d'un moteur électrique puisant son énergie dans les rayons du soleil. Comment ? Grâce à 10 panneaux solaires ! Il croise jusqu'à 6 nœuds. *Lestrheol*, encore au stade de prototype, est né de la collaboration entre les militaires de l'École Navale de Brest et les élèves brestois du lycée de la Croix-Rouge.

Sans bouteille

Plonger à 3 mètres de profondeur pendant 40 minutes sans bouteille à oxygène c'est possible avec *Dolfing*. Il est inutile d'être un plongeur hors pair pour pouvoir l'utiliser. Une simple séance d'initiation et en route pour l'aventure aquatique ! Grosso modo, *Dolfing* comprend 3 éléments : un gilet dorsal, une bouée de surface et un tuyau flexible. Le gilet, porté par le plongeur, est relié à la bouée de surface par le tuyau flexible. Non seulement la bouée sert de signalisation mais elle apporte aussi l'air nécessaire à l'homme-grenouille. L'air est conduit par le tuyau flexible au bout duquel le plongeur respire par l'intermédiaire d'un détendeur ou d'un embout buccal. *Dolfing* est une invention brevetée, fruit de l'imagination de Jean-Marie Mechelany.

PÉDALER EN CHŒUR ! →

Famille très nombreuse et colonies de vacances, il vous faut *Efni*, *Engin Flottant Non Identifié* pour profiter de promenades aquatiques à plusieurs. Ce multi-pédalo, créé par le Français Daniel Malleret, transporte 12 personnes. Chacun s'assied à sa place et pédale pour faire avancer le « paquebot ». Deux gouvernails, l'un à l'avant et l'autre à l'arrière, permettent de le diriger à sa guise. *Efni* est long de 20,40 m, large de 3,90 m et haut de 2,20 m.

Allô, à l'eau !

Imaginez la mer ou l'océan, un téléphone portable ancré à une bouée, elle-même reliée par un câble sous-marin à un combiné branché sur une bouteille d'oxygène à 20 m de profondeur, et vous avez le téléphone des océans, *Netune*. La communication n'est pas toujours très bonne mais…

L'homme-grenouille sous la mer est averti par un flash que la « surface » cherche à le joindre. Pour décrocher et entendre, il devra mordre l'embout de la bouteille.

La ruse est que tout se transmet par les dents. Il faudra donc un petit apprentissage avant de pouvoir s'en servir avec efficacité. Enfin, le plongeur pourra s'exprimer normalement, les vibrations remonteront le long du câble jusqu'au téléphone. Cette innovation, très pratique en cas d'urgence, est destinée avant tout aux plongeurs professionnels !

Comme l'oiseau

Passionné de planche à voile, Richard Dryden a réalisé son rêve en créant un gréement capable de s'adapter au fil du vent, avec un mât rétractable et une voile élastique. Ce professeur d'anatomie et de physiologie à l'université de Plymouth en Grande-Bretagne s'est inspiré des ailes de l'oiseau qui se positionnent en fonction de la force et du sens du vent. Baptisé *Transition*, ce gréement peut donc, par vent faible, développer au maximum le mât afin que le plus de vent possible s'engouffre dans la voile et vice versa. Par vent fort, au lieu que la partie supérieure du mât s'incurve, elle se tend à bloc pour ne pas capter tout le vent !

Le mât rétractable permet un transport pratique.

Vivre sur les océans

Une résidence en pleine mer, voici ce qu'a réalisé l'armateur norvégien Knut Kloster. *The World of ResidenSea* est le premier paquebot offrant à la fois croisière de luxe et immobilier de prestige. À lui tout seul, c'est une véritable résidence flottante de 110 appartements, coûtant chacun entre 12 et 40 millions de francs (entre 1 829 388 euros et 6 097 960 euros). C'est ainsi qu'Européens et Américains fortunés pourront séjourner pendant deux à trois mois sur *The World of ResidenSea*, faisant escale aux quatre coins du monde au fil des occasions mondaines. Pour les intéressés, il reste quelques appartements à vendre !

Qu'est-ce qui est jaune et blanc ?

De profil il ressemble au « scarabee » d'*Alerte à Malibu*, de face il est le croisement d'un sous-marin et d'un offshore. Son rôle : sauver des vies en mer. Par son physique, vagues et vent ne sont pas un problème pour lui. Surnommé « perce-vague », la vedette *SRO-73*, conçue par la société française Plessi Marin Yacht Design, fait un pied de nez à la mer déchaînée.

Une combi' de plongée intelligente

Un laboratoire militaire américain a conçu pour le Navy's Sea-Air-Land une combinaison de plongée qui protège le plongeur dans l'eau et qui modifie sa structure en dehors de l'eau à partir de 18 °C. Pourquoi ? Pour laisser respirer la peau. La transpiration s'évapore à travers la combinaison et la peau reste hydratée. Exit les picotements épidermiques ! Toutefois, patience car l'innovation n'est qu'au stade de proto'.

Le catamaran sans barre

Kingcat M270 est un catamaran à l'image du nouveau millénaire. Fini le matériel traditionnel du marin, finie la barre, place à la souris et au joystick. Spacieux, *Kingcat M270* l'est avec ses 200 m^2 de surface habitable. Rapide, il l'est aussi avec ses 4 800 chevaux. Conçu en France, commercialisé à un prix international de 45 000 000 FF (presque 7 millions d'euros), *Kingcat M270* nécessite une formation sur PC ou Mac et un entraînement assidu au joystick ! Pas si simple !

Aménagement intérieur du *Kingcat M270*.

20 mille lieues sous les mers pour 3 900 000 FF

Cher, très cher mais top fun est *DeepWorker*. Seul ou à deux, partez explorer les fonds enivrants des mers dans l'intimité. *DeepWorker* est doté d'un sonar et de réserves d'oxygène, plonge jusqu'à 600 mètres et a une autonomie de 80 heures. À vos économies !

Stations balnéaires sous les eaux

Tel a été le labeur d'étudiants de diverses écoles et universités regroupés à Lille dans Junior-entreprise Océanautes Industries. Six années de recherches et de tests ont fait « émerger » deux stations sous-marines, *Aquastation* et *Divescope*, situées à 10 m de profondeur et à 8 km au large de Nouméa en Nouvelle-Calédonie.
Seul un câble électrique les relie à la terre ferme. Il permet de distribuer l'énergie suffisante au fonctionnement des appareils immergés.
L'oxygène est distribué par d'énormes bouteilles de 70 litres. Bref, tout a été étudié pour qu'un hôtel-restaurant puisse prendre possession des lieux. Et, d'après Junior-entreprise, un groupe hôtelier souhaite déjà investir ! En attendant, *Divescope* (6,3 m^3) est utilisé comme refuge pour les plongeurs. Quant à *Aquastation* (18 m^3), il est prévu qu'elle serve de station de recherche océanographique. Alors patience !

Bouée en maillot de bain

Il s'appelle *Plouf* et ce maillot de bain met au banc de touche bouées et brassards. Né d'un partenariat entre Greystone, confectionneur français de prêt-à-porter pour la grande distribution, et l'italien Eliotex, *Plouf* contient une fibre singulière. Elle a la particularité d'être ultra résistante à l'usure par frottement et imperméable. Cette fibre a été développée par Eliotex et porte le même nom. Résultat, il suffit de 250 grammes d'Eliotex tissé dans un maillot de bain pour que celui-ci puisse faire flotter une masse de 130 kg. Il est déjà prêt à l'emploi c'est-à-dire gonflé ! Ainsi, *Plouf* remplace les brassards et les bouées. Et la cerise sur le gâteau, il se décline en version fille et garçon : brodé et échancré pour les « pépettes » et combi-short pour les « bons p'tits gars » !

Par les temps qui courent, les deux-roues motorisés sont de plus en plus sollicités. La ville étouffe de voitures, les rues en grouillent et les trottoirs disparaissent sous leurs roues.

Cette surabondance pousse donc l'automobiliste vers la moto ou le scooter.

Elle ne mord pas !

Malgré ce que pourrait faire croire son nom, *Bulldog*, cette moto n'a strictement rien à voir avec l'espèce canine. Son appellation n'est de toute façon pas la seule surprise que nous offre le constructeur japonais Yamaha, car *Bulldog BT 1100* affiche un physique totalement nouveau. Côté performances, il est vrai qu'elle n'a rien d'innovant même si le plaisir et le confort sont assurés. En revanche, côté prix, elle surprend : moins de 60 000 FF (9 147 euros) ! Sortie septembre 2001.

MOTOS

Une routière sportive →

Elle est aussi « agressive » qu'une sportive et pourtant elle est aussi confortable et sécurisée qu'une routière. C'est la moto d'Aprilia, *RST 1000 Futura*.
Elle porte d'ailleurs bien son nom vu son look et la technologie qu'elle recouvre. *Futura* est équipée d'un moteur à injection pouvant monter jusqu'à 245 km/h en vitesse de pointe et met seulement 3,5 secondes pour atteindre 100 km/h. Côté design, son carénage en alu' est anguleux. Son pot d'échappement profilé et insonorisé a été dissimulé sous la selle. *Futura*, la deux en une !

Scootcar

Il s'agit d'un véhicule à deux places qui est un hybride entre le scooter et la voiture. Son constructeur français SECMA règle le problème en parlant de *scootcar*. Hormis le fait qu'il est équipé d'un coffre, *Fun Tech 50* est idéal pour se déplacer en ville ou aller à la plage en pleine saison ! Il se faufile partout, se gare facilement et, pour ne rien gâcher, son look est vraiment « trendy », sans compter ses couleurs « trashi » ! *Fun Tech 50* contient un moteur de 49 cm^3 et pointe jusqu'à... 45 km/h.

Mini, pliable, léger

C'est le nouveau scooter de la marque italienne OXS. *Silent Transport* ressemble à un mélange de trottinette et de vélo. Côté technique et performance, cet atypique scooter est équipé d'une batterie 2 fois 12 watts offrant ainsi 30 km d'autonomie. *Silent Transport* pèse 15 kg, il se plie et se loge facilement dans un sac à dos ! En résumé, il est idéal pour les marcheurs surpris par la fatigue.

Il se soulève tout seul

Piaggio X9 500 de Piaggio est le premier scooter européen de grosse cylindrée. Son moteur de 460 cm³ développe 39 Ch et monte de 0 à 100 km/h en 6,8 secondes. En plus, il est déjà aux normes antipollution obligatoires à partir de 2003. Sa vitesse de pointe est de 160 km/h ! Et, le nec plus ultra, *Piaggio X9 500* a été doté d'une béquille électronique. Ainsi, il suffit d'appuyer sur un bouton pour que la béquille sorte et maintienne le scooter débout. Fini les tours de reins !

Un scooter de 499 cm³

Vu ses caractéristiques techniques, on peut se demander s'il ne s'agit pas plutôt d'une moto, mais non, c'est bien un scooter, il suffit de le regarder ! Pourtant, le *Tmax 500* de Yamaha renferme un moteur de 499 cm³ développant 40 Ch. Il atteint 100 km/h en 7,5 secondes c'est-à-dire le même temps que la voiture coupée Mercedes CLK 320 V6 de 128 chevaux ! Techniquement, *Tmax 500* révolutionne le scooter. Quant à son physique, il reste fidèle à lui-même et la position de conduite est bien celle du scooter. En résumé, ne vous fiez pas à son apparence, elle pourrait vous doubler !

Le « scoot-utilitaire »

Qui n'a pas rêvé de partir en scooter pour un petit week-end ou de faire toutes ses courses en scooter ?
Aujourd'hui, grâce au Français Joël Touvron, le scooter peut aussi être un utilitaire. Il a inventé *Cargobike* ! Ce deux-roues « hype » renferme un physique attrayant et cache un « coffre » d'un volume de 160 litres pour 80 kg de charge. Joël Touvron a eu l'ingénieuse idée de le placer entre les deux roues et d'abaisser le centre de gravité pour optimiser la stabilité. *Cargobike* répond parfaitement aux besoins des citadins : transporter des charges tout en circulant rapidement et en stationnant facilement. Joël Touvron a d'ailleurs reçu le prix de la Grande Coupe du Maire de Paris lors de la 92e édition du Concours Lépine.

3 roues = 1 scooter

Los Angeles d'Aprilia est un prototype de scooter un peu particulier puisqu'il n'a pas 2 mais 3 roues. Pourquoi ? Pour répondre au mieux aux besoins du citadin : mobilité et stabilité. Il n'est plus nécessaire de poser le pied à terre pour maintenir l'équilibre ! Grâce à une suspension avant sophistiquée, *Los Angeles* se penche dans les virages sans risque pour le conducteur ! Quant au moteur, c'est un 500 cm^3 4 temps à boîte automatique. Nec plus ultra, Aprilia compte sérieusement produire en série *Los Angeles*.

Toujours plus vite, toujours plus loin, sans escale, sans les mains, sans pilote, telles sont les aventures dans les airs. L'avion de demain sera donc plus rapide, plus puissant, moins polluant et peut-être avec un commandant de bord à terre !

Les remplaçants d'Hawk et d'Alphajet

Les avions de la gamme *Mako* seraient les successeurs des avions de combat tels que Hawk et Alphajet. EADS Military Aircraft a le projet de développer deux versions du *Mako* : une première qui servirait d'entraînement au pilote en fin de formation, une seconde qui serait un véritable avion léger de combat. Les *Mako* seront des monoréacteurs, à mono ou biplace, et sillonneront le ciel à des vitesses supersoniques. Bref, ils recouvriront les toutes dernières technologies.

EN L'AIR...

Avion ou cerf-volant ?

Les deux, mon cher Watson ! C'est un avion dont les ailes sont en forme de cerf-volant, scientifiquement appelées rhomboïdales.
La Nasa s'intéresse sérieusement à cette nouvelle génération d'avion, principalement pour transporter des marchandises. Mais elle n'est pas la seule ! L'aviation civile se serait laissé séduire par ce type d'avion qui offre une très grande rigidité ce qui améliorerait la limite des gros-porteurs. Qui sait, demain nous voyagerons peut-être à bord d'un cerf-volant !

24 MM ET 400 MG

Qu'est-ce qui n'est pas un jouet, qui mesure 24 mm de long, pèse 400 mg et qui vole ?

Indice : il a été mis au point par l'Institut de Microtechnique de Mayence.

Réponse : le plus petit hélicoptère. Il renferme deux micro-moteurs, épais de 1,9 mm et longs de 5 mm. Ses pales peuvent tourner jusqu'à 100 000 tours par minute. Et il serait possible que ce micro-hélicoptère vole au service de la médecine.

Le super jumbo jet européen

L'Airbus A3XX est devenu *A380* lorsque la décision de la construction a été prise. L'*A380* promet d'embarquer 800 passagers à son bord, d'offrir un aménagement « fou » avec des couchettes, une salle de gymnastique, un casino, des restaurants ! Il sera sur deux étages. Il pèsera 560 tonnes pour un rayon d'action de 15 100 km.

Airbus parie aussi sur le « sans escale » entre l'Europe et l'Asie ou les États-Unis et l'Asie. L'*A380* développera une vitesse comparable à celle du Boeing 747-400 mais il volera à une altitude plus haute, 35 000 pieds !

De même, il consommera moins de carburant, de 12 à 20 %, suivant la longueur des trajets ! Son envergure sera de 79,8 m avec une voilure de 845 m^2.

Toutes ces prouesses techniques ont obligé les aéroports à effectuer des modifications pour accueillir l'avion du XXIe siècle. À suivre !

14 000 km parcourus

Global Hawk de l'US Air Force est le premier avion espion automatisé à avoir traversé l'océan Pacifique en moins de 24 heures. Il a décollé, en avril 2001, de la base aérienne d'Edwards en Californie et s'est posé sur une base militaire australienne près d'Adélaïde.

Boeing mise sur la vitesse

Abandonnant son projet de super-jumbo, un 747 allongé, le géant de Seattle se lance dans la conception d'un avion quasi sonique. Il renonce donc à la capacité pour parier sur la vitesse.
Sonic Cruiser ou *20XX* de Boeing transporterait 300 passagers à une vitesse de Mach 0,95 c'est-à-dire à 95 % de la vistesse du son, soit à plus de 1 000 km/h. Il planerait à 15 000 m d'altitude et effectuerait en 6 heures la distance Europe/Amérique Nord.
Bref, il gagnerait de 15 à 20 % sur la durée d'un long-courrier traditionnel.
Mais ce gain de temps n'est pas « gratuit » car sa consommation de carburant serait supérieure de 50 % à celle d'un avion actuel volant à Mach 0,8.
C'est, entre autres, pour cela que Boeing cherche avant tout à alléger *Sonic Cruiser* en le dotant de matériaux composites et en intégrant les deux réacteurs dans sa voilure deltoïde. En un mot, Boeing soigne son aérodynamisme.
Physiquement, *Sonic Cruiser* se distingue par ses plans canards, ces deux ailes situées à l'avant dont le rôle est d'optimiser la stabilité de l'appareil.
Enfin, cette Formule 1 des airs nécessite un développement onéreux de 9 milliards de dollars et son avionneur souhaite le voir dans le ciel dès 2007-2008.

Sans les mains !

Faire atterrir un Boeing 757 sans que le pilote touche les commandes, telle est l'ambition des chercheurs de la Nasa. Ils y sont arrivés ! Ou, plus exactement, la simulation qui a servi de test a été couronnée de succès. C'est dans un simulateur de vol que l'expérimentation a eu lieu. Pour cela, 8 électrodes ont été placées sur chacun des avant-bras de l'homme-pilote. Lorsque ce dernier a effectué les gestes spécifiques de l'atterrissage sans jamais toucher les commandes, les électrodes ont capté les signaux nerveux, qui transformés en impulsions électriques, ont été transmis au calculateur du simulateur. Résultat, l'atterrissage s'est déroulé en douceur et sans les mains ! Le responsable du programme, le docteur Charles Jorgensen, a expliqué que cette technique pourrait s'appliquer à d'autres calculateurs tels que les claviers et les souris…

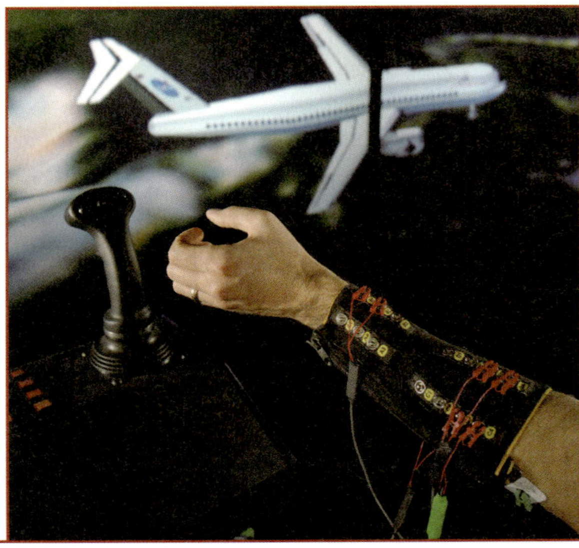

Tchou-tchou vole !

Qu'est-ce qui comporte 3 voitures, peut transporter 324 passagers, se déplace à 500 km/h et utilise les énergies éoliennes et solaires ?

Indices : la « chose » est japonaise, a besoin seulement de 3 à 5 mégawatts pour se déplacer et ne touche pas le sol !

Réponse : *Aero Train*, le train à effet de sol (effet coussin d'air). Ses concepteurs, entre autres le professeur Yasuaki Kohama de l'université Tohoku à Sendai, souhaitent le concrétiser pour 2020.

Pour la petite histoire, le train volant est une idée française développée par Jean Bertin.

La grue change de look

Elle s'arrondit et flotte dans les airs. Elle a pris la forme d'un gigantesque ballon de 61 mètres contenant 110 000 m^3 d'hélium, soulève et transporte jusqu'à 75 tonnes de « marchandises ». Ce ballon-grue s'appelle *CL 75 AC* et a été conçu par la société allemande CargoLifter. Le conteneur dont il a été équipé, est d'un volume considérable : 13 m sur 6 ! Quant au fonctionnement, il est relativement simple. *CL 75 AC* s'ancre à l'aide de quatre points pour permettre le chargement. Une fois qu'il quitte le sol, il s'élève et vole jusqu'à sa destination où il s'ancre à nouveau et décharge. Les États-Unis seront les premiers à en bénéficier à partir de 2002.

AVIONS SPATIAUX

X-37 et *X-40* sont des projets développés par la Nasa et le challenge n'est pas simple. Il est de concevoir des avions capables d'effectuer des allers et retours dans l'espace. Quant à l'X-37, plus complexe, il ne peut pas encore passer de tests de vol. Techniquement il n'est pas encore au point. L'*X-40* a effectué son sixième vol autonome avec succès. Une affaire à ne pas perdre de vue !

PATROUILLE X

X-45 est pressenti comme le bombardier de la prochaine décennie chez Boeing. Encore au stade de prototype, il ressemble légèrement à l'X-32, le précédent Ucav (avion de combat sans pilote) de Boeing. L'avionneur américain a insisté sur sa furtivité, préférant la discrétion à la manœuvrabilité de l'avion. *X-45* a un itinéraire préprogrammé et réalise sa mission à l'aide du système GPS. L'opérateur au sol dispose de quelques commandes pour intervenir mais elles sont sommaires. Un jumeau est en fabrication pour que, courant 2002, les deux *X-45* effectuent une première patrouille ensemble !

Un Duc prometteur

Dassault Aviation et Aviation Design lui ont donné deux noms : *AVE,* pour *Aéronef de Validation Expérimentale,* et *Petit Duc,* l'abréviation de *Démonstrateur d'Ucav*. Qui est-il ? Le précurseur d'une nouvelle génération d'avion de combat sans pilote. Dassault Aviation aurait fait en sorte que ce drone soit d'une furtivité telle qu'il serait quasiment indétectable aux radars. La silhouette y est pour beaucoup !
Techniquement *Petit Duc* ne décolle pas et n'atterrit pas seul. C'est un opérateur au sol qui le commande, mais par contre, en vol, personne n'intervient.
Il se dirige grâce à sa centrale GPS et à l'itinéraire programmé dans sa mémoire. Si la liaison radio est coupée, alors il reprend de l'altitude, coupe ses moteurs et éjecte un parachute de récupération pour un atterrissage en douceur et en silence.
Actuellement, *AVE* est une maquette en cours d'expérimentation…

La moto des airs

La firme californienne Millenium Jet invente l'hélico individuel, *SoloTrek XFV*. Encore au stade de prototype, il serait capable d'atteindre une vitesse proche de 130 km/h.
Il s'annonce donc très intéressant pour le commun des mortels avec un prix pas complètement inabordable, 750000 FF (environ 115 000 euros). Malgré ces aspects positifs, la Nasa et plusieurs ingénieurs aéronautiques restent très sceptiques. Ils soulignent que les prédécesseurs de ce type d'hélico n'ont jamais réussi à voler plus de quelques dizaines de secondes. Moralité : l'avenir nous le dira !

Qu'est-ce qui...

... est capable de transporter 1 500 soldats dans les airs à 200 km/h, a une autonomie de 7 400 km et peut atterrir sur la terre ferme comme sur l'eau ?

Indice : il ne s'agit pas d'un avion ni d'un hydravion.

Réponse : *SkyCat 1000*, un dirigeable géant mis au point par la société britannique Advanced Technologies Group (ATG).

Remarque : *SkyCat 1000* n'est qu'un concept.

Londres-New York en 40 minutes

C'est le temps que devrait mettre l'hypersonique de la Nasa, *X-43A*. La Nasa projette de réaliser un test sans pilote. Il consisterait à traverser l'océan Pacifique à plus de 30 000 m d'altitude, en développant une vitesse de Mach 10 c'est-à-dire 10 fois la vitesse du son. Pour cela, *X-43A* devrait voler à l'hydrogène. L'idée est que ce combustible se consume en utilisant l'oxygène de l'atmosphère à l'aide du dispositif Scramjet, Supersonic Combustible Ramjet. Ce dernier capte l'air, le compresse et l'injecte dans les moteurs. Mais Scramjet se met en action uniquement à des vitesses supersoniques. Pour y arriver, la Nasa enverra dans les airs *X-43A* accroché à un bombardier B-52 jusqu'à 7 000 m, altitude à partir de laquelle il sera propulsé par un lanceur spécifique. *X-43A* est séduisant mais le premier test avec pilote n'est pas encore pour demain…

Des avions vivants dans 20 ans !

Loufoque ? Insensé ? Impossible ? Ce n'est pas ce que pensent les chercheurs de Langley Research Center (LaRC) de la Nasa. Ils travaillent activement à la création et au développement de nouveaux matériaux « intelligents » qui permettraient de fabriquer des avions réagissant comme des êtres vivants. En très bref, ces avions pourraient anticiper à la place du « conducteur-pilote » et, le nec plus ultra, ils pourraient se tordre sur commande pour éviter, par exemple, un obstacle. Une seule question : pourquoi des avions et pas des voitures aux matériaux intelligents ?

Qui dit avion, dit enregistrement

Plus pour longtemps d'après la firme Texane Sabre. Elle travaille sur le projet fou mais judicieux d'effectuer l'enregistrement grâce à un code-barres ! En arrivant à l'aéroport, téléphonez de votre portable à la compagnie aérienne. Vous êtes identifié par votre empreinte vocale et enregistré. Quelques secondes plus tard, vous recevrez un code-barres sur votre téléphone et « Sésame » s'ouvrira à vous. Petite question : comment fait-on sans portable ?

Silencieux

Eurocopter présente son nouveau protégé, le dernier-né de la ligne EC : l'*EC 130*. Cet hélicoptère léger innove côté espace et confort. La cabine gagne 30 cm de largeur par rapport à celle de ces prédécesseurs. L'*EC 130* offre ainsi 7 à 8 places selon la version. Eurocopter a choyé l'interface homme-machine pour permettre un pilotage agréable avec une stabilité en vol sensible.
L'*EC 130* est très silencieux. Le bruit qu'il peut produire est largement inférieur aux normes acoustiques draconiennes américaines et sévères de l'OACI, Organisation de l'Aviation Civile Internationale. C'est pourquoi il a séduit les Américains qui ont déjà passé de nombreuses commandes.

L'avion « vert »

Le bureau d'études toulousain d'Airbus bouillonne ! Airbus Industrie concentre ses recherches sur l'avion écologique. Au vu de l'accroissement certain du nombre de passagers qui utiliseront le transport aérien dans les 10 à 20 ans à venir, le trafic va augmenter très fortement ! Ce qui sous-entend une augmentation de la pollution et du bruit. Airbus cherche donc à pallier ces deux nuisances. Les deux principales solutions sont un, de réduire la consommation de carburant en allégeant la structure de l'avion, deux, de déplacer les moteurs vers l'arrière du fuselage ou au-dessus de l'aile. Ces alternatives ne sont pas sans incidence sur l'architecture classique « tube et voilure » des avions actuels. Quatre configurations en découlent.
Le concept *ailes jointives* ou *rhomboïdales*, allégeant les structures tout en rendant plus rigide la voilure, entraînerait une baisse de consommation de carburant.
Le concept *triplan*, qui se concrétise par l'implantation de plans porteurs avant, réduirait la consommation de l'avion.
Le concept *bi-dérive* est de déplacer les moteurs à l'arrière de l'appareil pour baisser de plusieurs décibels les nuisances sonores ; tout comme le ferait le concept *empennage en V* où les moteurs sont sur le dessus de l'aile. Dans ce cas-là, le bruit serait réfléchi vers le haut et non plus vers le sol. Toutefois, ces concepts d'Airbus n'en sont qu'à leurs prémices. À suivre !

eurêka

eurêka
eurêka

La ferme p. 156
Médecine p. 162
Armes p. 170
Espace p. 172

La recherche pousse toujours plus loin ses limites pour le bien de l'humanité (on l'espère !). Aujourd'hui, il ne s'agit plus d'une seule Dolly mais de plusieurs, toutes clonées. Par ailleurs, ce sont des chèvres, des singes, des saumons génétiquement modifiés...

LA FERME...

Le cochon australien a son clone

Après la chèvre, voilà le cochon cloné. Il est australien et il a été conçu par la firme australienne de biotechnologie BresaGen.
Le petit cochon cloné est né de cellules conservées dans de l'azote liquide depuis deux ans. Le but de l'opération est, toujours, de réussir à produire en série le porc pour offrir à l'homme des organes à greffer avec zéro risque de rejet !

Zoo cloné !

Comment préserver les espèces en voie de disparition ? En les clonant ! C'est ce que s'apprêterait à réaliser le parc zoologique de Singapour. Actuellement, il semblerait que des tissus et des spécimens de sperme de 7 espèces animales différentes auraient été recueillis.
L'échéance du zoo cloné reste un mystère.

Jumping génétiquement modifié

Comment faire pour qu'un cheval ait des caractéristiques physiques maximales pour assurer des performances sans pareilles ? Le professeur anglais Allen, spécialisé dans la reproduction des chevaux destinés au jumping ou au dressage, a la réponse : par une manipulation génétique. Mais tout n'est pas encore au point. Il travaille encore ardemment pour mettre bas un cheval génétiquement modifié.

Cinq petits cochons roses

Cinq petits cochons tout roses sont nés à la société britannique PLL Therapeutics. Naturels ? Que nenni ! Ils ne sont pas nés d'une truie mais in-vitro dans le labo Blacksburg, en Virginie. Et, le plus extraordinaire, c'est qu'ils ont tous été génétiquement modifiés avant d'être clonés. Clonés et transgéniques, ces 5 porcelets ont vu le jour pour devenir un véritable réservoir d'organes sans précédent.
En effet, modifiés génétiquement, ces cochons auraient des organes pouvant être greffés sur l'homme sans risque de rejet immédiat.

Les poules ont leur Britney

Elle s'appelle donc *Britney* et c'est une poule unique dans son genre. Elle est transgénique et « génératrice de médicaments ! ». *Britney* doit son existence à l'Institut Roslin d'Edimbourg et au laboratoire américain de biotechnologies Viragen. Ils lui ont greffé un gène « médicamenteux » permettant de lutter contre différents cancers tels que celui de la peau, du sein ou des ovaires. Résultat, lorsqu'elle pond, tous ses œufs renferment des protéines anticancéreuses. En d'autres termes, on retrouve le « médicament » synthétisé. *Britney* est le début d'une tripotée de poulettes, toutes transgéniques et clonées, pondant chacune 250 œufs par an.
Des élevages sont prévus à la fin 2001. Toutefois, il faudra attendre quelques années avant de voir ces médicaments occupés les étagères de nos pharmacies !

Poules dopées à l'urine !

Cela pourrait être un canular mais ce n'en est pas un, au contraire. Une équipe de l'Université libre d'Israël a prouvé que les poules pondaient des œufs de 5 à 10 % plus gros lorsqu'elles respiraient de l'urine humaine ! Il semblerait que la molécule 2-methoxy-3-isobutylpyrazine, contenue dans l'urine, soit responsable de cette stimulation. Cependant, les chercheurs approfondissent leurs travaux pour comprendre le pourquoi du comment !

Les poules de Saint-Thibéry starisées ?

Perdu ! Ce n'est pas la nouvelle star de Walt Disney mais une poule bien ordinaire. Ayant la connaissance et l'expérience que les poules entre elles « se crêpent souvent... le coccyx » (néfaste pour la ponte), un éleveur et médecin de Saint-Thibéry dans l'Hérault a trouvé la solution : chausser toutes ses poules de lunettes opaques. Leur vision étant limitée, elles ne voient plus, ne s'affrontent plus et pondent de beaux œufs !

Dans l'assiette américaine, le saumon transgénique !

Enfin pas encore ! La société Aqua Bounty attend l'accord de l'Agence américaine pour l'alimentation et les médicaments (FDA), afin de commercialiser ces saumons à croissance accélérée. Ses opposants (60 organisations de pêcheurs et d'écologistes) s'inquiètent d'une éventuelle « évasion » des saumons transgéniques qui pourraient alors « fricoter » avec les populations sauvages.

Un singe médusé

Non, il ne l'est pas au sens propre. Ce singe est transgénique, il est porteur d'un gène d'une espèce de méduse, le GFP (Green Fluorescent Protein). Né le 2 octobre 2000, il a été conçu à l'Université des sciences de la santé de l'Oregon à Beaverton (USA). Il s'appelle *ANDi*.

Il a été baptisé ainsi pour « ADN inséré » par l'équipe du professeur Anthony Chan. L'existence d'*ANDi* est un espoir sans précédent pour la recherche. Rappelons-le, le singe et l'homme ont de 98 à 99 % de leurs gènes en commun. En fait, *ANDi* a été créé avant tout pour découvrir le fonctionnement de maladies graves afin de trouver ensuite des traitements. Étant donné que le gène GFP se retrouve chez *ANDi*, cela prouve que d'autres gènes tel celui de la maladie de Parkinson, du sida ou du cancer du sein, pourront être portés par d'autres singes. Ainsi, les recherches s'en trouveront accélérées et les traitements d'autant plus rapidement mis au point.

Matou immortel

Minou ne quittera jamais son foyer, même pas à sa mort, enfin presque ! Trois équipes de chercheurs américains planchent sur une nouvelle technologie de clonage : la reproduction des animaux de compagnie.

Le premier chat cloné devrait montrer son museau fin 2001. Par contre, le chien verra son clone plus tard car il semblerait que le système reproductif canin pose certains problèmes !

Du bon lait pour fromage à point

Avec *Optigraph*, le lait est analysé avec précision pour mesurer sa « capacité » à produire un bon fromage. Équipé d'une lumière infrarouge, il indique aussi, avec exactitude, le moment de la coagulation qui donne au fromage sa maturité. *Optigraph* sort tout droit de l'INRA et coûte 100 000 FF, soit environ 15 000 euros.

Élevage et horticulture ont leur HLM

L'idée vient des Pays-Bas. Pour gagner et libérer de l'espace rural et réduire les transports, Jan de Wilt et Henk Van Oosten ont conçu *Delta Park*, une usine agroalimentaire. Long de 1 km, large de 400 m et haut de 20 m, le bâtiment contiendrait, sous le toit, une verrière pour les salades, les épinards et les fleurs ; dans la cave, une culture d'endives et de champignons (obscurité et humidité obligent !) ; dans le sous-sol, un élevage de poissons ; sur le balcon, des élevages de porcs et de poulets... Le tout, à proximité d'un port pour favoriser le transport maritime à l'exportation. Bref, le projet hollandais *Delta Park* est ni plus ni moins une intégration agro-industrielle. Cela laisse perplexe.

« Tchatcher » avec les dauphins !

Telle est l'ambition de l'équipe américaine du docteur Ken Marten. Le projet s'appelle *Delphis* et se déroule au centre Sea Life Park d'Hawaii. À l'heure actuelle, les dauphins ont déjà appris 4 mots ou plutôt 4 sons. Les scientifiques partent des sons qu'émettent les cétacés pour en fabriquer de nouveaux qu'il faut ensuite leur apprendre. Pour ce faire, un écran tactile a été placé dans le bassin des dauphins et à chaque son émis s'affiche l'objet correspondant. Ce phénomène s'effectue que le son soit émis par un dauphin ou artificiellement. Il faut se rendre à l'évidence : les objets sont beaucoup plus parlants que les mots !

L'hydre mythique n'est plus !

Le poisson légendaire à plusieurs têtes devient réalité avec les travaux de Jan Lohman et Thomas Bosch, chercheurs allemands de l'université d'Iéna. Ils ont injecté une substance de croissance naturelle à une hydre et, au bout de 5 jours, l'animal aquatique a développé une seconde tête ! Gloups !

L'araignée devenue chèvre

Ne vous y trompez pas ! Ces biquettes ne sont pas des chèvres ordinaires mais des chèvre-araignées. Génétiquement modifiées, elles portent des gènes de l'araignée Araneus spp, réputée pour ses toiles très résistantes. Elles produisent ainsi un lait gorgé de protéines de soie qui, une fois synthétisé, produit une soie excessivement résistante : le *BioSteel*. Ce dernier permet la fabrication de gilets pare-balles et de fils de parachutes. Remercions le laboratoire canadien Nexia pour cette prouesse génétique. Et nos fromages, que deviennent-ils dans l'histoire ?

Doogie, mieux que Jerry

Doogie est une souris au QI particulièrement élevé. Normal, comme Obélix elle est tombée dedans quand elle était petite. Plus sérieusement, deux professeurs de l'université de Princeton, Joe Tsien et Guosong Liu ont injecté à *Doogie* une dose de NR2B (un fragment de molécule impliquée dans la mémoire) qui a stimulé son intellect.
Moralité, elle ne se laisse pas avoir par un morceau de gruyère coincé dans un piège, a une très bonne mémoire et sait se sortir de situations délicates. Tom, t'as du souci à te faire !

Dolly et ses demi-sœurs !

L'institut Roslin, père scientifique de Dolly, est de nouveau papa de deux brebis, certes clonées, mais aussi transgéniques !
Elles ont donc des gènes étrangers à la famille du mouton en plus d'être clonées.
Elles ont été baptisées *Cupid* et *Diana* et se portent à merveille. Cette manipulation biologique est un exploit car il est dorénavant possible de créer des mammifères avec un gène qui ne leur est pas propre. On peut donc espérer qu'un jour on pourra introduire dans l'ADN du mouton une protéine humaine d'intérêt médical pour que son lait puisse soigner une maladie !

Fruits transgéniques

Comment raccourcir l'interminable période d'« adolescence » des arbres fruitiers pour obtenir plus rapidement leurs fruits ? Une seule solution, *APETALA1*, le gène appelé scientifiquement *Arabidopsis thaliana* ou encore l'arabette des dames. Qu'en faire ? L'injecter dans les gènes d'arbres fruitiers pour donner naissance à de « magnifiques » arbres transgéniques. Et, au lieu de patienter 5 ans pour voir apparaître les premiers fruits, il suffit d'un an pour pouvoir en récolter !

Nos légumes satellisés !

L'idée vient de chercheurs chinois : modifier génétiquement les légumes en envoyant sur orbite leurs graines pendant 15 jours. L'expérience a montré que les graines « spatiales », une fois semées, offrent des légumes d'aspect peu attrayant, mais, greffées sur des plants terrestres, elles donnent des légumes de taille plus importante, plus tendres et plus nutritifs. Après l'alimentation bio, consommez satellisé !

Une oreille de souris ?

Non, d'homme ! Cette photo n'est pas truquée, elle représente une dure réalité bientôt banale ! Faire pousser une oreille, un doigt ou un nez d'humain sur le dos d'une souris, telle était l'ambition de l'Américain Charles Vacanti. Aujourd'hui c'est fait. L'expérience a réussi pour une pousse d'oreille. Nous ne rentrerons pas dans les détails, sachez que la technique utilisée est le *scaffolding* et que c'est un grand espoir pour les greffes.

La souris au secours des couples

L'équipe australienne de Debra Gook du Royal Women's Hospital a bon espoir pour les couples stériles et tout particulièrement pour les femmes infertiles. Des expériences ont montré qu'une souris, à qui on a implanté des tissus ovariens humains, avait développé des follicules humains (les libérateurs d'œuf) tout à fait normaux. Alors, la souris serait une porteuse d'ovaires ? Pas encore, mais elle est déjà porteuse d'espoir !

Papillon à la rescousse des champs de coton

Aux States, à Phoenix, en Arizona, le docteur Staten a modifié génétiquement un papillon appelé *Helicoverpa zea*. À l'état naturel, cet insecte est l'ennemi numéro 1 des champs de coton : il les décime ! L'idée du chercheur est de « confectionner » un papillon mâle de cette espèce, capable de transmettre une tare mortelle à tous les œufs qu'il fécondera. Le scénario serait donc le suivant : larguer un million de papillons mâles transgéniques sur les champs de coton, à la saison des amours. Ils seront suffisamment nombreux pour mettre sur la touche les mâles naturels. Au final, à la saison suivante, le nombre de larves aura largement diminué. Mais qu'adviendra-t-il réellement lorsque ces papillons modifiés génétiquement seront lâchés dans la nature, car il est impossible de les rapatrier ? À faire froid dans le dos !

Danaus plexippus ou papillon monarque.

Des avancées médicales plus fabuleuses les unes que les autres et des découvertes incroyables nous promettent un bel avenir : des gélules-caméras, des hôpitaux cybers, la pilule sous la peau ou à patcher, le préservatif invisible...

MÉDECINE

Épilepsie en vue !

Difficile de prévenir une crise d'épilepsie, voire impossible. Cette maladie n'est pas toujours très grave en soi mais elle survient à n'importe quel moment, sans symptôme préalable. Le malade peut être pris d'une crise en conduisant, en nageant ou en étant sur une échelle...
Aujourd'hui, une lueur d'espoir apparaît. Le département des neurosciences cognitives et d'imagerie cérébrale de l'hôpital de La Pitié-Salpêtrière, à Paris, a mis au point une machine capable d'avertir, jusqu'à 7 minutes avant la crise, le malade et les médecins. Le prototype est présenté, et a été testé, comme fiable. Le seul problème est sa taille encombrante mais on pense déjà à développer un appareil miniaturisé et transportable.

Le robot s'humanise

Un chirurgien opérant de New York un malade à Los Angeles, ce ne sera certainement plus de la science-fiction dans 10 ans. C'est du moins l'ambition d'Allison Okamura. Cette Américaine travaille sur la mise au point d'une main robotisée dotée du sens tactile. Si elle réussit, d'autres domaines que la chirurgie pourront en bénéficier : l'espace, l'agroalimentaire...

Patient virtuel

Avant de pratiquer une nouvelle technique d'opération chirurgicale, les médecins vont pouvoir l'essayer et s'entraîner sur un patient virtuel. C'est un robot mécanique associé à un logiciel de réalité virtuelle. Ce judicieux robot a nécessité 8 ans de travaux et de recherches à la société suisse XiTact. Actuellement, le patient virtuel peut être seulement opéré de la vésicule biliaire mais ce n'est que temporaire, d'autres modules sont prévus...

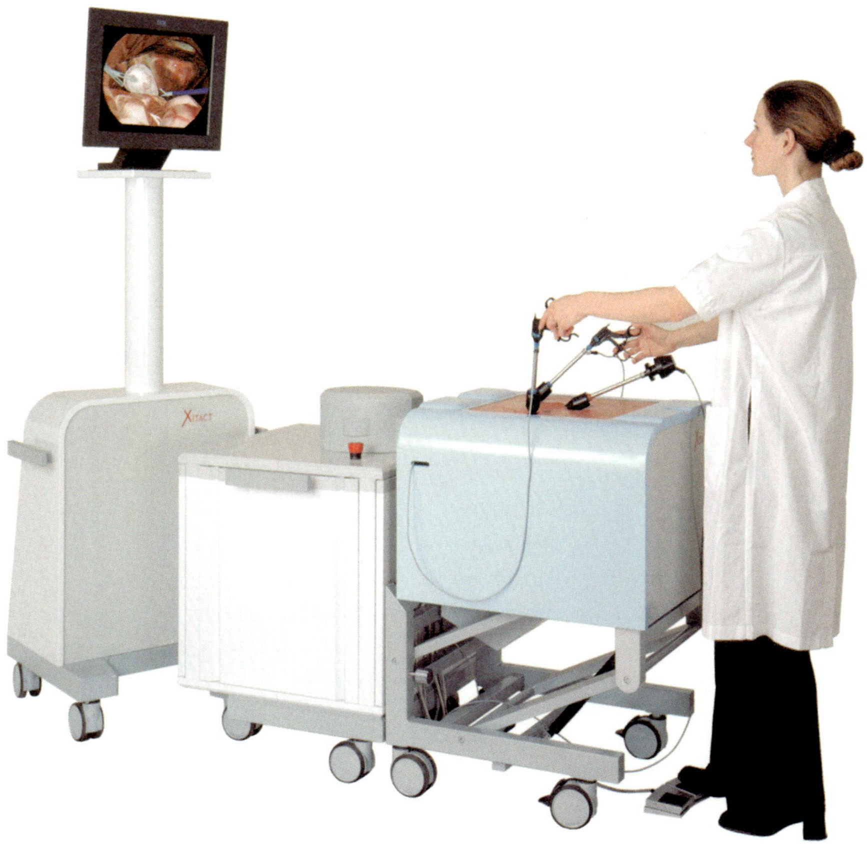

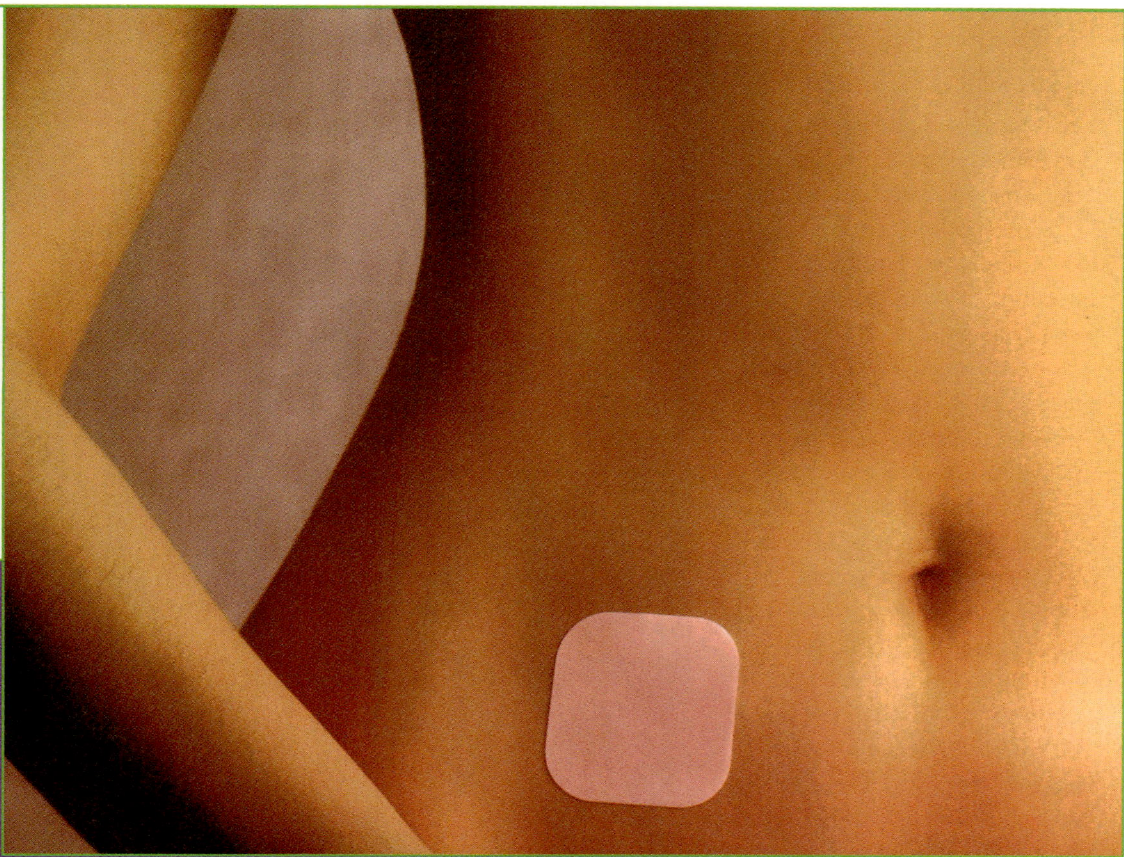

Sans fil !

Le professeur Thierry Carrel et son équipe de l'hôpital universitaire de Berne en Suisse ont trouvé et mis au point une technique pour « raccorder » sans fil les vaisseaux sanguins entre eux, lors de pontages coronariens. Quelle est-elle ? Un anneau en acier inoxydable ! Son intérêt est majeur car il se met en place en deux ou trois minutes et assure une attache fiable et constante, ce qui n'est pas toujours le cas des fils, malheureusement !

La pilule patchée !

Le laboratoire américain Johnson & Johnson est sur le point de commercialiser un contraceptif « timbré ». En fait, il a la forme d'un timbre si ce n'est qu'il est peut-être un peu plus carré (5 cm de côté). Bref, ce timbre est un patch contraceptif, susceptible de remplacer 7 types de pilules. Beaucoup moins astreignant que la pilule, il se colle sur le corps une fois par semaine. Il engendre aussi beaucoup moins d'effets secondaires car il diffuse plus régulièrement la combinaison de progestérone et d'œstrogène. Il se colle sur le ventre, la fesse ou le bras, et nulle part ailleurs !
Le patch contraceptif devrait arriver dans les pharmacies américaines en 2002 et dans les européennes en 2003 !

Inhaler au lieu de piquer

L'université de Miami, Aventis Pharma et Pfizer ont trouvé une solution de substitution pour éliminer les piqûres quotidiennes d'insuline aux diabétiques. L'idée est d'inhaler la dose d'insuline plutôt que de l'injecter.
Le produit s'appelle *Exubera*.
Un premier test a été effectué sur 73 personnes et a été couronné de succès. Toutefois il faudra patienter encore quelques années de recherches avant sa commercialisation.

Les rats à la moelle auto réparatrice !

Ce sont des scientifiques américains qui ont découvert qu'en sectionnant 97 % de la moelle épinière de plusieurs rats, cette dernière se reconstituait sans aucun traitement thérapeutique. Comment ? Ils ont constaté que les 3 % restants palliaient le manque en se développant. Au bout de quelques semaines, les rats blessés paraissaient en aussi bonne santé qu'avant ! Du moins pour l'instant.

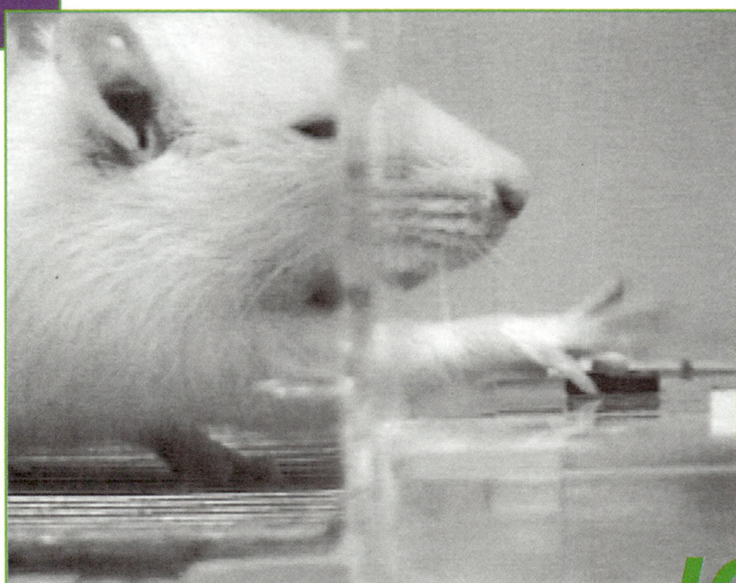

Pilule sous la peau

Implanom est une pilule contraceptive très particulière. Elle ne s'avale pas quotidiennement, elle ne se colle pas sur la peau mais elle s'implante sous anesthésie locale. Cette pilule, à la forme d'allumette (4 cm x 2 mm), est efficace pendant 3 ans. Elle diffuse chaque jour la dose nécessaire d'hormones qui bloque l'ovulation. *Implanom* est idéale pour les femmes qui ne peuvent plus supporter la pilule traditionnelle et elle est surtout très efficace contre l'oubli de la prise journalière !

Caméra en gélule

L'endoscopie digestive (examen de l'intérieur de l'intestin) va peut-être être remplacée par la gélule-caméra conçue par la société israélienne Given Imaging. Cet « appareil vidéo », aussi gros qu'une gélule, observe tout l'appareil digestif en 24 heures, et même l'intestin grêle qui n'avait encore jamais été visualisé !
Il révolutionne d'autant plus l'endoscopie qu'il ne nécessite aucune anesthésie locale.
Il suffit de l'avaler comme une grosse gélule ! Côté coût, il est quasi équivalent. Seuls trois points sont à éclaircir ou à améliorer : la fiabilité totale de la gélule-caméra, la possibilité de la contrôler à distance et la rendre capable de soigner !

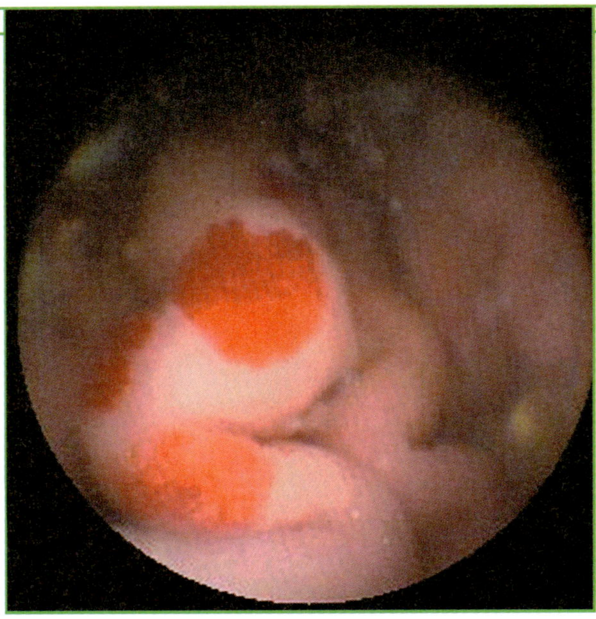

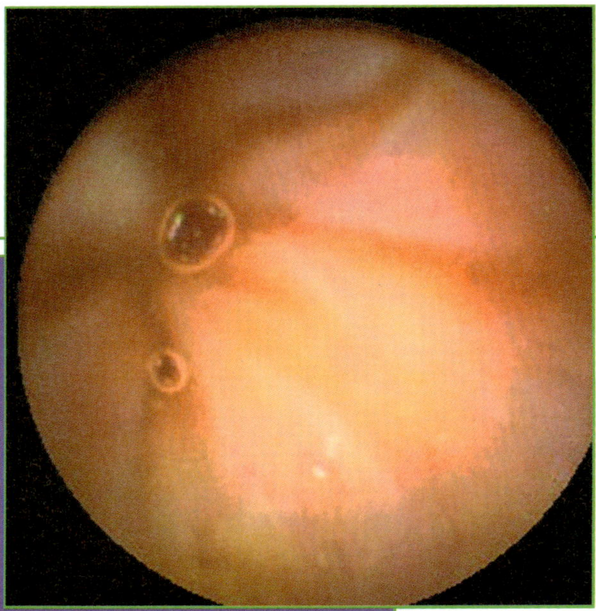

Piercing

Le médecin allemand Bernd Stöver a mis au point un nouveau système de piercing appelé *Funpiercing*. L'intérêt de cette nouvelle technique est de réduire à zéro les risques d'infections, de transmission de maladies, d'allergies et d'apparition de cicatrices. Avec *Funpiercing*, le diamètre du piercing est de 0,5 mm contre 1,7 mm avec la méthode traditionnelle.
La ruse ? Le bijou est fixé à un fil chirurgical qui tombe au bout de 3 à 4 mois.

Vue retrouvée ?!

Une équipe de chercheurs de différentes universités américaines (New York (Cornell), Floride, Pennsylvanie) a réussi à (re)donner la vue à 3 chiens grâce à la thérapie génique. Les 3 toutous choisis sont des briards connus pour leur anomalie rétinienne congénitale appelée amaurose congénitale de Leber (LCA). La plupart de ces chiens nait totalement aveugles ou avec une très faible vue. La thérapie génique consiste à créer des gènes en laboratoire et à les injecter dans l'œil pour remplacer les gènes défaillants. C'est ce qui a été fait et, au bout d'un mois, le résultat a été encourageant !
Les gènes introduits ont permis aux 3 chiens de (re)trouver la vue. Comment s'en sont-ils rendu compte ? Tout d'abord, seul l'œil droit de chacun des toutous a bénéficié de la thérapie génique et ensuite, tous tournaient la tête vers la gauche pour voir avec l'œil droit. Enfin, grâce à un appareil sophistiqué, l'électro-rétinographe, l'activité électrique de la rétine a été mesurée. Un grand pas a donc été effectué puisque, jusqu'alors, la thérapie génique permettait seulement d'arrêter une altération. Toutefois, ce n'est pas demain que des tests seront réalisés sur l'homme car le recul n'est pas assez grand et, surtout, il faut encore faire l'expérience sur un très large panel d'animaux. À ne pas perdre de vue !

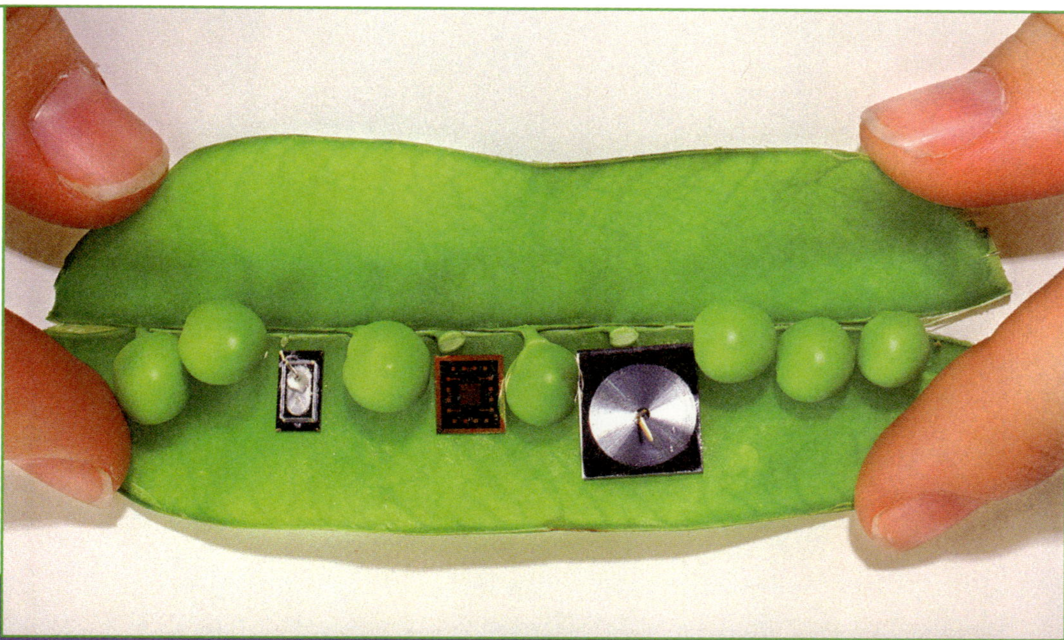

Attention à la cosse verte !

Un véritable laboratoire contenu dans un espace aussi réduit que la cosse d'un petit pois est en cours de développement. Ce sont des chercheurs américains du Sandia National Security Laboratory de Californie qui ont mis au point ce prototype surprenant. Petit mais très performant, ce minuscule appareil peut non seulement détecter mais aussi identifier et doser une foule de substances. Dopants, drogues, alcool et explosifs n'échapperont pas à « l'œil » averti de la cosse verte, de même que les pesticides et les toxiques contenus dans la nourriture. Ce labo miniaturisé a toutes les chances de séduire les policiers et les médecins !

Peau ou skaï ?

Cette question n'est pas si surprenante. Aux États-Unis, les universitaires d'Illinois travaillent sur la création d'une peau artificielle.
Cette peau est conçue en un plastique intelligent contenant un agent cicatrisant. Non seulement cette peau plastique se reforme à la moindre déchirure mais en plus elle saigne comme la vraie. Une avancée spectaculaire dans la plastique, utile aussi aux satellites et aux prothèses d'organes.

Angelina Jolie – en pantalon de peau ou skaï – à la première du film *Lara Croft : Tomb Raider* à Los Angeles en juin 2001.

Des implants dentaires robotisés !

Réussir un implant dentaire demande doigté et précision. Une opération réussie signifie de moindres douleurs, une réduction des soins et une prothèse qui tiendra très longtemps : tous les chirurgiens-dentistes le savent. Alors, pour que l'acte chirurgical soit toujours un succès, une équipe de la clinique dentaire de l'université Humboldt de Berlin a confectionné *Robo-Dent* ! Qui est-il ? Un robot composé d'une fraise dentaire commandée par un PC. *Robo-Dent* effectue, à partir des radios et de l'empreinte dentaire du patient, les forages adéquats et la profondeur adaptée à l'implant. Ses « gestes » sont précis au dixième de millimètre : un succès assuré ! *Robo-Dent*, à 51 000 euros, doit envahir les cabinets dentaires allemands à l'automne 2001. Cette merveille robotique a été financée par la société suisse Strautmann AG, spécialisée dans les implants dentaires.

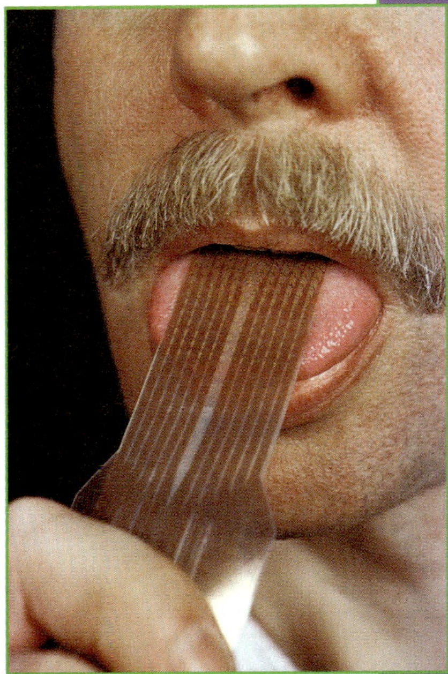

La langue a des yeux

Voir avec la langue, tel est le projet de l'Américain Paul Bach-y-Rita. L'idée peut paraître farfelue au départ mais pas tant que cela ! Si Paul Bach-y-Rita s'est penché sur la relation langue-cerveau, c'est pour pouvoir soulager les non-voyants. De ses travaux, il est ressorti une matrice tactile à placer sur la langue ! Renfermant des électrodes, elle « traduit » les images vidéo d'une caméra en impulsions électriques. Il faudra 50 heures d'apprentissage pour que le cerveau interprète ses « données » électriques en images. En fait, le cerveau entretient exactement la même relation avec la langue qu'avec les yeux ! Actuellement, la matrice tactile n'est qu'au stade de prototype et n'est pas vraiment confortable mais, d'ici 2003, un autre procédé plus pratique devrait voir le jour !

Obésité terminée !

D'ici peu l'obésité ne sera plus, si l'on en croit les tests prometteurs effectués sur des souris. Des chercheurs de la faculté de médecine Baylor à Houston ont bloqué l'enzyme ACC2 sur les souris. Résultat, elles ont continué à manger sans pour autant grossir. Comment se fait-il ? Quand l'ACC2 est stoppée, les muscles et le cœur brûlent plus rapidement les graisses. Reste à connaître les effets sur l'homme.

Aux States, l'hôpital cyber

Ce n'est pas pour tout de suite mais il existera. HealthSouth Corporation et Oracle travaillent conjointement sur la conception d'un hôpital entièrement high-tech. L'idée est de doter chaque lit d'un ordinateur connecté à Internet pouvant stocker radios, courbes de la température et de la tension du malade mais aussi de relier 24 H/24 et 7 J/7 les malades, les infirmiers et les médecins. La famille proche du patient pourra également prendre des nouvelles sur son état par Internet en entrant un mot de passe. L'hôpital tout numérique, c'est pour demain en Alabama et le construire coûtera entre 100 et 125 millions de dollars !

Puce voyante !

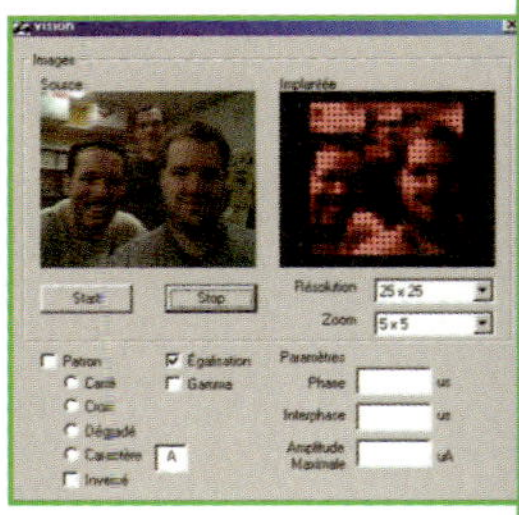

À l'École Polytechnique de Montréal, le professeur Mohamad Swan travaille depuis 1994 sur la confection d'une puce et d'une caméra permettant de rendre la vue à tous les non-voyants y compris ceux de naissance. Connaissant la zone du cerveau liée à la vision, le professeur propose donc de remplacer les yeux déficients par des caméras et de court-circuiter le rôle de la rétine et du nerf optique en les remplaçant par une puce qui transmettrait directement les infos aux neurones. Actuellement, c'est sur des singes que le prototype est expérimenté mais l'équipe espère que dans 10 ans tous les aveugles retrouveront la vue !

Le numérique attaque l'oreille !

Quand le numérique se met au service de l'audition, il le fait bien. Enfin, c'est surtout la société française Intrason qui a utilisé la puce électronique à bon escient pour les malentendants. Non seulement la prothèse intra-auriculaire baptisée *Digison* redonne une vie auditive au patient mais, en plus, elle trie les sons. Oui, elle distingue ceux qui sont issus d'une conversation de ceux qui font partie du brouhaha, ou encore elle détecte les sons indésirables du type klaxon ou porte qui claque. *Digison* protège « l'oreille » grâce à un système automatique. Ce n'est pas tout, chaque exemplaire est personnalisé, puisque fabriqué à partir de l'empreinte auriculaire du conduit auditif. Enfin, pour ne rien gâcher au tableau, cette prothèse pèse seulement 1,5 g. À bon entendeur !

Le cou serti de puces !

Dans l'un des hôpitaux de Dallas au Texas, les patients portent tous une puce électronique d'une mémoire de 8 Mo au cou. Curieux ? Non, tout simplement pratique, surtout si l'expérience s'avère une réussite. En effet, grâce à cette carte à mémoire, tout le personnel hospitalier peut consulter facilement et rapidement, à partir d'un ordi' portable doté d'un lecteur de carte, le dossier du malade. Tout est stocké sur la puce, aussi bien la pression artérielle que les résultats du dernier scanner ! Elle est estimée à 700 FF (106,71 euros) pour chaque patient. Si le test ressort positif, tous les hôpitaux américains devraient être équipés de cette carte à mémoire !

Un préservatif invisible

Cela n'est pas une blague, le préservatif invisible, c'est pour demain ! Le professeur québécois Michel G. Bergeron de l'université de Laval travaille sur la confection d'un gel contraceptif sans odeur, sans couleur et imperceptible. Ce joyau médical se veut aussi un excellent rempart contre les MST et le virus du sida. Apparemment, le préservatif invisible a fait ses preuves sur la souris, reste à le tester sur l'homme...

Des sons humains

Devinette : Une membrane en caoutchouc + de l'air provenant de « poumons » artificiels ?

Indice : C'est l'équipe du professeur japonais Atsuo Takanishi de l'université Waseda qui a mis au point le mécanisme.

Réponse : Des cordes vocales artificielles qui émettent des sons humains !

Commentaire : Ce mécanisme d'émissions de sons pourrait à terme soulager certaines personnes dépourvues de cordes vocales ou souffrant de lésions.

« Hélicoptères », les infirmiers du corps humain

L'équipe du professeur Montemagno de l'université Cornell à Ithaca (New York) travaille sur l'élaboration d'une micro-machine, sans nom, qui transporterait des médicaments dans l'organisme de l'homme. Microscopiques mais à l'allure d'hélicoptères, ces petits infirmiers circuleraient dans les vaisseaux sanguins pour livrer aux cellules malades des doses d'« anti-dote ». Fini les médicaments traditionnels. Encore faut-il que les tests s'améliorent car sur 400 biomoteurs, seulement 5 ont réussi leur mission !

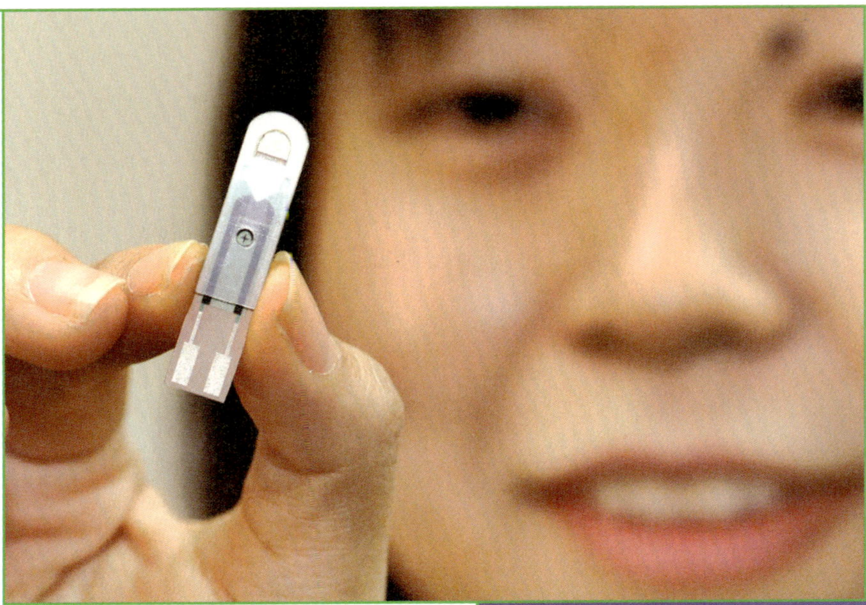

Détecteur de cholestérol

Il ne sera peut-être plus nécessaire de faire une prise de sang pour connaître son taux de cholestérol. Encore à l'étape de prototype, ce petit appareil confectionné par le géant japonais de l'électronique Matsushita n'est pas plus grand qu'une carte de crédit, mais renferme une électrode et un calculateur. Après avoir déposé une simple goutte de sang, l'écran à cristaux liquides affiche en 10 secondes le résultat. Ce matériel sera à manipuler uniquement par le corps médical !

Devinette : des oreilles de...

Question : sur qui prendre exemple pour concevoir des prothèses acoustiques nouvelle génération ?
Indice : c'est un insecte mesurant moins de 1 cm de longueur ?
Réponse : la mouche *Ormia ochracea*. Elle a l'ouïe si fine qu'elle est capable de percevoir si le son qu'elle a entendu s'est déplacé de 2 degrés. L'homme a la même capacité auditive mais le système auditif de la mouche est une miniature par rapport à celui du genre humain, donc idéal à modéliser en prothèse !

L'injection robotisée

Aiguille, seringue, prise de sang, pas vraiment agréable ni pour l'infirmier ni pour le patient et encore moins quand les veines se cachent ! L'Anglais Alex Zivanovic de Imperial College of Science l'a compris et a mis au point un robot-seringue censé éviter les intraveineuses ratées. Pour les diabétiques qui se piquent quotidiennement, cette invention devrait mettre un terme aux veines fragilisées. Actuellement, le robot-seringue a été testé sur un bras en caoutchouc mais sera très prochainement expérimenté sur l'homme.

Mon œil !

L'équipe d'Alexander Korigoskiy travaille sur un projet qui va révolutionner « l'œil de verre ». Certes, « l'œil de verre » a déjà été remplacé par une substance en silicone, mais cette substitution n'est pas toujours une réussite : déformation, rejet... Aujourd'hui il y a du nouveau, les chercheurs de la Mendeleyev University of Chemical Technology ont élaboré un corps vitré artificiel à base d'hydrogels contenant 98 % d'eau. L'intérêt ? Il semblerait qu'il s'adapterait parfaitement à l'orbite, qu'il ne se déformerait pas et que les rejets seraient vraiment rares ! Les tests sur les animaux ont été un succès, la prochaine étape est sur l'homme. À suivre !

Bactéries domestiquées !

Pour se débarrasser de polluants tels que le perchlorate rejetés par les usines de munitions, le professeur John Coates de la Southern Illinois University a découvert que la bactérie *Delchlorimonas agitatus* mange le polluant. Mais elle fait la fine bouche car pour la faire évoluer sur les terrains gâtés il faut y ajouter du vinaigre dont elle est friande ! Cela peut surprendre mais c'est bel et bien vrai. D'ailleurs, le Department of Energy (DOE) a investi un million de dollars pour que John Coates trouve d'autres bactéries pour contrer des polluants comme les hydrocarbures et l'uranium.
À suivre !

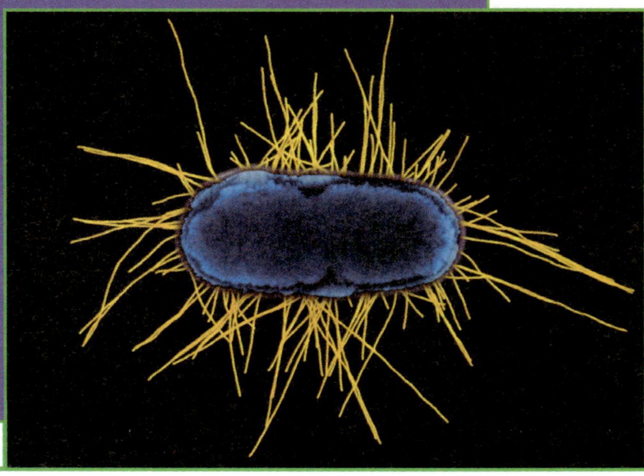

Escherichia coli.

L'os au secours du cœur !

Les équipes des professeurs Orlic et Anversa de l'Institut national de la Santé et du Collège médical de New York ont fait fort ! Ils ont provoqué une crise cardiaque sur 30 souris femelles puis leur ont injecté dans la partie « meurtrie » des cellules souches adultes prélevées dans la moelle des os de souris mâles. Une semaine plus tard, les cellules ont augmenté et se sont « métamorphosées » en cellules cardiaques.

Au bout de 9 jours, 68 % de la lésion étaient réparés. Il convient tout de même de rester prudent car, sur les 30 souris femelles, seules 12 ont réagi positivement au traitement. Toutefois cela s'expliquerait par la difficulté à cibler la zone détériorée...

Des lunettes aux verres ajustables

Elles ne sont pas vraiment esthétiques mais les lunettes de Joshua Silver ont des verres qu'on peut régler à sa vue et ça, c'est beau ! Ce professeur de physique d'Oxford a conçu des verres dotés de lentilles contenant du liquide. En comprimant l'air par un bouton, le liquide est compressé, la courbure modifiée et la correction des verres changée. Bref une paire de lunettes pour toute la famille !

Un cœur artificiel autonome

La firme américaine AbioMed a conçu un cœur artificiel qui peut être directement rechargé en énergie à travers la peau. Fini les tuyaux reliant le cœur à une machine d'énergie externe. Et chacune des pompes du cœur délivre les 8 litres de sang vitaux par minute.
Courant 2001, cinq hôpitaux américains le testeront sur l'homme. Croisons les doigts !

Des armes de plus en plus sophistiquées avec en contrepartie de nouveaux outils pour lutter contre le mauvais génie humain, tel est le grand paradoxe de l'humanité !

ARMES

Une seule arme contre toute une foule !

Les laboratoires de recherche de l'US Air Force travaillent à la fabrication d'une arme paralysante mais non mortelle. Son nom : *Active denial technology*. Sa mission : paralyser toute une cohue en un seul coup de rayon !
Petit hic : aux États-Unis, son utilisation est très controversée. Sont craints des effets secondaires sur les femmes enceintes, les enfants et les vieillards.

Il ne tue pas, il immobilise les « méchants »

Le *Sticky Shocker* de Jaycor est une arme pacifiste. Au lieu de transpercer le corps de l'agresseur, le projectile expulsé le neutralise. La cartouche se colle au corps du criminel et envoie des décharges électriques. *Sticky Shocker* « prendra ses fonctions » dans les commissariats américains après accord du ministère.

Une arme réfléchie

Le pistolet *O'Dwyer VLE* tue ou stoppe, c'est au choix. Cette arme est dotée de deux programmes. L'un expédie dans l'au-delà d'un tir de trois balles, l'autre décourage le délinquant d'une balle de caoutchouc. L'*O'Dwyer VLE* ne se prête pas, il n'obéit qu'à la main de son maître, identifiée par une bague codée.

Y a du bon dans le cafard !

Taro est un cafard utile comme détecteur de fuites nucléaires. Son organisme supporte jusqu'à 20 fois les radiations acceptables pour nous, humains.
Deux Japonais, Hirofumi Miura et Isao Shimoyama, ont eu l'idée de doter la « bête » de capteurs et de l'envoyer faire une ronde dans les tuyaux de centrales nucléaires. *Taro* suit son chemin ? aucun danger en perspective. *Taro* s'arrête, il faut stopper la centrale d'urgence ! Moralité : ayons une petite pensée pour les cafards avant de les écraser.

Le sauveteur capuchonné !

Le Ministère des Situations Extraordinaires de Russie appuie l'invention de la société Phœnix. L'objet ressemble à un sac plastique mais celui-là n'étouffe pas. Bien au contraire, il protège les yeux, la peau du visage et les poumons de plus de 40 substances chimiques ultra nocives qui peuvent s'échapper, par exemple, en cas de catastrophe nucléaire.
Il s'appelle *Capuchon protecteur Phœnix* et on y insère la tête. Pendant 20 minutes, la sécurité est totale : le temps de se mettre à l'abri ou presque...

Spider-Man en mitraillette

Physiquement il ressemble à l'ancêtre des armes à feu, au maniement il rappelle celui de la mitraillette. Mais le *WebShot NETS* de la firme Foster-Miller ne tue pas, ni ne blesse : il capture. Comme Spider-Man, cette arme projette un filet de son canon qui enserre le fuyard. Il reste à lui passer les menottes.

À la poursuite de la radioactivité

British Instrument Consultants (BIC) a mis au point une paire de lunettes chasseuse de traces de radioactivité la nuit. Une fois chaussées, les lunettes détectent et signalent toutes émissions inférieures à 30 becquerels/cm^2 en leur donnant un aspect brillant. Et oui, tout ce qui brille n'est pas forcément de l'or !

Quand le plutonium se transforme en électricité

Parallex est un projet commun à la Russie et aux États-Unis sur 20 ans. Il s'agit de transformer le plutonium militaire en combustible. Pour cela, il faut brûler le plutonium et le mélanger à de l'oxyde d'uranium. De cette « mixture » naît un élément chimique baptisé le MOX.
Les centrales nucléaires utilisent MOX pour produire de l'électricité.
Ce recyclage coûte la modique somme de 2 milliards de dollars à la Russie et 3 aux États-Unis. Une riche collaboration !

Des bottes « sauve jambe »

Créer des bottes pour marcher sur les mines est une idée de l'agence Dia Design. Elles portent le nom de *JEC 2000*. Semelles ultra compensées, tissu renforcé par du Kevlar, ces bottes dévient et amortissent l'effort mécanique produit par le souffle de la mine.
Et, encore plus fort, elles sont confort !

Mir s'éteint et l'ISS s'agrandit chaque jour un peu plus. L'espace, ce monde si mystérieux, deviendra peut-être demain notre exil ou un nouveau monde à visiter en famille...

ESPACE

Mannequin spatial

Un mannequin quasi en chair et en os a été envoyé en orbite sur l'ISS (Station Spatiale Internationale). Constitué de vrais ossements humains, d'organes en plastique et d'une peau artificielle, il a pour mission de tester de son corps, les méfaits de l'espace lors d'un long séjour. En fait, comme il aurait pu être couvert de boutons, il est couvert de plus de 400 détecteurs et de dosimètres ultra sensibles. Il sera donc possible de connaître l'impact et la pénétration des divers rayonnements cosmiques dans le corps. Une première dans son genre !

Mir a tiré sa révérence

Finance et technique ayant eu raison, Mir s'est retirée du paysage spatial au petit matin du samedi 24 mars 2001. Mir a mis fin à 15 ans d'activité fidèle, en effectuant un plongeon extraordinaire. Jamais l'histoire n'a connu une telle destruction : 137 tonnes ont été supprimées. Certes, une vingtaine de tonnes de débris a passé l'atmosphère pour plonger en plein océan Pacifique entre la Nouvelle-Zélande et le Chili, mais la destruction a été un succès !

L'ISS, une station balnéaire ?

C'est ce qu'il faut croire. Du 28 avril au 10 mai 2001, le millionnaire américain Dennis Tito a effectué un séjour touristique sur la Station Spatiale Internationale (ISS), une destination innovante dans son genre. Moralité, elle est le dernier endroit à la mode.

Cimetière spatial

Pour environ 40 000 FF (6 097,96 euros), l'Autre Rive s'occupe d'expédier vos cendres funéraires dans l'espace. Cette agence de pompes funèbres parisienne est une antenne de la firme américaine Celestis de Houston (Texas). En France, l'idée n'a pas encore réellement connu le succès mais elle a déjà séduit les Américains. Aux États-Unis, Celestis a passé un accord avec la Nasa et le Pentagone pour pouvoir envoyer les capsules de cendres à bord de satellites de communication, lancés de la base militaire de Vandenberg en Californie ! Tout ça pour arriver plus vite au Paradis !

L'espace à portée d'ascenseur

La Nasa a chargé deux équipes indépendantes d'une mission folle à première vue ! L'idée est d'aller dans l'espace comme on prend un ascenseur pour aller, par exemple, admirer le panorama du haut de la tour Montparnasse à Paris. Ce projet est sérieux et déjà les conditions technologiques nécessaires ont été posées. En guise d'ascenseur, une capsule électromagnétique se déplacerait sur un câble qui relierait la Terre à un point en orbite. Résultat : le câble serait long de 47 000 km pour quelques centimètres de diamètre. La vitesse serait de 2 000 km/h. L'intérêt de cet ascenseur est avant tout d'ordre économique, ensuite, n'importe qui d'un peu fortuné pourra aller dans l'espace. Mais sa réalisation n'est pas pour demain !

ISS prend forme

Elle n'a pas encore atteint ses 108 mètres de long et ses 415 tonnes prévus, mais l'ISS s'étend déjà sur 73 mètres et pèse 112 tonnes. Depuis le 2 novembre 2000, elle est habitée successivement par des équipages de 3 cosmonautes, transférés par la navette Discovery. La première équipe revenue était chargée de 1 tonne d'instruments et de détritus.

Voilier spatial !

Un voilier qui sillonnerait l'espace, poussé par les rayons du soleil, est un rêve en passe de devenir réalité. *Cosmos 1*, c'est son nom, est le fruit d'une association russo-américaine. Son initiateur est un Américain et ancien ingénieur de la Nasa, Louis Friedman. *Cosmos 1* est le plus léger voilier du monde avec ses 40 kg pour 30 m de diamètre. Ses 8 voiles triangulaires sont épaisses seulement de quelques millièmes de millimètres et composées en Mylar, un polymère transparent ultra résistant. *Cosmos 1* aura la mission d'explorer le système solaire et de rechercher la vie extraterrestre, à moindre coût ! Cependant, ce n'est pas pour tout de suite ! *Cosmos 1* a encore de nombreux tests à passer, comme celui du « déploiement » prévu en hiver 2001, où il devra déployer ses 8 pétales de 15 m ! Un voilier à ne pas perdre de vue !

Comète à détruire

Elle se nomme Tempel-1. Elle a été découverte en 1867. Elle sera éliminée en juillet 2005. Pourquoi ? Pour s'entraîner au cas où une comète se dirigerait tout droit sur nous, Terriens. Pour cela la Nasa a développé le robot spatial *Deep Impact*.

Grand jour pour Artemis

C'est main dans la main que l'ESA et Arianespace ont mis *Artemis* sur orbite durant l'été 2001. *Artemis* est le bijou de l'ESA car il est une première dans son genre. Jamais, l'Agence Spatiale Européenne n'a confectionné un satellite de communication aussi pointu. Entre autres performances, il se maintient en orbite grâce à une propulsion ionique, la liaison de télécommunication ne se réalise plus par radio mais par émission laser… *Artemis* trouvera sa place au-dessus de l'équateur au niveau de l'Afrique centrale pour s'adjoindre à EGNOS, le précurseur de Galileo, le programme européen de navigation par satellite à l'échelle du globe.

2015 : l'espace !

Au Japon, la fusée *Kankoh-Maru* est développée pour le tourisme spatial ! Derrière elle se cachent la Japanese Rocket Society et les sociétés MHI, Fujitsu, Sharp et Nissan ! L'idée « étoilée » est estimée à 4 milliards de francs et, une fois la fusée opérationnelle, le billet coûtera la « modique » somme de 180 millions de francs. Attendons 2015 et tous à nos économies !

Du sport dans l'espace…

… tel est le but à atteindre pour l'équipe de Patrick Collins (Université d'Azabu) et de Tsuyoshi Nishimura (Hazama Corporation). Il serait plus juste de dire que les chercheurs « planchent » sur l'élaboration d'un gymnase sur la Station Spatiale Internationale (ISS). Sur papier il existe déjà et sa structure ressemble à une grosse sphère de 60 m de diamètre. Toutefois, il faudra attendre patiemment 2030 pour voir apparaître les premières installations sportives spatiales. Le monde de demain est sidéral.

Qu'est-ce qui…

… est long de 17,6 m, a 7 articulations, est capable de manier 100 tonnes de charge et est équipé de caméras et de capteurs ?

Indice : la chose permet de finir la Station Spatiale Internationale (ISS) et y a été déposée par la navette américaine Endeavour.

Réponse : *Canadarm 2*, un bras robotisé très mobile, conçu par Canadian Space Agency (CSA) !

L'ISS accueille un Européen !

L'Italien Umberto Guidoni, astronaute de l'ESA, est le premier Européen à avoir posé les pieds sur la Station Spatiale Internationale (ISS). Il y a été envoyé en mission de 11 jours, accompagné de 7 autres professionnels de différentes nationalités. Parti le 19 avril 2001, il est revenu le 1er mai 2001. Son rôle a été de fixer le bras télémanipulateur Canadarm 2 sur l'ISS et d'en extraire le module Raffaello qui a été rapporté à Terre. Umberto Guidoni a dû s'entraîner pendant 5 ans pour cette tâche.

Le magnétisme : une solution !

Une des bêtes noires des scientifiques de l'espace est la durée de vie du satellite. Celle-ci dépend à 100 % de la capacité de son réservoir de carburant. En somme, le satellite n'est pas éternel et s'épuise pour disparaître dans l'Univers.

La question qui se pose est : comment allonger l'existence du satellite ? Des Français et des Américains ont pensé à la mise au point d'un moteur électrique qui puiserait sa source du champ magnétique terrestre. La solution n'en est qu'à ses balbutiements et subit de nombreux tests.

Cependant, il semblerait que le magnétisme de la Terre ne soit pas suffisant pour faire « avancer » le satellite. Les chercheurs ont donc déjà pensé à créer un électroaimant de très grandes dimensions. Si le projet aboutit, il fera économiser pas mal de carburant.

Projet gonflé !

Le 10 mars 2001, en Australie, un ballon de 128 m de diamètre, de 70 m de haut et rempli de 1 million de m^3 d'hélium, a transporté une plate-forme de 1,5 tonne de matériel scientifique. Ce n'était qu'un test pour *ULDB* (Ultra Long Duration Balloon) car l'idée de la Nasa est de le rendre autonome pendant 100 jours et capable de « voler » à 35 km au-dessus de la Terre dans la haute atmosphère. Le but est d'étudier les rayons cosmiques à moindre coût. Étant donné qu'*ULDB* n'a pas besoin de fusée pour son lancement, les coûts sont moins importants que pour l'envoi d'un satellite. C'est en décembre 2001 qu'il aura sa première mission officielle à la station Mc Murdo en Antarctique. *ULDB* est un projet dirigé par Steve Smith.

À la recherche de l'eau et de la vie

L'ESA, suivie par 15 sociétés européennes et 200 scientifiques, lance le projet Mars Express. La planète rouge va être observée sous toutes les coutures par les Européens, une première pour nous.
Le satellite sera lancé dans l'espace en mai/juin 2003. Il effectuera un trajet de 6 mois avant d'atteindre Mars et y « larguer » deux véhicules spatiaux dont un orbiteur (engin tournant en orbite) et un atterrisseur baptisé Beagle 2. Tous deux ont la mission de rechercher toute trace de vie et d'eau passée ou présente.

L'espace on line

Observer l'espace sur le Web est une idée folle mais fortement « hype » que l'American Astronomical Society étudie. Plus précisément, il s'agirait de créer une gigantesque base de données en ligne comprenant toutes les images observées par les télescopes terrestres et spatiaux. Et ce, dans le but d'en faire profiter les scientifiques ainsi que le grand public. Opération séduisante mais coûteuse, 25 millions de dollors, soit 174 millions de francs. Affaire à suivre au télescope...

Un cadeau spatial

Ça y est, on y est ! Le tourisme spatial est pour... aujourd'hui ! L'idée est venue à une chaîne de production allemande d'offrir un séjour sur orbite d'une semaine aux heureux gagnants de leur jeu télévisé. Cadeau révolutionnaire possible grâce à l'accord de la filiale ingénierie spatiale de EADS, Astrium, sans oublier un « petit » entraînement ! Intéressé ? Vous savez ce qu'il vous reste à faire.

Un mini-vaisseau spatial

La combinaison spatiale n'est plus ce qu'elle était. Aujourd'hui, elle est à elle seule un véritable mini-vaisseau spatial. Elle a nécessité de nombreuses années de recherches à la Nasa et aura coûté 10,4 millions de dollars ! De nom encore inconnu, cette combinaison recouvre la pointe de la technologie. Elle permet, entre autres, de protéger radicalement l'astronaute des radiations et des variations de température. Non seulement elle est équipée d'un système de pressurisation mais aussi d'un dispositif de refroidissement pour palier la chaleur du corps. L'astronaute peut bénéficier d'un vrai écran de contrôle et être en relation à tout instant avec la navette et le centre de contrôle !

Mars en deux mois

La Nasa s'est lancé le défi de réduire le temps de voyage pour aller sur Mars de 6 à 2 mois, en 2018. C'est pour cela que ses chercheurs travaillent sur le développement de modes de propulsion alternatifs tels que le moteur à plasma magnétique.

En juillet, je vais sur Mars

Non, il n'est pas complètement utopique d'espérer qu'un jour Mars sera une destination « bronzette ». Des scientifiques de la Nasa y travaillent. Apparemment, ce ne sera pas pour l'immédiat et certainement pas avant 100 ans mais des recherches sont effectuées pour pallier le froid glacial (- 55 °C) de Mars. *Margarita Marinova* a trouvé le moyen de gagner 6 à 8 degrés Celsius à l'aide de perfluocarbones (sortes de gaz à effet de serre). Allez, on les encourage !

Départ réussi vers la planète rouge !

Le lancement de *Mars Odyssey 2001* a été un franc succès.
Cette sonde américaine a été propulsée le samedi 7 avril 2001 pour rejoindre Mars et y tourner en orbite jusqu'en juillet 2004. *Mars Odyssey* a l'épineuse mission de sonder la surface de la planète pour y détecter toute forme d'eau, passée ou présente. Pour cela, elle a été équipée de deux instruments appelés GRS, d'un spectromètre de rayons gamma, et de Themis, un système d'imagerie des émissions thermiques.

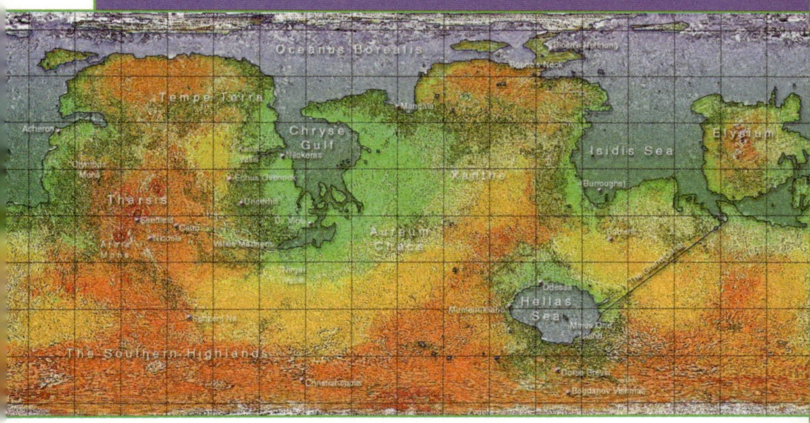

Mars à réchauffer !

Si nous, Terriens, voulons un jour habiter sur Mars, il faudra que la planète rouge se réchauffe. Cette condition sine qua non n'effraie pas E. Imre Friedmann, microbiologiste à l'Institut d'astrologie de la Nasa. Sa solution est un microbe de la Terre, appelé *Chroococcidiopsis*. Il a la particularité de survivre à l'extrême chaleur comme au froid glacial. Il affectionne les roches poreuses. En un mot, il semble idéal pour débarquer sur Mars.
La théorie voudrait que son activité biologique engendrerait, lentement mais sûrement, un effet de serre qui lui-même provoquerait, à long terme, le réchauffement de la planète. Mais il n'est pas certain que les chroococcidiopsis résistent aux températures glaciales de Mars.
E. Imre Friedmann a plus d'une corde à son arc et propose alors de fabriquer des descendants de ce microbe encore plus résistants au moyen de manipulations génétiques ! À suivre.

Io à tout prix !

En octobre 2001, dans l'espace, des caméras d'observation s'éteindront au grand dam des chercheurs en planétologie. Io, l'une des lunes de Jupiter, gardera à jamais ses secrets ! Mais les planétologues n'ont pas dit leur dernier mot en lançant une pétition sur Internet, www.fullspeed.to/io.
Le but est de convaincre la Nasa de poursuivre leurs investissements sur Io. Le survol de cette dernière, prévue pour janvier 2002, coûterait 1,5 million de dollars...

Ozone

Une équipe de chercheurs canadiens, américains, japonais, français, belges et suédois planche sur la reconstitution de la couche d'ozone de l'atmosphère terrestre en hautes latitudes. Les Canadiens ont mis au point un instrument capable de mesurer et analyser le processus d'appauvrissement de l'ozone, appelé *MAESTRO*, Mesure de l'Extinction des Aérosols par Occultation dans la Stratosphère et dans la Troposphère. *MAESTRO* leur permettrait de trouver des solutions pour doper la couche.
Cet instrument sera donc envoyé sur le satellite SCISAT-1 en juin 2002.

Scorpion « en orbite » !

Rien de tel qu'un bon scorpion pour observer les terrains des planètes environnantes comme Mars. Pas un sol cahoteux ne peut le stopper. En fait, il n'est pas comme les autres. Il a la forme d'un scorpion mais il ne vit pas. C'est un scorpion-robot. Cette bébête mécanique a été conçue par deux chercheurs de Northeastern University (Boston), Frank Kirchner et Alan Rudolph. C'est seulement en 2002 que ce scorpion-robot subira un test fatidique avant d'être envoyé dans l'espace. Il devra parcourir 40 km dans le désert de Mojave (sud-est de la Californie). Le projet est financé par le Département de recherche avancée de l'Armée américaine (DARPA).

L'ISS sera-t-elle le prochain Titanic ?

James Cameron, le réalisateur de *Titanic*, rêve de faire tourner, dans deux ans, sa caméra sur la Station Spatiale Internationale. Il a déjà obtenu l'accord de principe de l'Agence spatiale russe, celle-là même qui a accepté le voyage spatial touristique de Dennis Tito. Pour tout dire, James Cameron a passé avec succès les tests médicaux. Concernant son travail, il souhaite réaliser 3 films : 1 long-métrage pour le grand écran, 1 film pour les salles I-Max 3D et 1 documentaire de 4 heures pour le petit écran. Un projet palpitant mais il lui reste encore à convaincre la Nasa. À suivre...

Retrouvez-les...

La ferme

www.afprotein.com
www.bresagen.com.au/
www.inra.fr
www.ohsu.edu
www.ppl-therapeutics.com
www.princeton.edu/pr/pictures/other/smartmouse/index.html
www.roslin.ac.uk
www.savingsandclone.com
www.umassmed.edu
www.uni-kiel.de
www.vet.upenn.edu/ResearchCenters/CIAS/
www.virginia.edu
http://earthtrust.org/
http://ipmworld.umn.edu/chapters/bartlett.htm
http://nexiabiotech.com
www-e.openu.ac.il

Médecine

www.abiomed.com
www.bcm.tmc.edu/pa/fatburner.htm
www.bgsu.edu/departments/chem/MUCT/
www.charite.de/rv/mkg/srl/
www.cornell.edu
www.fmed.ulaval.ca/CRI/
www.givenimaging.com
www.healthsouth.com
www.ic.ac.uk.templates/front_index_3.asp?P=178
www.insel.ch
www.intrason.com
www.jnj.com
www.matsushita.co.jp
www.muohio.edu
www.news.wisc.edu/view.html ?get=5837
www.nhgri.nih.gov/NEWS/Stem_Cells/
www.organon.fr
www.polystim.polymtl.ca
www.sandia.gov
www.sandisk.com
www.siu.edu
www.straumann.com
www.takanishi.mech.waseda.ac.jp
www.xitact.com
http://pegasus.me.jhu.edu/~allisono/
http://web.ccr.jussieu.fr/meg-center/public/manip.html
www2.physics.ox.ac.uk/ebit/joshsilver1.asp

Armes

www.apc-m.com
www.aresprotection.com
www.de.afrl.af.mil/factsheets/activedenial.html
www.foster-miller.com
www.jaycor.com/eme/sticky.htm
www.metalstorm-ltd.com
http://nuclear.rncan.gc.ca/mox/html/page_d_accueil_mox.html

Espace

www.aas.org
www.arctic-mars.org/team/2000/marinova.html
www.celestis.com
www.esa.int
www.fullspeed.to/io
www.gsfc.nasa.gov
www.hazamo.co.jp
www.msc.ec.gc.ca/cd/maestro/s
www.nasa.gov
www.spacefuture.com/tourism/sport.shtml
www.spacetompia.com
http://ais.gmd.de/BAR/Scorpion.htm
http://deepimpact.jpl.nasa.gov
http://mars.jpl.nasa.gov/odyssey/
http://planetary.org/solarsail/
http://science.nasa.gov/headlines/y2001/ast09feb_1.htm?list121235
http://spaceflight.nasa.gov/station/
http://web.mit.edu/mmm/www/summary.html

x-trême

x-trême
x-trême

ÇA GLISSE p. 182
ÇA ROULE p. 192

Il est loin le temps où la glisse sur la neige ne s'effectuait qu'avec une paire de skis. Aujourd'hui, c'est une pluie de matériels de glisse qui s'offre à nous. Tandis que la trottinette débarque sur la poudreuse, le snowboard s'exporte au Sahara et le ski se pratique sur les chariots dans les supermarchés...

Un masque peut cacher un hologramme

Le masque de ski *Scott-Mask* de la firme américaine Scott Sports n'est pas comme les autres. Certes, il protège des rayons du soleil et de la luminosité mais, curieusement, le regard de celui qui l'a chaussé, change. En fait, ce masque renferme un film holographique intégré dans l'écran. Ainsi, plus le soleil s'intensifie, plus l'hologramme est visible pour la personne qui le regarde et invisible pour le porteur du masque. Les regards sont trompeurs !

ÇA GLISSE

Le ski en pantoufles

Skier dans des chaussures aussi confortables qu'une bonne paire de chaussons des campagnes, c'est ce que vient de réaliser Rossignol ! Le constructeur français a allié deux structures diamétralement opposées. La première est rigide et la seconde souple. Les *Soft* sont des chaussures où les doigts de pied ne sont jamais « gelés ». Vive les Tropiques !

Neige ou eau ?

Le *Kitesurf*, c'est tout nouveau et tout beau. Quèsaco ? Vous, un surf et un « kite » (cerf-volant). Grâce au vent, voguez dans les airs ou sautez d'un pont, le « kite » s'utilise comme un parachute. Atterrissez sur l'eau ou la neige, peu importe, il s'agit toujours de « slide » !

Le supermarché : une nouvelle station de ski

Le ski ne se pratique pas seulement sur la neige ou sur l'herbe mais aussi sur les chariots de supermarchés. Si, si ! C'est nouveau et c'est l'équipe Xspeed qui en a eu l'idée. Ce freeride se destine aux impatients de la glisse sur neige lorsque celle-ci se fait désirer ! Ils chaussent les spatules et en avant les « slide » sur les chariots et les courses effrénées dans les allées ou les étals des supermarchés.

La raquette des neiges rajeunie

Allégées, relookées, les raquettes à neige reprennent du poil de la bête et tout particulièrement *Step-in* de TSL. Elles ont troqué leurs lourdes fixations en plastique contre deux pivots légers et ont subi un sévère lifting pour afficher une silhouette aérodynamique. Top « hype », les *Step-in* valent le détour !

Raquettes, le RETOUR !

Les raquettes de Salomon reviennent au goût du jour et on comprend ce retour quand on voit leur mutation physique. Elles sont sculpturales et acérées avec une pointe de satanisme. Mais ce n'est pas tout, les chaussures ont aussi subi une transformation. Elles se rapprochent des chaussures de ski de fond et il en va de même pour les fixations. Salomon a inséré deux rotules sur chacun des côtés des chaussures, permettant une adhérence au sol sans pareille. Ainsi, même sur une pente avec les raquettes en inclinaison, le pied reste à l'horizontal. Bravo !

Deux luges !

Elles sont époustouflantes par leur design entièrement nouveau. L'une s'appelle *Scootschuss* et l'autre *Fissa*. Ces deux luges ont été conçues par deux étudiants de l'École d'Architecture de Grenoble. Franck Precloux a imaginé la première et Stéphane Maeder la seconde. Elles représentent leur conception de la glisse où le corps est l'élément central. Équilibre, gestuelle et ergonomie ont été des notions au centre de leur travail. *Scootschuss* et *Fissa* sont deux luges où seuls les pieds permettent de freiner. On aimerait bien essayer !

Avalanche je t'aurai !

Derrière son look « hype », le sac à dos *Air Pack* de Millet renferme un airbag. Pour quoi faire ?
Pour résister aux avalanches. Dans ces circonstances extrêmes, deux coussins d'air, rouge flamboyant, se gonflent et te ramènent à la surface de la coulée de neige.

Quand les luges s'emboîtent !

Cela donne *Snake Glisse*. L'idée vient du Grenoblois Michel Raybaud, de Yaka Développement. Ces luges s'emboîtent les unes aux autres pour ne faire plus qu'un gigantesque serpent des neiges (*Snake Glisse* peut compter jusqu'à 20 luges). Il promet sensation et vertige, étant donné que « les freins, *Snake Glisse* connaît pas ».
Donc pour s'arrêter un seul moyen : un virage très, mais alors très serré !

DÉBUTANTS

Le Français Karim Daoudi a pensé aux débutants de la glisse en inventant *Slyde*. Physiquement, il s'agit d'une trottinette avec une planche plus large et sans roue. Vous l'aurez compris, ce nouvel engin des neiges comporte un guidon, qui permet de rester stable et ce même lorsque l'utilisateur doit actionner l'aileron situé sous la planche pour se diriger et tourner. *Slyde* a aussi été équipé d'un frein. Bref, il est idéal pour un premier contact avec la glisse !

SPLIT BM Troop P2 Troop P2 SPLIT

Burton soigne la déco

L'aspect technique n'est pas le seul point fort de la firme américaine Burton. L'esthétique a sa place ! La gamme *Troop*, les snowboards destinés aux rideuses confirmées, a un look qui « détonne ». Le matériau avec lequel ils ont été revêtus a la particularité de changer de couleur suivant l'angle pris. Bref, un bon p'tit style !

Un snowboard peut cacher des skis

C'est Burton (encore !) qui se lance à bâtons perdus dans le snowboard transformable en ski. La planche se sépare en deux pour se métamorphoser en mini-skis de rando'.
Un nom : *SPLIT* !

Poudreuse et saut

Les skis de la gamme *Octane* de Scott Sports sont pour tous ceux et toutes celles qui aiment les acrobaties « en spatule » et le hors-piste. Les *Octane BM* (*Big Moutain*) sont des skis larges tout du long et également à l'emplacement du pied. Ils sont parfaits pour les descentes sans fin où virages larges et rapides sont nécessaires dans la poudreuse ! Les *Octane BM* sont dédiés à l'aventure. Quant aux *Octane P2*, ils passent partout et se manient facilement : de véritables skis polyvalents !

Du freestyle dans les espaces vierges

Pocket Rocket de Salomon sont des skis larges et au poids plume. Résultat : ils décollent facilement, restent très maniables dans les airs et, pour ne rien gâcher, ils garantissent une réception stable quelle que soit la qualité de la neige. Vous l'aurez compris, *Pocket Rocket* sont taillés pour le freestyle dans les no man's land enneigés.

Dynastar fait durer le suspens

Dynastar attise la curiosité en ne dévoilant que par bribes son nouveau concept de ski conçu avec la collaboration de Guerlain. Exposé une grosse minute lors du SIG Grenoble 2001, le pro-model *Guerlain Chicherit* a surpris. Le ski a au bout de sa spatule une curieuse encoche dont l'utilité intrigue. Peut-être s'agit-il seulement d'un effet esthétique, qui sait ? D'un point de vue design, Guerlain a posé sa griffe en dessinant sur le ski une semelle bleue. Elle est d'ailleurs annoncée par son constructeur comme incassable. Elle serait renforcée au niveau du patin ! Mais pour plus d'infos il va falloir être patient car on n'en sait pas plus !

4807

Une spatule entre eau et neige

4807 de Dynastar est la planche qui révolutionne le monde de la glisse. *4807*, commercialisée sous la marque Original Sin, est un hybride entre la planche de surf aquatique et le snowboard. À l'avant elle est pointue pour mieux fendre la poudreuse, à l'arrière elle est en queue-de-pie pour assurer une bonne accroche. À l'origine du bel objet, deux hommes : l'un est une légende du surf aquatique, Nathan Fletcher, l'autre un spécialiste du snowboard, Laurent Besse. Pourquoi *4807* ? Tout ce que l'on peut dire c'est qu'il s'agit de la hauteur du Mont-Blanc...

Piste et « poudre »

En lançant la ligne *Intuitiv*, Dynastar a voulu créer des skis qui fassent corps avec le rider. Les *Intuitiv 74* font partie de cette gamme mais en plus, ils sont aussi bien pour attaquer les pistes balisées que pour évoluer dans la « poudre » grâce à leurs étraves singulières. En un mot, les *Intuitiv 74* sont de bons skis à tout faire avec un minimum d'effort.

Poudreuse domptée

Skier dans la poudreuse n'est plus difficile avec les skis « sauteurs » du Français Jean-Yves Pasquet. Baptisés *ADS*, ces skis de randonnée sont exceptionnels. Ils sont un peu plus petits que les tradi' et, surtout, ils sont équipés d'une double semelle. Résultat, ils sont adaptés à l'alpinisme.
En montée, leur taille permet de monter plus vite et les conversions se réalisent en douceur. En descente, la poudreuse se laisse sillonner. Avec les skis de Jean-Yves Pasquet, on n'est plus obligé de tourner pour freiner. On peut attaquer directement la pente tout droit ! En basculant son poids sur les talons, le skieur crée une dépression, et la vitesse est contrôlée et ralentie. Enfin, grâce (encore) à la double semelle, ces skis permettent de bondir d'un appui sur l'autre et d'enchaîner les virages dans la poudreuse. C'est révolutionnaire.

Le planté de bâton

Urge Snowproducts est un nom à retenir pour les freeriders du ski. C'est une paire de bâtons de ski spécialement conçue pour le freeride.
La sangle n'a pas été fixée en haut mais en bas de la poignée. L'intérêt ? Elle offre un meilleur dégagement de la main lors des chutes ou lorsque le bâton reste bloqué dans la neige. Résultat, le danger de se casser le poignet est moindre. Ce n'est pas tout ! Ce changement permet aussi une prise basse du bâton, position adéquate quand l'inclinaison de la pente est importante.
Son concepteur ? La société du même nom Urge Snowproducts.

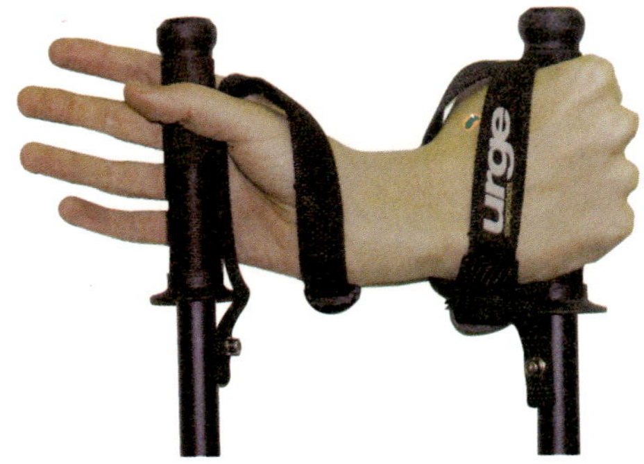

Fixation

Les riders aux grands pieds vont être contents ! Avec la nouvelle fix' de Völkl, *V-Flex 2001*, ils ne frotteront plus. Autre aspect tout aussi « hype » lors de la prise de carre, il est possible d'exercer une très forte pression sur la planche. On le doit à ses 16 mm de hauteur. Pour la bonne nouvelle, *V-Flex 2001* se fixe sur tout type de snowboard grâce à ses attaches avant ajustables.

Trottinette : version sports d'hiver

Ça y est, c'est fait, la trottinette des neiges a vu le jour. Elle s'appelle *Trotiski*. Les roues ont été remplacées par deux mini-spatules. L'adhérence est bonne mais surtout, avec *Trotiski*, on ne fait pas seulement des « slide » sur la neige, on saute et on réalise des figures. Bref, on s'en donne à cœur joie dans le « freestyle » !

Le Snow Funboard

La planche à voile se pratique aussi sur la neige ! « Jiber » sur la glace et la poudreuse, c'est possible avec *Snow Funboard*, sorti tout droit de l'ingéniosité du Français Frédéric Vermillard. C'est la parfaite réplique de la planche à voile si ce n'est que la planche est montée sur deux skis AK Rocket Salomon larges et longs de 2 m. Belles gamelles enneigées en perspective !

Emballé

L'Allemande Barbara Helmrich, passionnée de snowboard, a eu l'ingénieuse idée de concevoir une sorte d'étui géant pour protéger la semelle, soit une *Housse de protection pour patin de planche*. Plié, il ressemble à un sac à dos, déplié, il épouse parfaitement la forme du snowboard !

La trottinette du nord

Pas de raisons que nos amis montagnards n'aient pas leur trottinette en période de neige ! Maintenant, il y a *Kickspark*, conçu par le Finlandais Hannu Vierikko. D'aspect sobre, avec ses deux spatules reliées entre elles et tenues par un guidon, *Kickspark* se situe entre la trottinette et le ski de fond en plus fun. Il passe partout, il est « toute-neige » : poudreuse, neige dure ou glacée.

Des chaussures riches

Oui, les chaussures *X-Adventure Raid* de Salomon sont riches en possibilités. Avec elles et uniquement elles, raquettes, skis, crampons, patins, etc. sont possibles sans changer de « shoes ». Elles s'adaptent à tous les sports de neige !

Escalader l'ocre

L'escalade n'est plus un sport réservé aux milieux de la glace et de la pierre. Aujourd'hui, on escalade les carrières d'ocre exploitées. Et c'est Lionel Daudet qui en a eu l'idée.

L'ocre est un matériau très tendre et particulièrement sableux. Il rend donc ce sport encore plus difficile. Les monopointes des crampons n'offrent pas vraiment de prises sûres et les piolets ne s'ancrent pas du premier coup.

Sensations fortes assurées !

Le snowboard au Sahara

Le snowboard ne glisse pas seulement sur la neige, il surfe aussi sur le sable. Faire des « slide » sur les dunes ne nécessite aucun nouveau matériel. Le snowboard suffit. Il est juste préférable d'en choisir un étroit et long. Lunettes, genouillères, coudières et gants sont recommandés autant qu'il est possible de les supporter en « plein cagnard ». La seule difficulté est de monter au sommet des dunes et principalement celles du Sahara car le sable est si fin qu'un pas en avant équivaut à deux en arrière. L'idéal est d'utiliser des dromadaires en guise de remonte-pente. Au début de la descente, il vaut mieux se mettre en arrière sur la « planche » et attaquer tout droit la pente pour prendre de la vitesse. Ensuite, on peut enchaîner les virages sans aucun problème, comme sur la neige !

Sans roue et sur la neige

Après le skateboard, voilà le *Snowskate*. Cette planche des neiges est aussi petite que celle de la ville et on y monte aussi directement sans y être attaché !
Seule l'absence de roue la distingue du skateboard. *Snowskate* est idéale pour réaliser des « slide » !

Vélo, skate, rollers, trottinette... tous se renouvellent! Le vélo et le skateboard deviennent électriques. Les rollers ont leurs roues qui se rétractent. La trottinette opte pour une selle... Le troisième millénaire ouvre la voie aux mutations de nos sports de loisirs!

ÇA ROULE

DES ROLLERS ?

Non, des chaussures aux roues rétractables! C'est un nouveau compromis entre la marche et le « ride ». Avec *Sky Shoes*, plus besoin de changer de chaussures! De la position roller, ces chaussures peuvent se transformer quasi instantanément en tennis de marche. Les roues se « glissent » dans les semelles compensées! Dans le même genre, les chaussures/rollers *Escam* permettent de « rider » ou de marcher. En moins de temps qu'il n'en faut pour le dire, les *Escam* se transforment en chaussures ou en rollers. Pour faire sortir les roues, il suffit d'actionner une molette située à l'arrière de la tennis. Ingénieux, non ?

CIAO

Comment se déplacer sans effort et sans polluer? En utilisant *Enjoy Fuel-Cell* d'Aprilia. Ce constructeur italien de motos a appliqué la technologie de l'électrique aux deux-roues. Non, pas aux motos mais aux bicyclettes! Pourquoi? Parce qu'elles restent très prisées par les Italiens. *Enjoy Fuel-Cell* est encore un prototype mais a déjà été assimilé légalement à un cyclomoteur. Cette bicyclette électrique est donc équipée d'une pile à combustible alimentée par un petit réservoir d'hydrogène. 75 km est sa limite d'autonomie et 25 km/h est sa vitesse maxi sur du plat.

Quatre sports, quatre styles

C'est australien, c'est tout nouveau et ce sport s'appelle *Dirtsurf*. Il s'agit d'une planche montée sur deux grosses roues de VTT et le sport se pratique en montagne sur des pentes moyennes. Il allie les pratiques du snowboard, du ski, du freeride VTT (photo ci-contre) et du skate. Bref, *Dirtsurf* est un multi sport !

Un drôle de skate

Cet engin aux quatre roues excentrées est un skateboard tout-terrain. Khéo en a fait différents modèles pour répondre au mieux au style recherché, aux besoins techniques et… à la bourse ! Il y en a pour tous les goûts, du freeride au freestyle sans compter les quatre skateboards 4x4 qui se pratiquent avec une aile de « kite » (cerf-volant) assurant des sensations encore plus fortes !

Il flotte ou il vole ?

Les deux, mon cher Watson ! Pas la peine de mener une enquête policière pour comprendre que l'*Hovery* d'AeroDC peut flotter ou voler grâce à son unique moteur et à son coussin gonflable. Il est l'hovercraft le moins encombrant du monde : il pèse seulement 43 kg à vide, se glisse facilement dans le coffre d'une voiture, et s'assemble en un rien de temps. Tellement peu encombrant que l'*Hovery* ne peut accueillir qu'une seule personne pour des voyages tout-terrain. Toutefois il faut compter 3 150 $ US (environ 3 400 euros) et passer commande en Argentine pour des chevauchées solitaires. Mais l'*Hovery* n'est pas seul dans son genre… (voir article ci-dessous).

Il ne roule pas, il ne glisse pas

Kevin Inkster, un Australien de 49 ans, aura donné raison à la science-fiction des années 50 avec l'*Airboard*. Vous avez peut-être déjà vu passer cet objet volant et c'est normal puisqu'il a envahi le marché depuis l'été 2001. *Airboard* fonctionne sur coussins d'air et il passe ainsi au-dessus de tout : route, eau, neige, herbe, cailloux. Dans son style, *Airboard* est tout-terrain. Côté vitesse, il monte jusqu'à 25 km/h et c'est plutôt pas mal vu la position requise pour le dompter. Le seul hic d'*Airboard* : il est conçu pour une seule personne.
C'est donc raté, il est impossible d'emmener sa dulcinée pour des balades à sensations prometteuses, de jour comme de nuit !

Aux fans du kart !

Le kart c'est top, mais le minois noirci par les gaz d'échappement c'est moins fun. DaimlerChrysler a la solution avec le karting à pile, *Go-Kart*. Ce dernier est propulsé grâce au mélange détonant méthanol-eau-air. Un plus très « trendy » !

Un rameur à deux roues

Marc Figuccia est peut-être à l'origine d'un nouveau sport. Il a transformé le rameur d'appartement en vélo ! Pourquoi le rameur ? Parce qu'il s'avère être une activité physique complète. Pourquoi en vélo ? Parce qu'il n'y a rien de plus ennuyeux que de pratiquer un sport entre quatre murs, tout seul ! Marc Figuccia a baptisé son invention *Rowing Bike* et il lui aura fallu deux brevets pour cette unique pièce ! Tout vient du fonctionnement. Un premier brevet a été déposé pour la mise au point du mouvement du rameur qui agit sur la chaîne entraînant la roue arrière. Un second brevet a été nécessaire pour la conception du guidon. Ce dernier sert d'appui et dirige le *Rowing Bike*.

INCASSABLE

Randonnée pédestre, à skis, en snowboard, en skateboard ou en skiboard, vous ne risquez pas de vous égarer avec la boussole *Olympe Compass* de Lexon. Elle est antichocs ! Elle peut tomber par terre, à l'eau ou dans la neige, elle sera toujours opérationnelle... à condition de ne pas la perdre !

Du roller street au roller fitness

Le roller n'est plus seulement un sport urbain. Avec les rollers tout-terrain, « ride », « slide », saut sur tout type de surface non enneigée sont désormais possibles, sans « squeezer » les roues. L'astuce ? Elles se gonflent à volonté. Un nouveau style de roller est né, le roller fitness ! À noter, la chaussure droite renferme un frein.

STOP !

Il faut être un excellent rider pour utiliser des roller-blades sans frein et encore... Mais qui ne s'est pas retrouvé les quatre fers en l'air en essayant de freiner en douceur ? Le freinage est toujours trop agressif ! Heureusement Jean-Jacques Van Hartesveldt a pensé à nous en créant *BBS*, *Balanced Break System*. Ce prototype est une pure merveille ! Il permet de contrôler et moduler réellement l'arrêt, même en ligne droite ! *BBS* est léger, s'adapte à tous les modèles de roller-blades. Très utile en ville pour des arrêts d'urgence !

Le skiboard

Quand on « colle » des roues sous des skis, cela donne le *skiboard*. Ingénieux certes, mais pas tant que ça.
Car pour enchaîner les virages, c'est plutôt « hard » voire quasi impossible. Les Français Mathieu Imbert, Laurent Lamy et Benjamin Benoit ont donc conçu des « trucks » (nom donné aux fixations propres au skateboard) spécialement adaptés au *skiboard*.
Le système est tel qu'on peut réaliser une succession de virages et descendre à vitesse grand V n'importe quel col… On freine avec les bâtons !

UNE ROUE CHRONO

Une roue de roller-blades dotée d'un microprocesseur et une montre en guise de récepteur : c'est le *In-line Skate Speedometer*. Ce curieux chronomètre a été spécialement conçu pour les acharnés des rollers. Il calcule la vitesse réalisée et la distance patinée grâce à la puce qui s'actionne dès les premiers mouvements. Les scores s'affichent sur le récepteur porté au poignet. Y a plus qu'à !

LA TROTTINETTE AU BANC DE TOUCHE

La trottinette c'est fini. Avec l'arrivée du skateboard motorisé *X24*, la trottinette prend un sacré coup de vieux.
Le skateboard d'eXkate équipé de moteurs électriques est une véritable « bombe » sur roulettes. Tu peux monter jusqu'à 30 km/h en moins de 4 minutes et tout contrôler à partir d'une manette comportant un accélérateur-gâchette sans fil. Sympa, non ? Moins sympa est son prix : 6 300 FF (960,43 euros).

TOUT-TERRAIN

Et ce n'est rien de le dire ! *TrailSkate* de la firme américaine GateSkate passe réellement partout. Pourquoi ? Parce qu'il a des pneus gonflables, un châssis flexible et des freins ! Physiquement, il s'agit d'un mélange de skate, de rollers et de mini-skis sur roues. L'avantage est qu'il est équipé d'une sorte de chaussure de ski qui accueille toutes sortes de chaussures et de toutes les tailles. Moralité : avec *TrailSkate*, on va n'importe où avec n'importe quelles shoes !

1-2-3

Le Français Henri Bigot est un homme malin et pratique. Il a mis au point un vélo qui s'adapte aux situations du cycliste urbain. Le *Vélo de Ville* offre 3 positions : celle du cycliste, celle du piéton (pour marcher à côté de son vélo) et celle du rangement ! C'est une invention brevetée depuis décembre 2000.

Avec une selle !

C'est une trottinette ! Regardez de plus près, elle se plie, et en plus elle n'a pas de pédale. Née de l'imagination du Lyonnais Charlie Bernard, la *Duette* est une trottinette à selle pour les plus paresseux. Quoique ! Pousser des pieds tout en étant assis ne doit pas être de tout repos !

Footbaggeur

C'est le nom donné au joueur de *Footbag*, un sport entre le foot et le jonglage, débarqué en Europe d'outre-Atlantique. Pour y jouer : une balle, un pied, un genou, une tête et une règle d'or : « tout est permis ». *Footbag* est avant tout un sport urbain et il se joue n'importe où. Deux pratiques : le freestyle, où tous les joueurs disposés en cercle réalisent des figures et se passent la balle ; le footbag-filet, où il n'est question que des pieds pour faire passer la balle au-dessus d'un filet haut de 1,60 m. *Footbag* est aussi un sport qui se pratique seul !

Une selle de luxe

Passionné de VTT, la selle de vélo du Français Gilles Réguillon va vous séduire ! Cette selle renferme un système appelé *G-CONTROL*. Il s'agit d'une tige de selle à géométrie variable qui permet d'optimiser la position du centre de gravité en fonction du profil du terrain. Le cycliste est dans une position plus confortable et plus stable sur son VTT, quelle que soit la situation.
La selle se commande à partir d'une manette située sur le guidon. Elle règle la selle en avant pour les montées et en arrière pour les descentes. Seul petit hic, elle coûte entre 1 200 FF et 2 000 FF (entre 182 et 305 euros).

N'importe où ?

Rollerblade sort les *Coyote* ! Attention, aucun terrain ne les arrête, qu'il soit chaotique ou lisse !
Les *Coyote* ne sont pas des roller-blades ordinaires. Leurs roues ont été remplacées par... des pneus de 15 cm de diamètre !

Un 4x4 de skate

Loko Freeboard est le plus casse-cou des skates. Pente, sable, macadam, gravier, terrain accidenté, rien ne l'arrête ! Son secret ? Il se dirige à l'avant du pied et se conduit aussi bien debout, assis que couché. À essayer absolument, déjà dispo' pour 1 500 FF (230 euros environ).

À la patinette

Quand certains trottent avec leur trottinette, d'autres patinent ! Ne soyez pas étonné de voir votre facteur distribuer votre courrier à dos de patinette ! Cela signifiera tout simplement que le test a été validé par les facteurs et l'administration pour que la patinette devienne leur moyen de locomotion. Bien évidemment, dans ce cas-là, elle sera conforme au cahier des charges de la direction de La Poste, c'est-à-dire équipée de deux sacoches et d'un frein !

Électrique

Il est tout électrique ce skateboard ! Il s'appelle *E-Skate* et il a été entièrement élaboré par l'Allemand Peter Brenner. En pratique, il faut bien distinguer son pied droit de son pied gauche, car le premier appuie sur le frein et le second enclenche le moteur. Plus on « balance » son poids sur le pied gauche plus l'*E-Skate* prend de la vitesse. Tout se joue sur le balancement du corps !

Kangourou

Se déplacer comme un kangourou, c'est possible. Chaussées à chaque pied, ces deux pompes à essence propulsent sur une distance de 4 m avec une vitesse pouvant aller jusqu'à 40 km/h. Le fonctionnement est celui d'un moteur à explosion : l'explosion du mélange entraîne l'expulsion de l'individu et la compression s'effectue lors de la réception. Quant à l'idée, non elle ne vient pas d'Australie mais de Russie et tout particulièrement de l'Université des technologies de l'aviation de Ufa !

Des joggings assurés

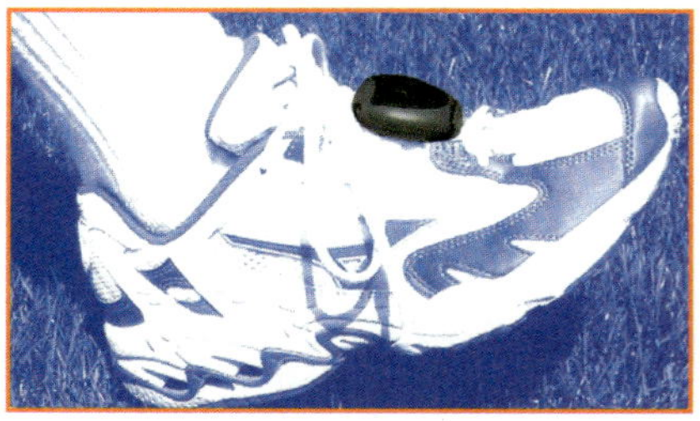

La montre *FS-1* de FitSense Technology est sculptée dans le dynamisme grâce à ces trois éléments assurant un jogging « santé ». Le bracelet mesure les pulsations cardiaques. Un capteur, une fois fixé sur la basket, relève les performances et le nombre de calories brûlées. Le tout est centralisé par la montre chronomètre grâce à une liaison radio. Et ce n'est pas tout, en connectant *FS-1* sur un PC, il est possible de suivre sa courbe de santé. Cette merveille sportive est disponible aux States entre 1 500 et 2 000 FF (182 à 305 euros).

LA CAROTTE !

Nintendo a pensé à la forme physique des joueurs de Game Boy en créant un podomètre bien particulier. Il renferme un Pikachu qui évolue en fonction du nombre de pas effectués par son détenteur. *Pokémon Pikachu Color* se porte à la ceinture, compte les pas, les transforme en watts (1 watt = 20 pas), et plus ces derniers sont nombreux, plus Pikachu est content. Et si Pikachu est content, alors plusieurs récompenses sont possibles. Il faut choisir entre embellir Pikachu, basculer les watts sur Pokémon Or et Argent ou sur la Game Boy Color pour obtenir de nouveaux objets sur ces consoles, ou encore accéder à de mini-jeux sur le podomètre. Un choix difficile mais *Pokémon Pikachu Color* reste avant tout un podomètre spécialement conçu pour stimuler l'activité physique des fans de Pikachu.

Pédale toujours !

Avec *Zem Bike*, ce vélo pour 4 personnes, chacun pédale à son rythme. Terminé la synchro parfaite et les mouvements à l'unisson ! Votre voisin peut toujours s'énerver sur son pédalier, il ne pourra jamais vous entraîner dans son rythme infernal. Les 4 pédaliers sont indépendants, tout comme chacun a son propre changement de vitesses. Contrairement à ce qu'on pourrait penser, *Zem Bike* n'encombrera pas votre habitation. Il se range à la verticale ! Seul gros hic, son prix : 48 000 FF, plus de 7 300 euros. Une invention suisse à se procurer sur le site de la société Zem : www.zem.ch !

Un skateboard pour paresseux

Sk8up est un skateboard d'aspect tout à fait classique sauf qu'il cache un moteur situé à l'avant. Tout se contrôle du pied à l'aide de deux boutons sur le skate. Accélère et monte jusqu'à 25 km/h, mets en roue libre ou freine avec une récupération d'énergie.

Avec *sk8up*, effort réduit mais agilité de l'orteil recommandée. Partisans du moindre effort, remerciez le Français David Cauchy.

Vélo ou trottinette ?

Kickbike (*KB*) ! Entre le vélo et la trottinette, *KB* est un « animal » à deux roues à chambres à air, montées sur un cadre ultra léger doté d'une planche pour patiner et d'un guidon pour se diriger.

Pas de selle, surtout pas, notre postérieur est suffisamment écrasé tout au long de la journée. *KB* roule aussi vite qu'un vélo, fatigue autant qu'une trottinette et il a des freins... !

Moustique « kapout » !

Ah ! Dormir à la belle étoile ! Regarder le ciel constellé, la Lune... et ces affreux moustiques qui gâchent tout ! Mais c'est sommeiller sans le sac de couchage *Mosquito Stop*. Il est l'ennemi juré des pompeurs de sang. Traité à l'extrait de chrysanthèmes, *Mosquito Stop* « dégage » les moustiques et ce sans odeur ni risque d'allergie. Au placard la citronnelle !

Viens, on va faire du Crosskate !

Retrouve les émotions du ski, du VTT et des roller-blades avec le *Crosskate*. Composé de deux petites spatules en armature métallique sur roulettes (euh, des pneus de 23 cm de diamètre), le roller tout-terrain (RTT) promet de nouvelles sensations fortes. Merci James Page et Mark Batho !

Pratique et écolo

Comment transporter sa planche de surf ou son bodyboard dans autre chose que dans une voiture ? Le Français Gilbert Caltabiano a trouvé une solution en créant une bicyclette originale, exclusivement réservée au transport d'un objet longiligne. Ce dernier est à placer au centre du vélo dans l'emplacement requis. En fait, le cadre a une forme en creux offrant un espace assez large pour le contenir sans que le pédalage soit perturbé. En aucun cas le guidon ne touchera l'objet transporté. Avec cette bicyclette, la maîtrise de conduite est totale bien que l'objet soit encombrant.

Retrouvez-les...

Ça glisse

www.my-dynastar.com
www.rossignolskico.com
www.salomonsports.fr
www.saunalahti.fi/~kickbike/eng/index.html
www.scottusa.com
www.slyde.tm.fr
www.tsl-snowshoes.com
www.urgesnow.com
www.volkl.com

Ça roule

www.airboard.com.au
www.aprilia.com
www.crosskate.com
www.daimlerchrysler.com
www.exkate.com
www.fitsense.com
www.footbag.org
www.gateskate.com
www.hovery.com
www.joueclub.fr
www.kheoboards.com
www.laposte.fr
www.lexon-design.com
www.loco.co.uk
www.microsport.de
www.nintendo.com
www.saunalahti.fi/~kickbike/eng/index.html
www.sk8up.com
www.zem.ch
http://wilsa-sport.com

Depuis son apparition, l'homme n'a cessé d'innover. Du silex au premier animal cloné, c'est une multitude d'inventions qui a jalonné le développement de l'homme et son génie.

HISTORIQUE

4 000 000 avant J.-C.
Premières armes

Peut-être l'arme a-t-elle été le premier instrument que l'homme ait fabriqué. Sans doute s'est-il d'abord servi d'une pierre pour abattre l'ennemi ou le gibier, un outil rudimentaire auquel ont succédé la massue et l'épieu. C'est la taille de la pierre (biface) qui marqua, il y a quelque 500 000 ans, le passage à l'objet « manufacturé », avec la fabrication de couteaux, de haches, de lances. L'arc et la flèche ont environ 30 000 ans. Le progrès décisif en matière d'armement sera accompli avec l'invention du métal (âge du bronze, vers 3500 ans avant J.-C.).

1 400 000 avant J.-C.
Le feu

L'invention est le moyen que l'homme a trouvé pour maîtriser son environnement. Ainsi, bien que le feu ne soit pas une invention puisqu'il existait naturellement, le fait d'être capable de le maîtriser et de le créer à volonté est sans doute l'événement le plus important de l'histoire de l'humanité. Source d'énergie thermique et lumineuse, le premier feu créé dont nous ayons trouvé la trace est apparu il y a 1,4 million d'années. C'est au Kenya, en Afrique, qu'ont été découverts les restes de ce premier « repas chaud », de ce premier foyer à l'origine de toute civilisation.

8000 avant J.-C.
L'habitat

C'est à l'époque néolithique, entre le IXe et le IVe millénaire avant J.-C., que l'homme cesse de mener une vie de nomade, abandonne la chasse pour l'élevage et commence à construire des maisons. Jusqu'alors, les hommes vivaient dans des huttes ou des grottes : la différence avec certains habitats animaux n'était pas flagrante. On a retrouvé des villages de cette époque au Proche-Orient, en Turquie et en Amérique du Sud. La terre argileuse est le matériau des premiers murs, bâtis en pisé ou en brique crue (dès le VIIe millénaire). Les premiers outils fabriqués, ont joué un rôle décisif dans le développement de l'architecture : les outils de fer (à partir du Xe siècle avant notre ère) et, un peu plus tard, les engins de démultiplication des forces. Le levier, probablement le premier instrument de levage qui ait jamais existé, date de la préhistoire. La construction des pyramides aurait été impensable sans le levier, dont le savant grec Archimède, au IIIe siècle avant notre ère, décrivit les principes mathématiques.

7000 avant J.-C.
La métallurgie

Dès le Xe millénaire avant notre ère, les hommes préhistoriques travaillèrent le métal. Ils trouvèrent des pépites d'or dans les rivières, ainsi que du cuivre natif, qu'ils martelèrent à l'aide de pierres. Ils découvrirent ensuite que ces pierres « fondaient » sous l'action de la chaleur. À partir du Ve millénaire, on savait, de la Chine au Caucase, fabriquer et marteler à chaud des parures et des outils.

4000 avant J.-C.
L'agriculture

L'histoire de l'invention des machines agricoles commence avec l'ère industrielle. Toutefois, les inventeurs des XVIIIe et XIXe siècles sont les héritiers d'une tradition plusieurs fois millénaire. Ainsi, l'existence de l'araire, au soc symétrique, labourant superficiellement, est attestée aux IVe millénaire (en Mésopotamie), IIIe millénaire (en Égypte) et, en Europe (gravures rupestres de la vallée des Merveilles, dans les Alpes), vers 3500 avant J.-C. Quant à la charrue (soc dissymétrique permettant le labour en profondeur),

La charrue date du Ier siècle après J.-C.

Navire marchand du XVIIe siècle.

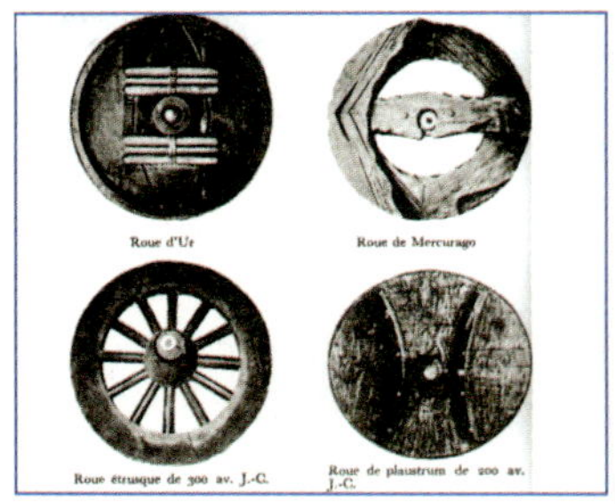

La roue aurait été inventée par un Sumérien en 3500 avant J.-C.

Les premières bicyclettes à Shanghai en 1900.

Devant Osiris, une jeune morte dépose des offrandes. Illustration extraite du *Livre des Morts*.

Savonnerie à Marseille.

Un facteur, dans les environs d'Orléans à Saint-Cyr-en-Val.

elle date du Ier siècle de notre ère. La herse apparaît à l'époque carolingienne (vers 800) et la moissonneuse date du début de l'ère chrétienne.

La voile

Dès le début de son histoire, l'homme a dû trouver un moyen pour traverser les cours d'eau ou les lacs qu'il rencontrait sur son chemin. D'abord simple tronc d'arbre sur lequel se juchaient trois ou quatre « navigateurs », puis tronc d'arbre évidé, la pirogue est probablement la forme de bateau la plus ancienne que l'on connaisse.
Dès le XIe siècle avant J.-C., les bateaux ronds des Phéniciens mus par une seule voile carrée avaient caboté tout autour de la Méditerranée.
À partir du IIIe siècle de notre ère, les navires nordiques avec leur unique voile carrée ont permis de remonter un peu au vent au lieu de seulement le suivre.
Au VIe siècle, Méditerranéens et Arabes utilisaient des voiles dites « latines », triangulaires ou trapézoïdales et enverguées sur de longues antennes. Avec ces voiles orientables, les navires pouvaient mieux remonter contre le vent.

3500 avant J.-C.
La roue

Qui a inventé la roue ? Probablement un Sumérien vivant vers 3500 avant J.-C., et sans doute était-ce un potier. Car la première roue fut d'abord un outil d'artisan avant de devenir un instrument de locomotion. La première représentation d'un traîneau équipé de roues figure sur un pictogramme sumérien retrouvé à Erech (ou Ourouk, aujourd'hui Warka, en Irak) et date de la même époque (environ 3200 avant J.-C.). La roue à rayons fut inventée également au Proche-Orient quelque 1 500 ans plus tard pour équiper les chars de combat.

3000 avant J.-C.
Les hiéroglyphes

L'apparition de l'écriture hiéroglyphique, l'écriture égyptienne la plus ancienne et la plus caractéristique, a coïncidé avec l'unification de l'Égypte vers 3000 avant J.-C. Les hiéroglyphes sont des signes gravés et sacrés qui renferment la parole des dieux. Son usage s'est maintenu jusqu'au IIIe siècle de notre ère.

Les idéogrammes

Les idéogrammes chinois ont été inventés, selon la tradition, par les empereurs du IIIe millénaire avant J.-C. Les plus anciens documents écrits ont été découverts dans le Henan. Ils datent des XIVe et XIIe siècles avant J.-C. Coréens, Japonais et Annamites adoptèrent par la suite l'écriture chinoise, avec des variantes. Seul de tous les anciens systèmes d'écriture à être toujours en usage, il fait le lien écrit entre les Chinois, leur permettant de se comprendre en dépit des différences de prononciation et de dialectes.

2500 avant J.-C.
Le savon

Depuis fort longtemps les hommes avaient remarqué les propriétés nettoyantes de composés d'huiles ou de graisses, associés à des cendres végétales. Un savon mou, probablement de qualité fort médiocre, existait en Mésopotamie 2 500 ans avant notre ère. Il arriva à Rome et en Gaule au IVe siècle (*sapo* est un mot d'origine gauloise). À partir du XIIIe siècle, on sait faire du savon solide en utilisant comme matières premières grasses le suif ou l'huile et, en guise d'alcali, des cendres de plantes, ou mieux, des cendres de varech renfermant du carbonate de soude. Jusqu'à la fin du XVIIIe siècle, les techniques de fabrication n'évoluent guère, et le savon demeure un produit rare et cher. L'invention d'un nouveau procédé de fabrication de la soude va donner naissance au *savon de Marseille*, en 1791.

600 avant J.-C.
La poste

Cyrus le Grand (556-530 avant J.-C.), roi de Perse, est l'inventeur présumé de la poste. Cyrus ayant conquis un immense empire, les messagers porteurs de missives et d'informations ne suffirent plus. C'est pourquoi ce roi organisa un service postal composé de relais, situés à des intervalles réguliers et chargés de soigner les chevaux après une course journalière raisonnable : c'est cette halte que l'on appela poste.
Les Romains copièrent cette organisation et créèrent, sous le règne d'Auguste (27 avant J.-C. - 14 après J.-C.), le *Cursus publicus*. Les voies militaires étaient jalonnées de *mutationes*, relais fournissant des chevaux frais, et de *mansiones*, auberges réservées aux voyageurs officiels. Au Moyen Âge, l'Europe se couvrit de monastères et d'abbayes. Pour communiquer, on utilisait un rouleau de parchemin, appelé *rotula*, sur lequel la première abbaye écrivait son message. Au cours du voyage, les abbayes visitées le complétaient ; aussi pouvait-il atteindre de très grandes longueurs : la *Rotula de saint Vital*, annonçant la mort de son abbé, mesure 9,5 m de long.

VIIe siècle
La poudre à canon

C'est en Chine, dans les premières années de la dynastie des Tang, que l'alchimiste et pharmacologue Sun Simao décrivit une méthode

de fabrication de la poudre, composée d'un mélange de salpêtre, de soufre et de charbon de bois. Utilisée à partir du xe siècle pour la guerre, la poudre allait connaître de nombreuses améliorations, parallèlement à l'évolution des armes à feu.
Ce sont les guerres contre les pays arabes, au xiiie siècle, qui firent découvrir à l'Occident la poudre à canon, dont l'utilisation se propagea ensuite vers les pays méditerranéens. Après de nombreuses améliorations auxquelles un certain Bertold Schwarz aurait participé (la tradition lui attribue souvent l'invention de la poudre, bien que le savant anglais Roger Bacon l'ait déjà mentionnée en 1247), la poudre a été adoptée par l'artillerie en Europe au xve siècle.

1000
La boussole

Les Chinois, au iiie siècle avant J.-C., se servaient déjà de l'aiguille aimantée pour des raisons religieuses ; elle servait à déterminer le sud. Les marins chinois l'adaptent, vers l'an 1000, à la navigation, afin de pouvoir, sans repère fixe, conserver le cap et de ne pas être le jouet du vent. On commence à la connaître en Europe entre le xe et le xie siècle. Les Arabes la perfectionnent en la montant sur un axe, la rendant ainsi moins sensible aux oscillations et plus aisément transportable.
La rose des vents, solidaire de l'aiguille, fut ajoutée au xiiie siècle.

1280
Les lunettes

Très tôt, on chercha divers moyens de remédier aux troubles de la vue. Il fallut attendre le xie siècle pour que soit inventée la *loupe*. C'est seulement à la fin du xiiie siècle que le physicien florentin Salvino Degli Armati (1245-1317) mit au point deux verres qui, à un certain degré d'épaisseur et de courbure, grossissaient les objets.
C'est donc à lui qu'on peut attribuer l'invention des lunettes, vers 1280. Les verres concaves, pour myopes, apparurent à la fin du xve siècle. Les branches ne furent inventées qu'en 1746.

1450
L'imprimerie

On imprimait déjà beaucoup en Chine sous la dynastie des Tang (618-907) : livres de magie, manuels scolaires, etc. La découverte dans les grottes du Dunhuang d'un exemplaire du *Soutra du diamant* imprimé en 868 nous livre le nom de Wang Jié, le premier imprimeur qui nous soit connu.
En 1041, le Chinois Bi Sheng élabora les caractères mobiles en argile durcie par la cuisson. La fonte des caractères métalliques se développa essentiellement en Corée, sous la dynastie Yi, à partir de 1392.
Les invasions mongoles et les bonnes relations qu'entretinrent le roi Louis IX et la papauté avec les khans facilitèrent l'introduction de l'imprimerie en Occident.
Vers 1447, l'imprimeur allemand Johannes Gensfleisch, dit Gutenberg, mit au point la technique des caractères mobiles. Il perfectionna la matière nécessaire à la qualité et à la conservation des caractères en créant un alliage de plomb, d'antimoine et d'étain. Durant trois siècles, la presse de Gutenberg resta en usage.

1609
La lunette astronomique

Le savant italien Galilée utilisa pour la première fois, en 1609, une lunette grossissante pour observer le ciel. C'était un modèle amélioré d'une lunette d'approche de conception hollandaise. En peu de temps, Galilée fit une moisson extraordinaire de découvertes :
– les taches du Soleil ;
– les quatre gros satellites de Jupiter (Io, Europe, Ganymède et Callisto) qu'on appelle maintenant « satellites galiléens » ;
– les phases de Vénus ;
– les anneaux de Saturne que Galilée ne sut interpréter ;
– les myriades d'étoiles dont est composée la Voie lactée ;
– les montagnes et les cratères de la Lune.

1624
Le sous-marin

En 1624, le précepteur des enfants du roi d'Angleterre créa la surprise : il plongea dans la Tamise à bord d'un sous-marin de son invention, propulsé par un équipage de 12 rameurs. Deux siècles plus tard, en 1797, un inventeur américain, Robert Fulton, construisit le *Nautilus*, un sous-marin à hélices qui pouvait aller poser des charges explosives sous la coque des navires ennemis. Il tenta de convaincre Napoléon de l'intérêt de construire une flotte de sous-marins – sans succès. Les premiers prototypes furent expérimentés pendant la guerre de Sécession américaine, mais il y eut plus de morts dans leurs équipages que dans les navires ennemis. C'est à la fin du xixe siècle que furent lancés les premiers submersibles opérationnels.
En plongée, ils fonctionnaient avec un générateur électrique, et en surface avec un moteur à vapeur.

xviie siècle
La machine à calculer

L'Allemand Wilhelm Schickard, professeur à l'université de Heidelberg, conçut en 1624 la première machine arithmétique réalisant les quatre opérations.

Char magnétique, précurseur de la boussole. iiie siècle avant J.-C.

Johannes Gensfleisch dit Gutenberg (1397-1468) est l'imprimeur allemand reconnu comme l'inventeur de l'imprimerie à caractères mobiles.

Lunette astronomique.

Le *Triomphant*, un sous-marin nucléaire français des années 1990.

Machine à calculer de Blaise Pascal, mécanisme appelé *Pascaline*.

Louis Pasteur.

Une des premières photographies en couleurs.

Il la nomma *horloge à calculer*.
En 1642, Blaise Pascal (1623-1662) construisit la première machine à calculer numérique, la *pascaline*, ancêtre de notre actuelle calculette. Elle fonctionnait de la même manière que le compteur kilométrique d'une automobile. Gottfried Wilhelm Leibniz (1646-1716), le philosophe et mathématicien allemand, perfectionna la *pascaline* en 1671. Sa machine multipliait, divisait et extrayait les racines carrées.

1712
La machine à vapeur

À l'époque, un problème se posait dans les mines : celui de l'eau, qui envahissait les galeries et qu'il fallait évacuer rapidement. En 1698, l'Anglais Thomas Savery avait déposé un brevet pour une pompe à vapeur capable d'extraire l'eau à grande profondeur. Mais sa machine sans piston et sans soupape s'avéra dangereuse et elle fut abandonnée. Cependant, le brevet protégeait toute utilisation de « la force mouvante du feu pour tous les types de machines » et, vers 1705, pour contourner cette difficulté, Thomas Newcomen, qui avait trouvé un moyen pour perfectionner la machine de Savery, dut s'associer à lui. Il devint ainsi le constructeur, en 1712, de la première véritable machine à vapeur, fabriquée et vendue en nombre, ancêtre de celle que l'Écossais James Watt mit au point à la fin du XVIIIe siècle.

1795
Le système métrique

Le développement scientifique et technique a imposé la mise en pratique d'un système unique cohérent dont les Français furent les inventeurs. Le principe des unités obligatoires pour les poids et les mesures fut fixé par le décret du 18 germinal de l'an III de la République, soit le 7 avril 1795. Ce décret instaurait le système métrique, fixait la nomenclature des unités et, pour la première fois, définissait légalement le mètre (une fraction de la distance du pôle à l'équateur, mesurée sur l'axe Dunkerque-Barcelone). Cette mesure fut effectuée par J.-B. Delambre et Pierre Méchain. Le 22 juin 1799, les premiers prototypes du mètre et du kilogramme furent déposés aux Archives nationales, à Paris. L'usage du système métrique se répandit très lentement. On considère la chose comme acquise en France le 1er janvier 1840. Le système international d'unités, définissant les 7 unités de bases dont découlent les autres (longueur, masse, temps, intensité de courant électrique, température, quantité de matière et intensité lumineuse), date de 1960.

1796
La vaccination

Le 14 mai 1796, Edward Jenner (1749-1823), après de longs travaux sur la vaccine (une maladie du pis des vaches, voisine de la variole, mais bénigne), préleva le contenu d'une pustule sur la main d'une servante de ferme contaminée par la vaccine et l'inocula dans le bras d'un jeune garçon, James Phipps. Dix jours après, une pustule apparut qui guérit simplement. Dans un second stade, il lui inocula la variole sans résultat néfaste. Quelque soixante ans plus tard, Pasteur fera une découverte d'une portée plus générale encore, en immunisant avec des produits pathologiques de la même maladie. Aidé par ses élèves É. Roux et C. Chamberland, Pasteur isola d'abord un certain nombre de microbes provoquant des maladies chez l'homme. Mais c'est sur une maladie à virus, la rage, que porta sa première tentative de *vaccination*. Bien que le principe biologique en soit différent, Pasteur lui conservera le nom de « vaccination », en hommage à Jenner.

1799
La pile électrique

En 1799, l'Italien Alessandro Volta (1745-1827) a démontré que l'électricité naît au contact de deux métaux.
Il construisit sa pile en superposant une série de disques de cuivre et de zinc séparés par des rondelles d'étoffe imprégnées d'acide.

1826
La photographie

Le Français Nicéphore Niépce, le premier, parvint à fixer une image sur une plaque en cherchant un moyen de reproduire automatiquement les dessins de son fils. Songeant à l'action de la lumière sur certains corps, il réussit en 1816, après de nombreux essais, à capter une image sur un papier imprégné de chlorure d'argent, au fond d'une chambre noire. Mais cette image était négative et éphémère.
Il s'oriente alors vers un autre procédé : le bitume de Judée, qui blanchit et durcit à la lumière.
En 1822, il reproduit par contact sur une plaque recouverte de bitume des gravures translucides. Ces « héliogravures » sont les ancêtres de la photogravure.
En 1826, poursuivant ses recherches à la chambre noire, il capte sur cette même plaque, après 8 heures de pose, une première image positive.
La *photographie* est inventée.
C'est l'Anglais sir John Herschel qui, en 1836, a créé le mot *photographie* (du grec *phôtos*, « lumière », et *graphein*, « écrire ») pour désigner l'action de la lumière

sur certaines surfaces sensibles. Et c'est Jacques Louis Daguerre qui, en 1835, popularisera l'art de la *photographie* en inventant un nouveau procédé, le *daguerréotype*.

1830
Le chemin de fer

Le premier décret du Parlement britannique relatif à la création d'un chemin de fer fut promulgué en 1753. Mais il s'agissait d'un chemin de fer minier. Et, bien que la Stockton and Darlington Railway ait transporté occasionnellement des voyageurs dès sa création, en 1825, ceux-ci devaient prendre place dans les wagons à charbon. Le chemin de fer tel que nous le concevons, pour transporter des voyageurs, ne sera créé qu'en 1830. Les premières voitures de voyageurs dignes de ce nom, qui ressemblaient encore à des diligences, apparurent en septembre 1830, pour l'ouverture de la ligne de Liverpool à Manchester, en Angleterre. Ce fut également le premier service interurbain qui ait fonctionné dans le monde.
En France, les premiers voyageurs purent prendre le train dès 1831, entre Saint-Étienne et Lyon.

1853
Le jean

Le *jean* fut conçu, en 1853, par Oscar Levi-Strauss à l'intention des pionniers de l'Ouest américain. Ces pantalons inusables furent taillés, à l'origine, dans une toile bleue qui servait de toile de tente, puis dans un coton très solide, importé de Nîmes (d'où le nom « denim »). En 1870, un tailleur du nom de Jacob Davis suggéra d'utiliser des rivets de cuivre pour renforcer les poches ; par la suite, il s'associa avec Levi-Strauss.
La plus ancienne mention du mot *jean* remonterait à 1567 et serait une déformation du mot anglais *genoese*, « génois ».
Un tissu de coton croisé était en effet fabriqué à Gênes, où les marins portaient des pantalons coupés dans une grosse toile de coton, dont la trame était écrue et la chaîne indigo.

1861
Le vélo

L'histoire du vélo commence au début du XIXe siècle avec la *draisienne* – la « machine à courir », comme l'appelle son inventeur, le jeune baron allemand Karl Drais von Sauerbronn : ce n'est ni plus ni moins qu'une bicyclette sans pédales, baptisée « vélocipède » dans le brevet français. Cinquante ans plus tard, deux modestes artisans, Pierre Michaux et son fils Ernest, allaient faire franchir une étape décisive au « vélocipède ». Un jour de 1861, un de leurs voisins leur apporte une *draisienne* à réparer. Après avoir fait deux ou trois tours avec, le jeune Ernest a une idée géniale : pourquoi ne pas fixer au moyeu de la roue avant un repose-pieds puis s'en servir pour faire tourner la roue ? Le *pédalier* était né. Dès lors, une cascade d'innovations va en faire le véhicule que nous connaissons : en 1869, le Français André Guilmet change la place des pédales pour les monter au centre et invente la transmission par chaîne. En 1888, un vétérinaire écossais, nommé John Boyd Dunlop, invente pour les roues de la bicyclette de son fils des tubes de caoutchouc gonflés d'air, les « pneus », sans lesquels il n'est point de confort.

1863
Le football

Ce sport dérive d'un jeu assez brutal, populaire au Moyen Âge, la choule. Deux villes britanniques, Derby et Chester, revendiquent l'organisation du premier match de foot. Dans les deux cas, ce match faisait partie des réjouissances du Mardi Gras, vers 1220. Le jeu resta une tradition du Mardi Gras jusqu'au 13 avril 1314, jour où le roi Edouard II interdit le football « parce qu'il y a beaucoup trop de bruit, dans la ville, créé par des bousculades autour de grands ballons, qui pourraient engendrer de nombreux mots que Dieu interdit ». L'édit ne fut pas appliqué. Le football, tel qu'il existe aujourd'hui, naquit en 1863 quand la Football Association le différencia du football rugby et le codifia.

1876
Le téléphone

Au début du mois de juin 1875, le jeune Alexander Graham Bell travaille à la mise au point d'un *télégraphe* avec son ami Thomas Watson. Soudain, celui-ci, en serrant une vis de réglage, fait un faux mouvement. Damned ! Le contacteur est tombé. Et voilà que la vis trop serrée transforme le courant de transmission intermittent en courant continu.
Bell, à l'autre bout du fil, entend distinctement dans les écouteurs le son produit par la chute du contacteur. Le *téléphone* venait de naître. Le 14 février 1876, après avoir défini « une méthode et un appareil pour transmettre la voix ou tout autre son… », il apporte sa demande au Bureau des brevets de New York. Il est 12 heures, il a juste le temps de déposer son enveloppe avant la fermeture. Le même jour, à 14 heures, Elisha Gray, qui travaillait sur un système très similaire, se présente à son tour avec le brevet. Hélas ! Trop tard ! Cette différence de deux heures sera fatale à Gray. Dans l'immense procès qui opposera les inventeurs, c'est sur cet écart que les juges trancheront en faveur de Bell, tenu désormais pour l'inventeur officiel du *téléphone*.

L'*Autotram*, mis en service en 1934 aux États-Unis, une sorte de tramway tout en aluminium.

Publicité de 1970 pour les jeans Levi's.

Le *Grand Bi* fut inventé par les Anglais vers 1870. Il s'agit ici d'un modèle de course.

Téléphone à cadran.

Thomas Alva Edison (1847-1931) dans son laboratoire.

Ampoule électrique, lampe *Welbach*, 1902.

L'*Éclair* est la première voiture à pneus. Elle a été construite par les frères Michelin. C'était une Peugeot à moteur 4 Ch Daimler. Elle prit part à la course Paris-Bordeaux de 1895.

L'avion des frères Wright en 1908.

1877
Le phonographe

L'inventeur du *phonographe* est l'Américain Thomas Edison (1847-1931) qui réalisa, le 29 novembre 1877, un premier dessin d'appareil fonctionnant avec un cylindre et le fit breveter le 17 février 1878. Son invention lui valut une célébrité mondiale ; mais la qualité du son était médiocre et les cylindres duraient peu.
Edison préféra se consacrer à d'autres recherches et laissa à d'autres inventeurs le soin d'améliorer son *phonographe*.
Deux Américains, Chichester Bell, cousin de A. G. Bell, l'inventeur du téléphone, et Charles Summer Tainter, firent breveter en 1886 un appareil proche du *phonographe*, le *graphophone*, dont l'exploitation sera à l'origine de la Columbia Broadcasting System (CBS).

1878-1879
L'ampoule électrique

L'*ampoule à incandescence* (autrement dit l'ampoule électrique), a été inventée simultanément dans la période 1878-1879 par l'Américain Thomas A. Edison et l'Anglais sir Joseph Swan. Après une série de procès pour violation de brevet, les deux inventeurs finirent par s'associer en 1883.
La difficulté pratique était de trouver un filament capable de supporter des températures élevées sans brûler. Le 18 décembre 1878, Swan présentait la lampe à filament de carbone mais ne put faire de démonstration car le filament avait déjà brûlé.
Quant à Edison – qui brevetait sa lampe le 1er novembre 1879 –, il ne réussit pas mieux, son filament de coton brûlant trop vite.
En associant les deux innovations, c'est-à-dire en imprégnant le coton de carbone, les inventeurs purent fabriquer des lampes commercialisables.

1883
La première voiture

Le *fardier* construit par Nicolas Joseph Cugnot, en 1771, est, en général, considéré comme la première automobile. Il était propulsé par un moteur à vapeur. Destiné au transport de canons, il plafonnait à 3,5 km/h. Jusqu'à la fin du XIXe siècle, à quelques exceptions près, toutes les automobiles sont à vapeur.
Les constructeurs les plus notables sont Oniséphore Pecqueur, Charles Dietz, Amédée Bollée et Léon Serpollet. Les premiers essais de propulsion par un moteur à combustion interne sont dus au Suisse Isaac de Rivaz dès 1807. Son exemple fut suivi en Angleterre (Samuel Brown, 1826) et en France (Étienne Lenoir, 1862).
Le moteur à essence ne s'imposa qu'après 1876, quand le cycle à 4 temps commença à être utilisé. C'est en 1883 que les Français Édouard Delamare-Deboutteville et Léon Malandin équipèrent pour la première fois un véhicule routier avec un moteur à 4 temps. On doit le moteur en V à Gottlieb Daimler et Wilhelm Maybach. Il fut installé en 1889 sur une voiture conçue par Maybach et considérée comme la première voiture moderne.

1886
Le Coca-Cola

Dans les années 1880, vivait à Atlanta, aux États-Unis, un pharmacien nommé John Pemberton. Un jour de mai 1886, après avoir mélangé de l'extrait de noix de cola, du sucre, un peu de caféine, des feuilles de coca (sans cocaïne !) et quelques extraits végétaux – une composition dont les proportions sont encore tenues secrètes aujourd'hui –, il obtint un sirop agréable et revigorant. Peu de temps après, l'un de ses employés, au lieu de se servir d'eau plate pour « étendre » le mélange, ajouta un jet d'eau pétillante. Pour Pemberton, ce fut l'illumination. Voilà ce qu'il fallait pour réjouir le palais : des bulles ! Aussitôt pensé, aussitôt fait. Baptisée *Coca-Cola*, la nouvelle boisson fut vendue en « fontaines à soda », sortes de distributeurs automatiques, en faïence ou porcelaine peinte, qui débitaient les boissons au verre. Mais il fallait trouver une bouteille d'une originalité absolue digne de cette grande invention (notamment pour éviter les contrefaçons). Ce sera la « dame au fourreau », du verrier Alexandre Samuelson, inspirée à la fois de la forme d'une fève de coca et d'une robe alors très à la mode, le fourreau.
Quelque quatre-vingt-cinq ans plus tard, elle est toujours semblable à elle-même.

1888
Le pneu

Un Écossais, vétérinaire à Belfast, John Boyd Dunlop (1840-1921), breveta en 1888 le *pneumatique* qui allait représenter l'un des progrès les plus décisifs dans l'histoire de la locomotion sur roues. Dunlop avait eu l'idée de munir les roues de la bicyclette de son fils de tubes en caoutchouc gonflés d'air. La même idée avait déjà été émise par le Belge Dietz, en 1836, et par l'Anglais Robert W. Thomson, en 1845, mais sans qu'elle ait pu être concrétisée. C'est avec l'Anglais James Moore, vainqueur en 1868 de la première course cycliste, organisée dans le parc de Saint-Cloud et, en 1869, de la première « ville à ville », Paris-Rouen, que Dunlop mit au point son invention ; il la fit breveter puis fonda, en 1889, la première manufacture de pneumatiques, en utilisant la *vulcanisation*, inventée par l'Américain Charles Goodyear. Mais c'est à Édouard et André Michelin que l'on doit le pneu pour automobiles, en 1895.

1890
L'avion

La gloire d'avoir décollé pour la première fois à bord d'une « machine à moteur » et d'avoir réalisé un bond volé revient à un Français, Clément Ader (1841-1925). Le 9 octobre 1890, à Armainvilliers, en Seine-et-Marne, il accomplit un « vol » d'une cinquantaine de mètres, à 15 cm du sol, à bord de l'*Éole*, un appareil en forme de chauve-souris, équipé d'un moteur à vapeur de 20 Ch. Le brevet d'Ader, déposé le 19 avril 1890, mentionne pour la première fois le terme « avion ». Son *Avion n° 3* – qui existe encore – fut équipé de deux moteurs à vapeur de 20 Ch chacun. Il se souleva sur 300 m le 14 octobre 1897, à Satory, mais fut endommagé en quittant l'axe de sa piste circulaire.
En l'absence de tout appui financier, Ader dut abandonner ses travaux, qu'il destinait à des applications militaires. Le premier vol mécanisé soutenu au monde a été effectué par deux Américains, les frères Wright, Wilbur (1867-1912) et Orville (1871-1948).
Fabricants de bicyclettes à Dayton (Ohio), les Wright commencèrent en 1900 des expériences de vols planés sur les dunes de Kitty-Hawk, en Caroline du Nord.
Ils construisirent ensuite un avion biplan, le *Flyer I* et, le 17 décembre 1903, à la suite d'un tirage au sort, Orville fut le premier homme qui vola effectivement à bord d'un aéroplane à moteur.
Au cours de ce premier essai, l'appareil quitta son rail de lancement et parcourut 36,60 m en 12 secondes. Wilbur et Orville, alternativement, firent ensuite deux vols de 13 et 15 secondes.
Lors du quatrième vol, Wilbur réalisa 284 m en 59 secondes.
Le décollage du *Flyer* était facilité par un appareillage composé d'un rail sur lequel roulait un chariot portant l'aéroplane.

1895
Les rayons X

En septembre 1895, à Würzburg, le physicien allemand Wilhelm Conrad Röntgen (1845-1923) découvrit les *rayons X*. Röntgen appela ces rayons « X » car leur nature était alors inconnue.
La découverte des *rayons X* eut immédiatement un très grand retentissement. Röntgen, véritable héros national, se vit décerner le prix Nobel de physique en 1901.
Les rayons X sont des ondes électromagnétiques qui traversent la matière, normalement opaque à la lumière.

Le cinéma

C'est à Louis Lumière que revient le mérite des premières projections d'images photographiques animées, d'une certaine durée et sur un grand écran. L'appareil, qu'il avait conçu et baptisé *Cinématographe*, était un appareil réversible, c'est-à-dire qu'il pouvait à la fois servir à la prise de vue, au tirage des copies et à la projection. La première projection « officielle » eut lieu le 28 décembre 1895 dans la salle de projection du Grand Café, boulevard des Capucines, à Paris.
Le *Cinématographe* Lumière connut immédiatement un immense succès. Succès d'ailleurs auquel Lumière ne s'attendait guère, considérant son invention comme une curiosité ou un instrument de recherche. Dès lors, il envoie aux quatre coins du monde des reporters qui en rapporteront des films saisissants, là aussi des documents irremplaçables sur une époque. Dès 1898, le catalogue de la maison Lumière s'élève à 1 000 titres.

1897
La moto

La bicyclette à moteur, baptisée *Motocyclette* par ses inventeurs français Eugène et Michel Werner, fut exposée au Salon de Paris de 1897. Ces deux journalistes avaient entrepris, en 1896, de monter un petit moteur, qu'avait dessiné H. Labitte, sur une bicyclette.
Ils le placèrent tout d'abord horizontalement au-dessus de la roue arrière, puis devant le guidon, une courroie en cuir entraînant directement la roue avant. Le succès ne se fit pas attendre et des milliers d'exemplaires de ce premier modèle furent construits dès 1898, en France et, sous licence, en Angleterre et en Allemagne. La *Motocyclette*, marque déposée par les frères Werner, entra dans le langage courant pour désigner tous les cycles équipés d'un moteur.

1909
Le plastique

La *Bakélite*, première matière plastique synthétique, a été brevetée par le Belge naturalisé américain Leo Hendrik Baekeland (1863-1944). Ce phénoplaste (nom générique de composés macromoléculaires) conserve encore aujourd'hui un intérêt en raison de sa bonne tenue à la chaleur et au feu. On l'utilise pour les boîtiers et prises de courant ainsi que dans le matériel de sécurité.

1915
La théorie de la relativité générale

En 1915, Albert Einstein mit la dernière main à une théorie étonnante, extrêmement difficile à comprendre pour l'époque.
Cette théorie montrait comment rendre compatibles les lois de la gravitation de Newton avec les lois de la relativité. La relativité générale interprète le champ de gravitation non pas comme un champ de forces habituel, mais comme la manifestation de la courbure de l'espace-temps. Par exemple, le Soleil courbe l'espace-temps autour de lui et la Terre est ainsi astreinte à

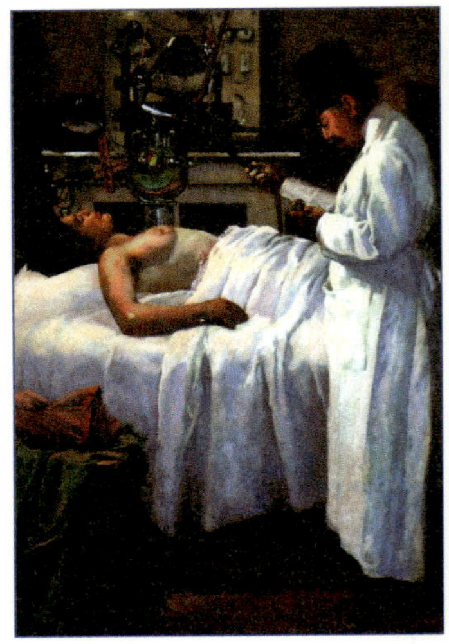

Radiothérapie. Premières tentatives pour soigner un cancer par des rayons X. Tableau de Georges Alexandre Chicotot.

L'une des premières séances de cinéma : la projection de *L'Arroseur arrosé* produit par Louis Lumière.

Au guidon de la *BMW R 1200 C*, Pierce Brosnan, alias James Bond. Cette moto, présentée en 1997, est la plus puissante moto de route produite par BMW (4 cylindres en ligne, 130 Ch).

Albert Einstein (1879-1955).

John Baird est un pionnier de la télévision. Il commercialisa le premier récepteur télé grand public et expérimenta la couleur dès 1928.

Le Nylon, inventé en 1938 par Wallace H. Carothers a tout de suite connu la célébrité grâce aux fameux « bas Nylon »

se placer autour du Soleil le long d'une ligne courbe, qui est approximativement celle d'une ellipse. Aujourd'hui, la relativité générale est une théorie qui a largement fait ses preuves.

1923
La télévision

L'ingénieur écossais John Baird (1888-1946) fut l'un des pionniers de la télévision telle que nous la connaissons. En 1923, il déposa un brevet pour l'utilisation du disque de Nipkow dans un système de télévision dite mécanique. La première expérience fut menée à bien en 1925. L'image obtenue ne comportait que 8 lignes. En 1928, il expérimenta un système de télévision en couleurs. En 1930, il mit sur pied un réseau expérimental de télévision avec l'aide de la BBC. En 1930, Baird commercialisa le premier récepteur grand public sous le nom de *Televisor*, sans succès, hélas ! Il joua d'ailleurs de malchance avec la BBC puisque, en 1936, lorsqu'il fallut choisir entre le système de Baird et celui de la Marconi Electric and Musical Industries, ce fut celui de la EMI que la BBC adopta.

1926
La première fusée

Le pionnier en matière d'astronautique est l'Américain Robert H. Goddard. Considéré avec scepticisme par ses compatriotes, Goddard ne sera reconnu qu'après sa mort. Et pourtant, c'est bien lui qui, en faisant voler la première fusée à propergols liquides, le 16 mars 1926, a accompli le premier geste de l'histoire de l'astronautique.

1928
La pénicilline

C'est en 1928 que le bactériologiste anglais sir Alexander Fleming (1881-1955, prix Nobel 1945) découvrit la pénicilline, le premier antibiotique connu. Alors qu'il travaillait sur les staphylocoques, il constata que ceux-ci étaient détruits par des moisissures qui les avaient contaminés. Il faudra attendre encore 10 ans, toutefois, pour que les études sur les moisissures reprennent. En 1941, une équipe de chercheurs d'Oxford, H. Florey, B. Chain et N. Heatley, poursuivit les expériences de Fleming et concentra des extraits de *Penicillium notatum* pour obtenir de la pénicilline purifiée, plus active. La préparation industrielle démarra à partir de 1943.

1937
Le Nylon

En février 1928, la société américaine Du Pont de Nemours engage un jeune chimiste de l'université d'Illinois, Wallace H. Carothers, spécialiste des polymères. Il a 32 ans et son arrivée à la tête du département de chimie organique va être à l'origine d'une révolution : le *Nylon*. Dès 1930, lui et ses assistants extraient de leurs éprouvettes deux polymères de choc : le néoprène, et surtout, le *Nylon*, breveté en 1937.
La nouvelle matière s'impose très vite pour sa plasticité, sa légèreté et sa solidité. Elle est inusable ! À cette époque, les femmes dépensent des fortunes en bas de soie, dont le quasi-monopole est japonais. En 1938, les dirigeants de Du Pont de Nemours, non sans hésitation, décident d'investir le terrain et de lancer le bas en « soie artificielle », le bas Nylon. Commercialisé en 1940, son succès est immédiat et considérable. Il n'arrivera en Europe qu'après la guerre, dans les paquetages des « Yankees », dont les parachutes, lors du débarquement de Normandie, étaient aussi en *Nylon*.

1945
Le four à micro-ondes

Le 8 octobre 1945, la « haute fréquence » faisait son entrée officielle dans la cuisine lorsqu'un Américain, Percy Spencer, déposa le brevet du futur four à micro-ondes. Il s'agissait, tout simplement, d'appliquer le principe du radar à la cuisson d'aliments.
L'histoire avait commencé vers 1934, en France. Henri Gutton, chercheur aux laboratoires de la CSF, (qui prendra plus tard le nom de Thomson-CSF) y avait mis au point le *magnétron*, devenu, en 1940, la pièce maîtresse du radar, élaboré par l'Anglais Robert Watson-Watt. À la tête du département « Tubes de puissance », de la firme américaine Raytheon, leader des équipements pour radar, il y avait Percy Spencer. Un jour qu'il travaillait pas très loin d'un *magnétron* il resta stupéfait : un de ses collègues avait acheté un sachet de maïs et voilà que, soudain, les grains avaient éclaté, transformés en pop-corn. Le magnétron en serait-il responsable ? Dégagerait-il de la chaleur ? Après de nombreuses expériences réussies, Spencer breveta le premier appareil de cuisson de ce type, le *Radarange*. Toutefois, il faudra encore pas mal d'années pour que le four à micro-ondes, tel que nous le connaissons, voie le jour. C'est seulement en 1967 que la société Amana, filiale de Raytheon, lancera le premier four à micro-ondes ménager.

1947
Le transistor

Le *transistor*, composant fondamental des ordinateurs et de toute l'électronique, fut inventé fin 1947 par trois ingénieurs américains des laboratoires Bell, John Bardeen (1908-1991), Walter Brattain (1902-1987) et William Shockley (1910-1989). Les *transistors* peuvent détecter, amplifier et corriger des courants, ils peuvent aussi les couper. Ils peuvent produire des ondes électromagnétiques à ultra-haute fréquence. Les inventeurs ont obtenu le prix Nobel de physique en 1956. L'utilité de ces composants n'était pas évidente et, quand ils présentèrent leur réalisation, le 23 décembre 1947, ils la baptisèrent le « persistor », en référence ironique à leurs efforts persistants.

1948
L'ordinateur

En 1944, l'Américain John von Neumann vint rejoindre l'équipe de la Moore School à Princeton (New Jersey, États-Unis), équipe dans laquelle travaillaient J. W. Mauchly, H. H. Goldstine et J. P. Eckert. C'est là que naquit l'idée de machine à programme enregistré.
L'idée révolutionnaire de von Neumann était d'introduire, dans la mémoire, des programmes aussi bien que des données. Les travaux aboutirent, le 24 janvier 1948, à la présentation à New York du premier ordinateur de l'histoire, l'*IBM SSEC*. Il utilisait 13 500 tubes à vide ainsi que 21 000 relais, et réalisait l'addition de 3 500 nombres de 14 chiffres décimaux en une seconde.

Les McDonald

Deux Américains, les frères Maurice et Richard McDonald, possédaient depuis 1940 un stand de vente de hamburgers à côté de leur salle de cinéma, près de Pasadena (Californie). En 1948, ils eurent l'idée de le transformer en self-service, en insistant sur la qualité des hamburgers servis. En 1952, ils étaient connus dans toute la Californie du Sud, où ils avaient installé des succursales. Un entrepreneur en matériel de restauration, Ray Kroc, leur proposa de vendre pour eux des franchises dans le reste du pays.
En 1962, quand il y eut 200 établissements, Kroc racheta la part des McDonald dans l'affaire pour 2,7 millions de dollars. Aujourd'hui, il y a quelque 25 000 « McDo », à travers le monde, implantés dans 111 pays.

1950
La carte de crédit

La première organisation de paiement par carte de crédit a été créée en 1950 par l'Américain Ralph Scheider : les 200 premiers membres du Diner's Club purent ainsi dîner à crédit dans 27 restaurants de New York. C'est la Bank of America qui créa la première carte de crédit bancaire en 1958, la *Bankamericard*. En France, la première carte comportant une piste magnétique a été mise en service en 1971 par l'organisation Carte Bleue. Depuis, près de deux milliards de cartes de ce type ont été délivrées dans le monde.

1951
Le magnétoscope

La première démonstration d'enregistrement vidéo en noir et blanc est due à la Mincom, une filiale de 3M, en 1951, aux États-Unis.
En 1954, la firme RCA construisit le premier magnétoscope reconnu comme tel. L'année suivante, en Angleterre, la BBC présenta le magnétoscope à enregistrement longitudinal *VERA* (Vision Electronic Recording Apparatus). Un véritable monstre, qui consommait 17 km de bande par heure ! En 1953, La firme californienne Ampex résolut le problème de la consommation de bande grâce à un procédé qui permet de conserver une vitesse de défilement acceptable. Ce procédé est encore en usage aujourd'hui sur l'ensemble des magnétoscopes.
La première retransmission d'une émission TV enregistrée eut lieu le 30 novembre 1956 sur un *Ampex VR 1000*. CBS Television City, une station de Hollywood, enregistra l'émission *Douglas Edwards and the News*, en provenance de New York, pour la diffuser 3 heures plus tard. On doit également à Ampex l'invention du premier magnétoscope couleur, présenté en 1958. En mai 1985, Sony présentait le premier magnétoscope à enregistrement numérique. Il s'agissait d'un modèle professionnel. Depuis lors, les magnétoscopes numériques se sont généralisés.

1952
Les clones

Le clonage est la méthode qui permet de produire chez les espèces vivantes de nombreuses copies par reproduction asexuée ou sans fécondation. Un clone (du grec *klôn*, « pousse ») est donc un ensemble d'individus génétiquement identiques, tous issus du même organisme. Chez les végétaux, la technique du clonage est couramment utilisée pour obtenir en grand nombre des plantes identiques par reproduction asexuée. Et le bouturage utilisé par les jardiniers est aussi un clonage. Chez les animaux, le clonage est beaucoup plus difficile car il nécessite l'emploi d'une technique délicate, le transfert de noyaux embryonnaires. Réalisée pour la première fois en 1952 chez les batraciens, cette technique consiste à greffer par microchirurgie le noyau d'une cellule d'un embryon « donneur » dans un ovule « receveur », préalablement énucléé.

1957
Le satellite

Le premier satellite artificiel de la Terre, *Spoutnik 1*, a été lancé le 4 octobre 1957 par une fusée A1, construite par Korolev. Cette simple sphère d'acier poli de 58 cm de diamètre et de 83,5 kg allait étonner le monde entier par ses « bips-bips ».

Robert Oppenheimer (à gauche) et John von Neumann, deux très grands savants américains se retrouvant à Princeton après la Seconde Guerre mondiale.

Un double hamburger.

Le satellite astrométrique de l'ESA, *Hipparcos*, nous permet de connaître les positions de plus de 100 000 étoiles avec une très grande exactitude.

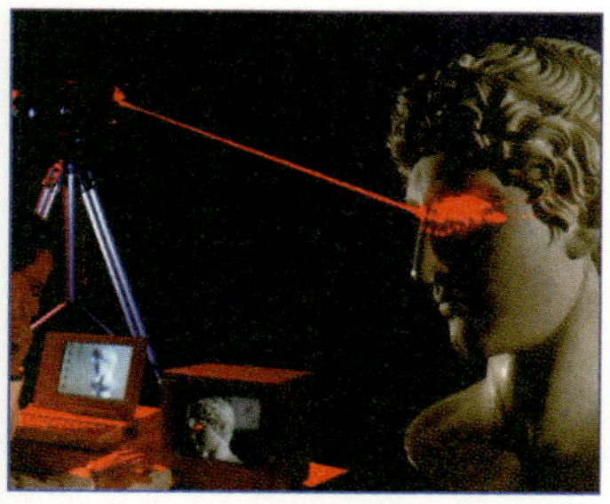

Reconstitution virtuelle du colosse de Ptolémée grâce au laser.

Un des hommes d'*Apollo 11 MN016* vérifie le socle du LEM.

Microprocesseur Intel Pentium, 1994.

L'*envisat-1*, lancé en 1998, est le successeur des satellites européens de télédétection de l'ESA, *ERS-1* et *ERS-2*. Un radar perfectionné et un sondeur athmosphérique très précis y sont embarqués.

Ce satellite fut réalisé sous l'égide de l'Académie des sciences de l'URSS, présidée par le professeur Mtislav Keldych. Son rôle était de prouver qu'il était possible de mettre un objet en orbite et de l'y maintenir. Lui a succédé *Spoutnik 2*, avec à bord la chienne Laïka, premier être vivant satellisé.

1958
Le laser

C'est en 1917 qu'Albert Einstein formula le principe qui devait mener à l'invention du *laser*. Il annonçait la possibilité de stimuler l'émission de rayonnement électromagnétique par la matière en excitant les électrons des atomes qui la composent. Le mot « laser » signifie Light Amplification by Stimulated Emission of Radiation (amplification de lumière par émission stimulée de rayonnement). Cette amplification génère un faisceau lumineux cohérent, c'est-à-dire dont la longueur d'onde est uniforme et dont les particules se déplacent toutes dans la même direction. En 1958, Arthur L. Schawlow et Charles H. Townes élargirent la théorie aux fréquences infrarouges et optiques. Ce sera le *laser*. Le nom *laser* fut donné par Richard Gordon Gould, également inventeur du *laser à décharge de gaz* (1957-1959), utilisé pour les disques compacts et la lecture des codes-barres. Il a fallu à R. G. Gould près de 30 ans (décembre 1985) pour faire reconnaître ses droits par la Cour suprême des États-Unis.

1969
Le Concorde

Le 2 mars 1969, l'avion supersonique *Concorde* effectuait son premier vol ; le premier vol commercial, aux couleurs d'Air France, reliant Paris à Rio de Janeiro, avait lieu 7 ans plus tard, le 21 janvier 1976. Le même jour, un *Concorde* de la British Airways inaugurait la liaison Londres-Bahreïn. L'acte de naissance de l'avion franco-britannique (Aérospatiale et British Aircraft Corp. pour l'avion lui-même, SNECMA et Rolls-Royce pour l'ensemble propulsif) avait été signé le 29 novembre 1962. Cet avion commercial – premier avion civil supersonique – est l'avion de ligne le plus rapide du monde. En trente ans, un seul accident (en août 2000) a terni la carrière du *Concorde*.

1969
Le premier homme sur la Lune

C'est à l'occasion du vol *Apollo 11* que, le 20 juillet 1969, deux Américains, Neil Armstrong et Edwin Aldrin, réalisèrent un vieux rêve de l'humanité : marcher sur la Lune. Ils y demeurèrent 21 heures 36 minutes. Délaissée depuis le dernier vol *Apollo* de 1972, la Lune pourrait bien constituer dans les prochaines décennies un « paradis des astronautes ». De nombreuses études sont en cours.

1970
Le microprocesseur

Au terme d'un procès de 20 ans, Gilbert Hyatt a été reconnu le 17 juillet 1990 par le US Patent Office (le bureau des brevets américain) comme l'inventeur du *microprocesseur*. Son brevet, déposé en décembre 1970, est le premier à faire référence à un unique circuit intégré qui contiendrait tous les éléments nécessaires à l'ordinateur (d'où le terme « puce »). Jusqu'alors, cette invention était historiquement attribuée à Marcian E. Hoff, Federico Faggin et Stanley Mazor, d'Intel Corporation.
Ces ingénieurs ont effectivement créé le premier « microchip » commercial de l'histoire, l'*Intel 4004*, mais leurs brevets concernaient des points restrictifs et non pas le concept global de l'invention. Actuellement Intel fabrique et commercialise 80 % des puces placées dans les ordinateurs.

1971
Les jeux vidéo

Malheureusement pour lui, l'inventeur du jeu vidéo était en avance sur son époque. Aux USA, *Space War*, le premier jeu mis au point en 1961 par Steve Russel, fit fureur dans le milieu universitaire informatique américain mais, commercialement, il fut un échec. Dix ans plus tard, en 1971, un jeune ingénieur, Nolan Bushnell, inventa la borne d'arcade et l'ancêtre du jeu de tennis virtuel, *Pong*. Son succès immédiat lui permit de créer une société spécialisée dans la conception de jeux vidéo à laquelle il donna un nom emprunté au vocabulaire du jeu de go : Atari.

La première station orbitale

La Russie fut le premier pays à mettre en service une station orbitale habitée avec le lancement de *Saliout* (avril 1971).
Les États-Unis lancèrent *Skylab* le 14 mai 1973. Cette station orbitale pouvait accueillir trois astronautes. Sa mission prit fin début 1974.
Les Européens eurent leur laboratoire orbitale *Spacelab*, conçu par l'ESA et lancé le 28 novembre 1983. Ce sont les Russes qui lancèrent la station orbitale *Mir* (« paix » en russe) le 20 février 1986. Elle tournait autour de la Terre entre 300 et 400 km d'altitude. Constituée de plusieurs modules assemblés au fur et à mesure, la station devait servir jusqu'en 1996. Sa vie a été prolongée jusqu'au 23 mars 2001. Cette date a sonné le glas de la station qui est revenue dans l'atmosphère au-dessus du Pacifique.

1973
Le micro-ordinateur

Le premier micro-ordinateur du monde était français. Fin 1971, François Gernelle, ingénieur chez R2E, le crée pour résoudre un besoin de régulation automatique pour l'INRA. Séduit par l'invention, le patron de R2E, André Truong Trong Thi, décide de fabriquer ces ordinateurs bâtis autour d'un unique microprocesseur. Ce tout premier micro-ordinateur fut baptisé *Micral* en 1973. Après le rachat de R2E par Bull, il n'est resté du *Micral* que la marque.
Le premier *Apple* fabriqué à une centaine d'exemplaires en 1976 était vendu en kit de la main à la main aux membres du Homebrew Club, le premier club informatique des États-Unis. L'*Apple II*, livré pour la première fois aux États-Unis en mai 1977, a été le premier produit commercial de la société légendaire fondée par Steve Jobs et Stephen Wozniak. C'était une amélioration du premier Apple.

Internet

C'est sous la houlette de l'ARPA, une division de recherche du département de la Défense américain, que les premières expériences de connexion entre ordinateurs par le réseau téléphonique ont été effectuées dans les années 1960. En 1969, Bolt, Beranek et Newman lancent l'ancêtre de l'Internet qu'ils baptisent ARPANET qui, en se développant, s'est ouvert au monde universitaire :
les scientifiques y trouvent un moyen rapide d'échanger des informations. Grâce à l'e-mail (courrier électronique), ils peuvent recevoir des rapports détaillés instantanément. En 1973, l'ARPA, devenue DARPA (Defense Advanced Research Projects Agency), aide au développement de normes internationales de connexion entre tous les réseaux existants dans le monde. Cet inter-networking a donné son nom au réseau des réseaux.

1974
La carte à puce

Brevetée entre 1974 et 1979 par le Français Roland Moreno, la *carte à puce* (ou carte à mémoire) est à l'origine de toutes les applications monétiques utilisant un microcircuit implanté sur une carte. La notion de carte à mémoire recouvre une gamme étendue de dispositifs, allant de la simple mémoire passive (télécartes prépayées, par exemple) au microprocesseur programmable (cartes bancaires, télévision cryptée, GSM...).

1978
Le TGV

Les études pour développer un train à grande vitesse (TGV) ont commencé en France, chez Alsthom (écrit maintenant Alstom) en 1967, année qui vit aussi la réalisation de la première rame à turbine à gaz. Sorti en 1972, le *TGV 001* fonctionnait avec des turbines à gaz et atteignit la vitesse de 318 km/h.
La première rame TGV électrique a été livrée en 1978. Le *TGV 16* a atteint 380 km/h en février 1981, quelques mois avant la mise en service commerciale de la ligne nouvelle Paris-Lyon.
En 1989 était inauguré le *TGV Atlantique*. Sa puissance était supérieure de 40 % à celle de ses prédécesseurs.
La vitesse de croisière actuelle d'un TGV est de 300 km/h.
La silhouette très dynamique du TGV et son « nez » reconnaissable entre tous sont l'œuvre du Français Jacques Cooper, un ingénieur d'Alstom.
Le design du TGV à deux niveaux est dû au designer Roger Tallon.
Le 10 juin 2001, le *TGV Méditerranée* a été mis en service, reliant Paris à Marseille en 3 heures.

1979
Le CD

En 1979, Philips (Pays-Bas) et Sony (Japon) créaient l'événement en annonçant la mise au point du *disque compact*. Celui-ci avait été conçu par une équipe dirigée par Joop Sinjou (pour Philips) et Toshi Dada Doi (pour Sony), sur la base d'accords croisés de licence. Sur ce type de disque, on utilise un procédé de gravure numérique, et non analogique comme sur un microsillon. Le signal est codé sous forme binaire (suite de « 0 » et de « 1 »). Le traditionnel sillon est remplacé par une multitude de micro-cuvettes appelées « pits ». On en compte environ 4 millions par seconde. Quant à la lecture, elle s'effectue à l'aide d'un faisceau laser. Le *CD* est vendu en Europe depuis 1983.

Le téléphone portable

C'est en 1979 que se situe la naissance du téléphone portable. Sous le nom de radiotéléphonie cellulaire, une véritable révolution dans le domaine du téléphone s'est accomplie au cours des années 1980. Le téléphone cellulaire utilise des ondes hertziennes pour acheminer les communications. Le terme « cellulaire » vient du découpage du territoire en « cellules » de petites dimensions, desservies chacune par un émetteur. L'ensemble est contrôlé par un système informatique. C'est en Suède, sous l'impulsion de la société Ericsson, que la révolution a commencé, en 1979. En France, la radiotéléphonie (téléphone de voiture) a commencé à s'étendre à partir de 1985, avec Radiocom 2000, de Matra. Le GSM (Global System for Mobile Communications) est une

Roland Moreno, en 1994.

TGV Duplex. Il circule sur la ligne Paris-Lyon (France) depuis 1996.

Téléphone portable *One Touch* d'Alcatel.

Akio Morita (1921-1999), inventeur du baladeur.

La première plante transgénique commercialisée était une tomate.

Eurotunnel, *The Shuttle*.

Le 4 juillet 1997 à 18 heures GMT, *Pathfinder* se posait sur Mars, dans l'Ares Vallis. Trois heures plus tard le soleil se levait et *Pathfinder* émettait ses premiers messages.

Moutons... clonés.

norme de radiotéléphonie numérique. Depuis son lancement en 1992, elle a été adoptée par 86 pays (Europe, Moyen-Orient, Inde...).

Le walkman

Le *walkman* ou « baladeur » est un lecteur de cassettes portable, stéréophonique, muni d'un casque léger. Il a été imaginé par Akio Morita, président de Sony, à Shibuara, en avril 1979.

1981
La navette spatiale

La navette spatiale (*Space Shuttle*) élaborée pour la NASA est la première fusée récupérable et réutilisable de l'histoire de l'aéronautique. Elle peut emporter 30 tonnes de charge utile et un équipage de quatre à sept astronautes, dont deux pilotes. Grâce à un bras articulé, elle peut poser sur orbite toutes sortes de satellites ou permettre d'effectuer des réparations dans l'espace. Décidée par le Président Richard Nixon en 1972, la construction de la navette a été principalement effectuée par la société Rockwell International. La première navette, *Columbia*, a volé pour la première fois le 12 avril 1981 avec John Young et Robert Crippen aux commandes.

1984
Les plantes transgéniques

La première du genre est issue des recherches effectuées à l'université de Gand (Belgique) en 1984. Il s'agissait d'un plant de tabac résistant à la kanamycine (antibiotique). Les Belges ont d'ailleurs pris une option considérable sur l'avenir dans ce domaine avec les travaux de la société Plant Genetic Systems, qui a mis au point, en 1987, des plants de tabac, de pommes de terre et de tomates capables de résister à certains herbicides ou à des parasites spécifiques.
En 1989, la même société a réussi à faire produire à des plants de colza des molécules douées d'activité pharmacologique.
Les premiers essais à grande échelle ont été entrepris aux États-Unis en 1988. En mars 1990, la CEE a autorisé les expérimentations en plein champ d'organismes génétiquement modifiés.
Premier végétal transgénique commercialisé : la tomate Flavr Savr, dont les gènes ont été modifiés afin de retarder son pourrissement. Élaborée par la société californienne Calgene, cette tomate, qui a reçu l'autorisation de commercialisation le 18 mai 1994 par la Food and Drug Administration, est vendue sous le nom de *MacGregor*.
La mise au point aura duré dix ans et coûté 25 millions de dollars.

1988
Le tunnel sous la Manche

Commencé le 1er décembre 1987, le tunnel sous la manche ne sera inauguré que sept ans plus tard, le 6 mai 1994. Il s'agit d'un tunnel ferroviaire double, auquel vient s'ajouter une galerie de service. Les tunnels font chacun environ 50 km de long et relient Calais à Folkestone. Ils traversent la Manche par 25 à 45 m sous le fond de la mer ; 8500 ouvriers ont manipulé 7 millions de m^3 de déblais, fabriqué et installé 692 000 voussoirs, posé 195 km de voies, 1 300 km de câbles électriques et monté quelque 20 000 lampes.

1990
Le web

Européanisme oblige, c'est le CERN (Centre d'études nucléaires) basé à Genève qui est à l'origine du web. Un Anglais, Tim Berners-Lee, et un Belge, Robert Cailliau, sont les principaux instigateurs de cette révolution du monde Internet, démarrée fin 1990.

1997
Le premier animal cloné

En 1997, avec la brebis *Dolly*, une nouvelle étape a été franchie dans le clonage animal. *Dolly* a été conçue à partir d'une cellule adulte, en l'occurrence une cellule de glande mammaire destinée à fournir du lait.
Dolly, premier mammifère né sans père, est une agnelle absolument normale.
Ses concepteurs, Ian Wilmut et les chercheurs écossais du Roslin Institute, d'Édimbourg, ont prélevé des cellules adultes par biopsie dans une glande mammaire d'une brebis blanche, *Finn Dorset*, âgée de six ans. La poitrine de Dolly Parton, superstar américaine de « country music », a inspiré le choix du nom de baptême de l'agnelle.

Le premier objet sur Mars

Partie le 2 décembre 1996, *Mars Pathfinder* est arrivé à destination pile à l'heure, le 4 juillet 1997 à 18 heures GMT. Sa mission : dépose d'une station fixe et de *Sojourner*, un robot d'exploration également connu sous le nom de *Rocky*. Le résultat de la mission a dépassé toutes les prévisions : plus de 9000 photos, 4 millions de mesures de l'atmosphère et de météorologie, 15 études du sable et des rochers... *Sojourner* a montré que des flots torrentiels avaient coulé il y a quelque 3 milliards d'années dans Ares Vallis. En novembre 1997, la NASA a perdu le contact avec *Mars Pathfinder* et *Sojourner*.

Les salons et concours

Lieux privilégiés où les inventeurs peuvent rencontrer le public, les salons d'inventions représentent souvent le seul espoir pour les inventeurs indépendants de se faire connaître. C'est dire l'importance de ces rendez-vous annuels. Voici les coordonnées – et les dates, lorsqu'elles nous sont connues – de certaines de ces manifestations :

En France

Salon du bricolage et des inventions de Lyon : du 1er au 4 février 2002 à la Halle Tony-Garnier, 20, place Antonin-Perrin, 69007 Lyon.
Directeur : J.-C. Moyat, Le Progrès, 92, avenue du Progrès, 69680 Chassieu -
Tél. : 04 72 22 24 89
Fax : 04 72 22 27 11
Site internet : www.progresplus.com
E-mail : pp1@progresplus.com

Concours Lépine : du 26 avril au 9 mai 2002, au Parc des Expositions de Paris, Porte de Versailles. Pour tout renseignement, s'adresser à l'Association des Inventeurs et Fabricants Français, AIFF, 12, rue Beccaria, 75012 Paris.
Tél. : 01 40 02 04 50
Fax : 01 40 02 04 51
Site internet : www.concours-lepine.com

Espace Invention Innovation, Foire de Marseille : du 21 septembre au 1er octobre 2001, Parc Chanot.
Contact : Association Méditerranéenne des Inventeurs, 32, cours Pierre-Puget, 13006 Marseille. Tél. : 04 91 54 16 01

Salon régional de l'invention et de la création : les 27 et 28 octobre 2001.
Contact : Association du Val d'Oye, Centre Jean-Moulin, 90300 Valdoie
Tél. : 03 84 26 04 60

Rencontres Normandes : ont lieu tous les deux ans à Conches-en-Ouche (Eure). La prochaine édition se tiendra en 2003.
Président : Serge Carpentier.
Renseignements : Nadège Boutet.
Tél. : 02 32 37 25 29
Fax : 02 32 30 70 77
E-mail : reseau-e3c@wanadoo.fr
Site internet : e3c-france.com

Salon de Jonquières (Vaucluse) : les 20 et 21 octobre 2001.
Contact : Salon de l'Invention et de l'innovation, Avenue Biscarrat-Bombanel, 84150 Jonquières. Tél. : 04 90 70 36 21
E-mail : SalonInvention@netcourrier.com

À l'étranger

Brussels Eureka : du 13 au 19 novembre 2001.
Contact : M. José Loriaux, président, Chambre Belge des Inventeurs, avenue de l'Armée, 24, 1040 Bruxelles, Belgique.
Tél. : (0032 2) 732 76 00
Fax : (0032 2) 732 69 60
Site internet : www.brussels-eureka.be

Salon international des inventions de Genève : la 30e édition aura lieu du 1er au 4 mai 2002, à Palexpo.
Président : M. Jean-Luc Vincent
Secrétariat : 8, rue du 31-Décembre, CH-1207 Genève, Suisse.
Tél. : (004122) 736 59 49
Fax : (004122) 786 00 96
E-mail : promex@worldcom.ch
Site internet : www.inventions-geneva.ch

BBC Tomorrow's World International Inventions Fair, à Earl's Court, Londres :
Organisateur : Malcolm Cook, Sphinx Exhibitions, 12 Sandbourne Road, Bournemouth BH4 8JH, Grande-Bretagne
Tél. : (00-44) 1202 762252
Fax : (00-44) 1202 765009
E-mail : malcolm.cook@btinternet.com

Salon IENA 2000 à Nuremberg : (Allemagne), du 1er au 4 novembre 2001.
Adresse Internet : www.iena.afag.de
E-mail : info@afag.de

Galáctica 2001 : la 8e foire Internationale des Inventions, s'est tenue du 30 août au 2 septembre 2001 à Barcelone.
Contact : Galáctica 2001, Avinguda Francesc Maciá, 63, 1R4A, 08800 Vilanova i la Geltrù (Barcelona), Espagne
Tél. : (00-34) 93 814 4327
Fax : (00-34) 93 814 3587
E-mail : galactica@virtual.es
Site internet : www.virtual.es/galactica

Inpex : The Invention/New Product Exhibition, 217 Ninth Street, Pittsburgh, PA 15222-3506 (USA). Du 15 au 19 mai 2002.
Tél. : (412) 288 13 43
Fax : (412) 288 45 46
Site internet : www.inventionshow.com

Les concours sont également devenus un forum de la créativité, soit qu'ils permettent de promouvoir des idées au niveau individuel, soit qu'ils aident les jeunes entreprises innovantes à se lancer à partir d'un produit nouveau.

Concours des Papas bricoleurs dont le but est d'aider par la réalisation d'idées ingénieuses à pallier le déficit de son enfant handicapé et à lui permettre de vivre presque normalement.
Ce concours existe depuis 1998. Il a été mis sur pied par la revue Déclic, magazine de la famille et du handicap, avec la participation de l'association lilloise des « Papas bricoleurs et des Mamans astucieuses » ainsi que des magasins Leroy-Merlin.
Contacts : Les Papas bricoleurs, 17, rue Pierre-de-Coubertin, 59370 Mons-en-Barœul.
ou : Déclic, 14, avenue Berthelot, 69361 Lyon Cedex 07.
Tél. : 04 78 72 72 72
Fax : 04 78 61 99 53
ou : Leroy-Merlin, rue de Chanzy, Lezennes 59712 Lille Cedex 9.
Tél. : 03 28 80 84 79
Fax : 03 28 80 84 97

Concours Création d'entreprises de technologies innovantes, une initiative de l'ANVAR pour aider les porteurs d'idées à se lancer dans un projet de création d'entreprise. Pour toute information s'adresser à l'ANVAR, 43, rue Caumartin, 75436 Paris Cedex 09.
Tél. : 01 42 66 02 20
Fax : 01 42 66 02 20
Site internet : www.anvar.fr

Lauréates. Ce concours part d'un principe similaire : aider à la création d'entreprise à partir d'un produit innovant, mais il est exclusivement réservé aux femmes. Il est organisé par l'ADIRAC (Agence pour le Développement industriel de la Région Albi-Carmaux) en collaboration avec de nombreux partenaires techniques et médiatiques.
Contact : Catherine Frezouls ou Karine Guilbert – PointChances/ADIRAC.
Tél. : 05 63 77 30 05
E-mail : adirac@wanadoo.fr

Cet homme a eu une idée géniale. Aujourd'hui, il s'en mord les doigts.

Il ne faut pas avoir peur de son génie, c'est une des leçons que M. Jaunault de la société Manulatex a aujourd'hui retenues.
Quand il met au point un procédé pour améliorer le confort des gants en cotte de mailles, modeste, il ne dépose pas de brevet à l'INPI pensant que cette invention ne révolutionnera pas son marché.
Aïe : la même idée est reprise et transformée par un concurrent.

Heureusement, depuis cette mésaventure, les neurones de M. Jaunault et de ses équipes ont fonctionné à plein régime, d'autres innovations ont vu le jour et une fois brevetées ont contribué au développement de l'entreprise Manulatex.

INPI
INSTITUT NATIONAL DE LA PROPRIETE INDUSTRIELLE

LA PROPRIÉTÉ INDUSTRIELLE. UNE ARME STRATÉGIQUE.

Le parcours de l'inventeur

Comment breveter votre invention ?

Avant d'en parler à qui que ce soit, posez-vous quatre questions :

– êtes-vous vraiment sûr que votre invention n'existe pas ?
Pour le vérifier, vous pouvez effectuer gratuitement une recherche à l'INPI.
– peut-elle servir et à qui ?
En d'autres termes, y a-t-il un marché ? Le nombre de gens concernés est-il suffisant pour justifier la mise au point de l'invention ?
– quel prix les acheteurs sont-ils prêts à la payer ?
Ce prix correspond-il à un prix de fabrication envisageable ?
– est-il possible de la fabriquer à l'heure actuelle ?
Si vous avez répondu oui aux quatre questions ci-dessus, votre invention a peut-être un avenir. Il convient donc de la protéger. Le brevet donne à son titulaire le droit exclusif d'exploiter son invention pendant une durée de vingt ans, moyennant une redevance annuelle.
Breveter une invention n'est pas anodin. Non seulement l'innovation est protégée mais elle peut aussi être une source de revenus importants. C'est le cas pour IBM qui a reçu 1 milliard de dollars de royalties durant la seule année 2000. Précisons qu'IBM détient 34 000 brevets !

Quelles conditions faut-il remplir pour déposer un brevet :

– la nouveauté : une invention ne doit pas avoir été divulguée (publiée dans un livre ou un journal, présentée à la radio ou à la télévision, exposée dans un salon...). Si vous devez en discuter avec des partenaires éventuels (banquiers, industriels, commerciaux...), faites-leur signer un accord de confidentialité.
– l'invention doit être inventive : cela paraît tout bête, mais elle doit impliquer une rupture avec les méthodes communément pratiquées dans la profession, utiliser de nouvelles techniques, aboutir à un produit n'existant pas.
– elle doit être susceptible d'application industrielle : un concept scientifique, une œuvre d'art, une théorie... ne sont pas brevetables. L'invention doit pouvoir être fabriquée ou utilisée dans tout genre d'industrie.
Si vous n'êtes pas un juriste hors pair, n'essayez pas de déposer votre brevet vous-même. Vous avez toutes les chances de dépenser beaucoup de temps et d'énergie pour un brevet mal rédigé, qui ne protégera pas valablement votre invention. Passez par les services d'un conseil en brevets. C'est une profession assermentée, très contrôlée : le conseil ne peut en aucune manière vous voler votre invention ou la communiquer à un concurrent.
Selon le degré de technicité d'un brevet, les frais de dépôt (rémunération du conseil et taxes diverses) se situent aux alentours de 30 000 FF (4 573 euros). Il faut également prévoir la taxe de maintien en vigueur, payable au fur et à mesure, et dont le montant total (pour vingt ans) est à l'heure actuelle de 31 720 FF (4 835 euros).
Le brevet français protège une invention sur le territoire national. La protection à l'étranger est évidemment indispensable pour toutes les inventions importantes, mais elle est coûteuse.

Qui peut vous aider ?

– l'AIFF (Association des Inventeurs et Fabricants Français) : elle reçoit gratuitement les inventeurs, sur rendez-vous uniquement, et leur prodigue des conseils utiles. Elle peut vous aider à évaluer l'intérêt de votre invention, vous orienter vers un conseil en brevets, vous guider dans la rédaction du dossier ANVAR...
– la FNAFI (Fédération nationale des associations françaises d'inventeurs) : elle guide les inventeurs au travers de ses associations régionales couvrant tout le territoire. Elle peut vous conseiller et vous soutenir à chaque étape du processus d'innovation.
– les associations régionales d'inventeurs : elles sauront vous guider utilement dans vos démarches sur le plan local.
– l'INPI (Institut national de la propriété industrielle) : les inventeurs indépendants peuvent être reçus gratuitement par des ingénieurs sur rendez-vous et selon leur disponibilité, afin d'être aidés dans leurs démarches pour le dépôt du brevet. Par ailleurs, l'INPI assure des cours gratuits sur les problèmes de propriété industrielle. Pour tout renseignement : Tél. : 01 53 04 55 82.
– l'ANVAR : son nom complet, c'est l'Agence Nationale pour la Valorisation de la Recherche. Elle dispose d'aides variées, adaptées à différents cas de figure, selon que vous êtes un inventeur indépendant, que vous avez déjà une entreprise ou que vous envisagez d'en créer une.
– les chambres de commerce : lorsque vous aurez déposé votre brevet, elles peuvent vous aider à trouver des partenaires industriels et commerciaux.

Quels obstacles pourrez-vous rencontrer avant que votre invention ne triomphe ?

– l'isolement : vous êtes tout seul et ne savez où faire des rencontres utiles. Présentez votre invention dans un salon d'inventeurs (voir page 214). Vous y rencontrerez d'autres inventeurs qui pourront vous parler de leurs expériences, et votre invention pourra attirer l'œil de partenaires ou d'acheteurs.
– la construction du prototype : ne vous lancez pas dans un projet qui risque de vous ruiner, mais cherchez plutôt un partenaire industriel qui pourra prendre en charge une partie des coûts.
– l'étude de marché : vous êtes certain que tout le monde va se ruer sur votre produit. Mieux vaut vérifier votre intuition. Qui sont vos clients ? Avez-vous la possibilité de les contacter et de les convaincre ? Vous êtes convaincu que votre produit est bien meilleur que ceux qui existent aujourd'hui. Mais les consommateurs sont-ils prêts à changer leurs habitudes ? et à quel prix ?
– l'argent : avez-vous les moyens de fabriquer et de commercialiser votre invention ? Pourrez-vous faire face aux échéances ? Il est bien rare qu'une personne isolée puisse surmonter tous ces obstacles.
À moins d'avoir hérité d'une fortune, d'avoir fait des études de droit, de gestion et de technique et d'avoir la bosse des affaires, vous risquez de tomber quelque part sur le fameux « parcours du combattant » de l'inventeur. Plutôt que de surestimer vos capacités, entourez-vous dès le départ de gens compétents : conseil en brevets, partenaires industriels, banques, distributeurs, avocat... Mieux vaut partager un gros gâteau que de grignoter seul un croûton ! Et si tout cela vous semble compliqué, que vous ne vous sentez pas armé pour gérer tous ces partenaires, devenez rentier : vendez la licence de votre brevet et touchez des redevances tranquillement pendant vingt ans.

Écrivez-nous
Le Livre Mondial des Inventions
Tour Maine Montparnasse
33, avenue du Maine B.P. 34
75755 Paris Cedex 15
E-mail :
info@lelivremondialdesinventions.com

Quelques adresses à retenir :

INPI :
26 bis, rue de Saint-Pétersbourg, 75800 Paris Cedex 08.
Tél. : 01 53 04 53 04
Fax : 01 42 93 59 30
Site internet : www.inpi.fr

ANVAR :
43, rue de Caumartin,
75436 Paris Cedex 09.
Tél. : 01 40 17 83 00
Fax : 01 42 66 02 20
E-mail : dc@anvar.fr

AIFF (Association des Inventeurs et Fabricants Français) Concours Lépine :
12, rue Beccaria, 75012 Paris.
Tél. : 01 40 02 04 50
Fax : 01 40 02 04 51
Site internet : www.concours-lepine.com

FNAFI (Fédération nationale des associations françaises d'inventeurs) :
12, rue Raymond-Losserand, 75014 Paris.
Tél./Fax : 01 43 21 39 32

À noter aussi :

Office européen des brevets (OEB) :
Patentlaan 2, 2288 EE-Rijswik, Pays-Bas
(adresse postale : P.B. 5818-2280 H.V.Rijswik, Pays-Bas).
Tél. : (00-31) 70 340 20 40
Fax : (00-31) 70 340 30 16

Office mondial de la propriété intellectuelle (OMPI)
34, chemin des Colombettes, 1202 Genève, Suisse.
Tél. : (00-41) 22 338 91 11
Fax : (00-41) 22 733 54 28
Site internet : www.ompi.int

Salon virtuel des inventions et technologies
Site internet : www.inventions-tech.com

Index des inventeurs

A

AbioMed - 169
Académie des sciences de l'URSS - 210
Activision - 14
Adam, Claude - 52
Ader, Clément - 207
Adkins, Doug - 90
Adobe - 94, 97
Advanced Technologies Group (ATG) - 151
AeroDC - 194
Aérospatiale - 211
Affolter, Jean-François - 136
Agfa - 36
Airbus - 147, 153
Ait-Mokhtar, Fodel - 61
Alcatel - 25
Aldrin, Edwin - 211
Alesis - 31
Allen (professeur) - 156
AlphaGrip - 39
Alsthom - 212
Altschul, Randice-Lisa - 26
Amana - 209
Amergence - 99
American Astronomical Society - 176
AMERICOMM Innovations - 105
Ampex - 210
Anderson, Harry - 70
Anversa (professeur) - 169
Apple - 94, 107
Applied Digital Solutions - 103
Aprilia - 142, 145, 192
Aqua Bounty - 158
Archimède - 202
Arianespace - 174
Armati, Salvino Degli - 204
Armstrong, Neil - 211
ARPA - 212
Artificial Intelligence Entreprises - 96
Astrium - 176
Atari - 211
Atek Electronics - 104
Attitude-Studio - 99
Aubert, Guylaine - 75
Aventis Pharma - 163
Aviation Design - 150
Aviva Sports - 136

B

Bach-y-Rita, Paul - 166
Bacon, Roger - 204
Baekeland, Léo Hendrik - 208
Baggio, Jean-Marc - 130
Bah Abba, Mohammed - 60
Bailly, Christian - 74
Bailly, Philippe - 72
Baird, John - 208
Baltus, Greg - 132
Bandai - 85, 86, 90
Bank of Amerika - 210
Bankinter - 108
Bardeen, John - 209
BASF - 128
Batho, Mark - 201
Baygent - 31
Baylis, Trevor - 65
Baylor (Faculté de médecine de Houston) - 166
Brave - 37
Bégon de Larouzière, Suzanne - 76
Behlouli, Abdelkader - 128
Bell Labs - 24, 50
Bell, Alexander Graham - 206
Bell, Chichester - 207
Benoit, Benjamin - 195
Beranek - 212
Berchet - 110
Berchet Media - 35
Berger, Alain - 49
Bergeron, Michel - 167
Bernard, Charlie - 196
Berners-Lee, Tim - 213
Bertin, Jean - 149
Besse, Laurent - 187
Bigot, Henri - 196
Bioflor Hydradis - 77
Biomechatronics - 87
Blacksburg, laboratoire - 156
Bluetags - 112
BMW - 127
Boeing - 148, 150
Bollée, Amédée - 207
Bolt - 212
Bosch, Thomas - 159
Bosswave - 104
Boudjemline, Abdel - 61
Boutemy, Jean-Pierre - 138
Brattain, Walter - 209
Brenner, Peter - 198
BresaGen - 156
British Aircraft Corp. - 211
British Instrument Consultants - 171
Brown, Edward - 207
Buca Incorporation - 22
Burton - 186
Bushnell, Nolan - 211

C

Cailliau, Robert - 213
Calor - 54
Caltabiano, Gilbert - 201
Campingaz - 54
Canadian Space Agency - 174
Canon - 34, 37, 95
Capcom - 12
CargoLifter - 149
Carothers, Wallace H. - 209
Carrel, Thierry - 163
Casio - 68, 71
Castelbajac, Jean-Charles de - 27
Cauchy, David - 200
Celestis - 172
Cemagref du Languedoc Roussillon - 78
CERN - 213
Chan, Anthony - 158
Charmed Technology - 71
Chrysler - 132
Citroën - 124
Coates, John - 168
Coca-Cola - 74, 207
Colas - 122
Collins, Patrick - 174
Columbia Tristar (studios) - 41
Compaq - 97
Conceptech - 26
Conq, Pascal - 134
Coppola, Patricia - 77
CR Telecom - 28
Creative Labs - 33
Crippen, Robert - 213
Crochon, Michel - 78
Cugnot, Nicolas Joseph - 207
Cursus - 99
Cyber Group Network (CGN) - 96
Cyrus le Grand - 203

D

Dada Doy, Toshi - 212
Daguerre, Jacques Louis - 205
Daimler, Gottlieb - 207
Daimler-Benz - 126
DaimlerChrysler - 118, 128, 194
Dambekalns, Christian - 58
Dane, Robert - 134
Daoudi, Karim - 185
Darkworks - 19
Dassault Aviation - 150
DataPlay - 110
Daudet, Lionel - 190
Davis, Jacob - 206
DEIS - 111
Delamare-Deboutteville, Édouard - 207
Delambre, J.-B. - 205
Delettre, Jean-Pierre - 53
Département des neurosciences cognitives et d'imagerie cérébrale de La Pitié Salpêtrière - 162
Déry, Daniel - 80
Design Performance - 123
DGA - 136
Di Méo, Philippe - 59
Dia Design - 171
Dias, Bernard - 22
Dickinson, Michael H. - 92
Dietz, Charles - 207
Disney, Walt - 38
Docter, Pete - 38
Dodge - 118
Domain Dynamics - 103
Dong-whan, Kim - 28
Drais von Sauerbronn, Karl - 206
Dryden, Richard - 139
Dubois - 52
Dunlop, John Boyd - 206, 207
Dyballa Beate - 107
Dynastar - 186, 187
Dyson, James - 58

E

EADS Military Aircraft - 146
Eckert, J.-P. - 210
École de hautes études industrielles de Lille - 129
École des mines de Paris - 69
École Navale de Brest - 138
EDF - 98
Edirol - 32
Edison, Thomas - 206, 207
Edvinsson, Dick - 52
E Ink - 50
Einstein, Albert - 208, 210
Electrolux - 54
Eliotex - 141
ELP - 33
Elva - 103
EMX Corporation - 102
Endemol - 49
Ericsson - 26, 29, 35, 115
ESA - 174, 176
Eurocopter - 153
eXkate - 196

F

Faggin, Federico - 211
Figuccia, Marc - 194
Finot, Jean-Marie - 134
Fioretti, Mario - 57
FitSense Technology - 198
Fleming, alexander - 209
Fletcher, Garth - 158
Florit, Florence - 60
Fogher, Corrado - 75
Fontaine, Alain - 74
Ford - 122, 129
Foster-Miller - 171
France Telecom - 22, 26, 98
Freeplay Energy - 29
Friedman, Louis - 173
Friedmann, E. Imre - 177
Fuel Cell technologies - 135
Fuji - 34, 36
Fujitsu - 174
Future Sound Technologies - 30

G

Galilée - 204
Gates, Bill - 20
GateSkate - 196
Gayaud, Pascal - 30
Gemplus - 102
General Mills - 76
Geo - 27
Gernelle, François - 211
Given Imaging - 164
GM (General Motors) - 125, 129
GM (General Motors) do Brasil - 121
Goddard, Robert H. - 209
Goldstine, H.-H. - 210
Goodyear - 119
Goodyear, Charles - 207
Gook, Debra - 161
Göransson, Björn - 52
Gossard - 67
Gould, Richard Gordon - 211
Grcic, Konstantin - 61
Greenleaf Technologies - 97
Greystone - 141
Grimaud, Gilles - 103
GSC Game World - 13
Guerlain - 186
Guidoni, Umberto - 174
Guilmet, André - 206
Gutenberg, Johannes - 204
Gutton, Henri - 209
Gyricon - 50

H

Hagiwara - 44
Handera - 42
Handspring - 44, 45
Hango - 32
Hasbro - 86
Hauville, Jean - 80
Havas Interactive - 97
HealthSouth Corporation - 166
Hee-jun, Kim - 28
Heller, Ed - 90
Helmrich, Barbara - 189
Herr, Hugh - 87
Herschel, John - 205
Hewlett-Packard - 97, 109
Hitachi - 40, 111
Hoff, Marcian E. - 211
Honda - 88, 121
Husqvarna - 61, 81
Hyatt, Gilbert - 211

I

IBM - 86, 97, 102, 105, 111
Idea International - 55
Idée Verte Compétition - 132
IEEE - 113
ILOG - 97
Imbert, Mathieu - 195
Infineon Technologies - 97
Inkster, Kevin - 193
Inra - 158
Institut de Microtechnique de Mayence - 146
Institut Paul-Scherer - 136
Intel - 41
Intrason - 167
Inventel - 115
Ir-Vonline.com - 93
Isipa - 98
Isuzu - 119
Ito, Katsuhisa - 90
Ixilab - 55

J

Jackyx - 106
Jaguar - 130
Japan Society for the Promotion of Science Research - 92
Japanese Rocket Society - 174
Jaycor - 170
Jeep - 120
Jenner, Edward - 205
Jié, Wang - 204
Jobs, Steve - 212
Johnson & Johnson (laboratoires) - 163
Jorgensen, Charles - 148
Junior-entreprise Océanautes Industries - 141

K

Kbgear - 98
KDDI - 28
Keldych, Mtislav - 210
Kensington - 106
Kerbango - 100
Khéo - 193
Kirchner, Franck - 179
Kita Toshiyuki - 38
Kloster, Knut - 139
Klug, Thomas - 40
Kojima, Hideo - 16
Konami - 13, 20
Konica - 35
Korigoskiy, Alexander - 168
Krebs, Serge - 130

L

La Poste - 53, 62
La Poste suisse - 51
Lamy, Laurent - 195
Langley Research Center (LaRC) - 152
Larzul - 52
Leibniz, Gottfried Wilhelm - 205
Lenoir, Étienne - 207
Levi Strauss - 65
Levi-Strauss, Oscar - 206
Lewis, Don - 127
Lexon - 194
LG Electronics - 51, 115
Ligier - 131
Linux - 97
Liu, Guosong - 160
Lohman, Jan - 159
Loisirs Pro - 135
Lombad, Marc - 137
Lorier, Roger - 137
Lugovit - 77
Lukali, André - 100
Lukovic, Marko - 127
Lumière, Louis - 208
Lycée de la Croix Rouge (Brest) - 138

M

Macaulay, Michael - 106
Maeder, Stéphane - 184
MagCom - 24
Malandin, Léon - 207
Malburg, Paul - 62
Malleret, Daniel - 138
Margi Systems - 44
Marimba - 97
Marinova, Margarita - 177
Marionnet, Jacques - 74
Marten, Ken - 159
Matias - 111
Matignon, Philippe - 69
Matra - 125
Matsushita - 168
Mattel Fisher-Price - 84
Mauchly, J.-W. - 210
Maybach, Wilhelm - 207

Index des inventeurs

Mazor, Stanley - 211
McDonald, Maurice - 210
McDonald, Richard - 210
McHugh, Tara - 73
Méchain, Pierre - 205
Mechelany, Jean-Marie - 138
Mercedes - 128
Metreveli, David - 54
MHI - 174
Michaux, Ernest - 206
Michaux, Pierre - 206
Michelin - 119
Michelin, André - 207
Michelin, Édouard - 207
Microsoft - 20, 95, 96, 97, 101, 108
Millenium Jet - 151
Miller, frères - 19
Millet - 184
Mincom - 210
Minolta - 39
Miura, Hirofumi - 170
MMAD - 63
Moller, Paul - 130
Molyneux, Peter - 11
Monarch - 42
Monolith - 10
Monoprix - 65
Montemagno - 167
Moore, James - 207
Moreno, Roland - 212
Morita, Akio - 213
Motorola - 24, 29, 33, 68
M-Systems - 108

N

Nas Communications - 99
Nasa - 97, 146, 148, 150, 152, 173, 174, 175, 176, 177, 213
Navy's Sear-Air-Land - 140
Nec - 105
Nestlé - 73
Neumann, John von - 210
New Concept - 75
Newcomen, Thomas - 205
Newmann - 212
Nexia - 160
Niépce, Nicéphore - 205
Night Awls Optics - 79
Nintendo - 12, 15, 20, 64, 199
Nishimura, Tsuyoshi - 174
Nissan - 174, 123
Noehte, Steffen - 109
Nokia - 23, 24
Novell - 97

O

Okamura, Allison - 162
Oldsmobile - 128
Oracle - 166
Orange - 22
Orlic, professeur - 169
Oster, Axel - 59
Otis - 62
OXS - 143

P

PaceBlad Technology - 107
Pages Jaunes - 201
Palm - 43
Pascal, Blaise - 204
Pasquet, Jean-Yves - 187
Pasteur, Louis - 205
PC-Ephone - 43
Pecqueur, Onisèphore - 207
Peltier, Fabrice - 76
Pemberton, John - 207
Peugeot 118, 119, 127
Peyronnet, Vincent - 60
Pfizer - 163
Philips - 65, 111, 113, 212
Philips Design - 63
Phœnix, société - 71
Piaggio - 144
Pilkington - 56
Pioz, Javier - 63
Pirelli - 119
Pister, Kristofer - 93
Plant Genetic Systems - 213
Plessi Marin Yacht design - 140
PLL Therapeutics - 156
Polaroid - 36
Police d'Amsterdam - 28
Potel, Pierre - 74
Pourbaix, Xavier - 60
Precloux, Franck - 184
P'Référence - 76
Procter & Gamble - 67
PSA - 131
Puljiz, Georges - 78
Pulse Data International - 95

Q

Queen's University - 122

R

Rareware - 17
Raybaud, Michel - 185
RCA - 210
Réguillon, Gilles - 197
Renault - 98, 127, 132
Renou, Yves - 48
Rhodia - 69
Richard Paul Russel - 78
Richards, Helen - 64
Ricoh - 34
Robinett, Rush - 88
Roboscience - 85
Robotiz - 86
Roch - 36
Rocher, Virginie - 48
Rockport - 69
Rogers, John - 50
Rohm - 110
Rollerblade - 197
Rolls-Royce - 211
Röntgen, Wilhelm Conrad - 208
Roslin, Institute - 157, 160, 213
Rossignol - 182
Rostang, Michel - 73
Rota, Jérôme - 41
Royal Mail - 50
Rudolph, Alan - 179
Russel, Steve - 211

S

Sage, Peggy - 71
Salomon - 184, 186, 190
Samsung - 27, 31, 35
Sandia National Security Laboratory - 165
Sandia, laboratoires - 90
Sanei House - 32
Savery, Thomas - 205
Sbarro, Franco - 123
Schawlow, L. - 211
Scheider, Ralph - 210
Schellenberg, Ingo - 65
Schickard, Wilhelm - 204
Schneider Electric - 98
Schwartz, Bertold - 204
Scott Sport - 182, 186
SearchSpace - 27
SECMA - 143
Seeing Machines - 131
Sega Entreprises - 18, 89, 92
Sellier, Philippe - 73
Selliez, Jean-Luc - 49
Serpollet, Léon - 207
SGI - 97
Shaper Image - 57
Sharp - 23, 27, 38, 174
Shell France - 133
Sheng, Bi - 204
Sheridon, Nick - 50
Shimizu, Hiroshi - 120
Shimoyama, Isao - 170
Shockley, William - 209
Siebel - 97
Siel - 64
Siemens - 23, 27
Silicon Film Technologies - 37
Silver, Joshua - 169
Simao, Sun - 203
Singer - 20
Sinjou, Joop - 212
Sinnah, Maurice - 102
Skytel - 68
Smal Camera Technologies - 35
SNCM - 101
SNECMA - 211
Solarc - 28
Sony - 10, 11, 29, 30, 43, 84, 89, 108, 110, 114, 212
Sony Computer Entertainment - 102
Sourcenext - 96
Spencer, Percy - 209
Spitzer, Berry - 88
Square Soft - 15
Staten, docteur - 161
Still and Saxby - 133
Stimvak - 59
Stockton and Darlington Railway - 206
Storm - 66
Stöver, Bernd - 164
Studio Créatif France Telecom - 66
Sun - 97
Sun-Star Stationery Co Ltd. - 56
Suntory Ltd - 80
SurfControl - 94
Swan, Joseph - 207
Swan, Mohamad - 166
Swatch - 65, 70
Swivel - 42
Sybase - 97
Symbol - 43

T

Tack System Corp - 63
Tainter, Summer Charles - 207
Takahashi, Kazuki - 38
Takanishi, Atsuo - 167
Takara - 87, 88
Targus - 44
Tartar, Joël - 135
Tefal - 60
Texane Sabre - 152
Thomson Multimedia - 32, 98
Thrustmaster - 16
Timex - 68
Tito, Dennis - 172
TMSUK - 91
Tokin - 11
Tomy - 36, 84, 85, 87, 89
Torvalds, Linus - 97
Toshiba - 102, 106, 113
Touvron, Joël - 145, 130
Townes, Charles H. - 211
Toyota - 122, 130, 133
Transmeta - 95
Trapec Corporation - 90
Trium - 27, 29, 44, 114
3D Production Multimédia (3DPM) - 40
Triumph - 70
Trüb, Nicolas - 50
Truong Trong Thi, André - 211
Tsien, Joe - 160
TSL - 183
Turnock, Hilary - 66

U

Ultra Orange - 95
Université américaine Carnegie Mellon - 97
Université de Bristol - 87
Université de Manitoba - 92
Université de médecine Baylor - 166
Université de Miami - 163
Université de Stampa - 87
Université des technologies de l'aviation de Ufa - 198
Université d'Illinois - 165
Université Humbolt (clinique dentaire de l') - 165
Université japonaise de Kobé - 80
Université libre d'Israël - 157
Urge Snowproducts - 188
US Air Force - 148, 170

V

Vacanti, Charles - 161
Valtsev, Vitali - 109
Van Hartesveldt, Jean-Jacques - 193
Van Oosten, Henk - 159
Verant - 21
Vermillard, Frédéric - 189
Vesco, Thierry - 48
Vieriko, Hannu - 189
Viragen - 157
VirTouch Ltd - 105
Völkl - 188
Volkswagen - 119, 126
Volta, Alessandro - 205
Volvo - 124, 126, 131

W

Walt, Disney - 38
Watson, Thomas - 206
Watson-Watt, Robert - 209
Watt, James - 205
Werner, Eugène - 208
Werner, Michel - 208
Westwood, Vivienne - 70
Whirlpool - 57, 61
Willana Lifesciences - 80
Wilmut, Ian - 213
Wilt, Jan de - 159
Wirth, Nick - 85
Wizcom Technologie - 109
Wolf-Garten - 79
Wozniak, Stephen - 212
Wright, Orville - 208
Wright, Wilbur - 208

X

X Marine - 136
Xerri, Jean-Claude - 137
Xircom - 102
XiTact - 162
Xspeed - 183

Y

Yaka Développement - 185
Yamaha - 142, 144
Yamamoto, Yoko - 119
Yankowski, Carl - 43
Young, John - 213

Z

Zem - 199
Zep - 39
Zivanovic, Alex - 168
Zojirushi - 58

Index des inventions

A

@ and Sound - 113
20XX - 148
3D Motion Sensor - 11
4807 - 187
4Q Plugged - 63
802.11B - 113
9210 Communicator - 23
A380 (Airbus) - 147
Accompli 008 - 29
Activ (verre) - 56
Active denial technology - 170
Adèle - 100
Adhésif réversible - 62
ADI - 97
ADS - 187
Adventure Concept Car (ACC) - 126
Aero Train - 149
Aibo - 84
Ail inodore - 75
Air Pack - 184
Air Synth - 31
Airboard - 193
Alone in the Dark 4 - 19
AlphaGrip - 39
ALTEX - 135
Amnonite - 23
Amped Freestyle Snowboarding - 16
Ampoule électrique - 207
ANDi - 158
Ange numérique - 103
Anoto Pen - 112
Apple II - 212
Aqua Jump - 136
Aquastation - 141
Aquos - 38
ARCA - 123
Arcade - 211
Arpanet - 212
Artemis - 174
Ascenseur pour l'espace - 173
Asimo - 88
Assiette KELVINE - 74
Attention Trainer - 18
Auto mower - 81
Autocollant avec code-barres - 62
Autre Rive (l') - 172
AVE - 150
Avion - 207
Avion écologique - 153
Avion-cerf-volant - 146

B

B.I.O.bug - 86
Babyrobo 001 - 89
Baccade - 48
Bactéries domestiquées - 168
Baggers - 64
Bakélite - 208
Baladeuse (La) - 55
Balanced Break System - 193
Balançoire d'intérieur - 59
Barrière de son infernal - 52
Bateau à pile - 136
Batterie dans les talons de chaussure - 65
BBS - 193
Be up - 131
Beagle 2 - 176
Bibéon - 76
Bicyclette pour transporter des objets longs - 201
Biomechatronic Fish - 87
BioSteel - 160
Biviseur - 128
Black and White - 11
Blip - 115
BlueDSL - 115
BlueEyes - 86
Bluetooth - 112
Bodymaster - 54
Boussole - 204
Brebis transgéniques et clonées - 160
Britney (poule) - 157
Buick Bengal - 129
Bulldog BT 1100 - 142

C

C.H. Rainbow - 65
C-4 - 96
Cache écran - 107
Caméléo - 118
Camille - 103
Canadarm 2 - 174
Capcan - 75
Capuchon protecteur Phœnix - 171
CaraMio - 28
Cargobike - 145
Carte à puce (ou carte à mémoire) - 212
Carte de crédit - 210
Cassette Magique (La) - 49
CatAlert - 80
C-BOT - 89
CD - 212
CD cylindrique adhésif - 109
Ceiva - 58
Cell - 102
Ceramic Speaker System - 32
Chariot-voiture - 128
Charmed AromaBadge - 71
Charrue - 202
Chasse aux tags - 90
Chat cloné - 158
Chaussettes masseuses - 66
Chaussures à doigts de pieds - 70
Chaussures à pompes à essence - 198
Chaussures à semelles rafraîchissantes - 69
Chaussures-Game Boy Color - 64
Chef - 61
Chemin de fer - 206
Cheval génétiquement modifié - 156
Chèvre-araignée - 160
Chew-Chew - 87
Cholestérol (détecteur de) - 168
Cimetière spatial - 172
Cinématographe - 208
City Toyz Vroomster - 119
CL 75 AC - 149
Clavier des Bébés - 110
Clié PEG-N700C - 43
Clone - 210
Club Caraïbes - 99
CMD-MZ5 - 29
Coca Cola - 207
Coca-Cola au lait - 74
Cochons clonés et/ou transgéniques - 156
Code postal personnalisé - 50
Codec 3DPM - 40
Cœur artificiel autonome - 169
Cœurs (téléphone portable) - 29
Coffre-fort virtuel - 108
Colasmac clair - 122
Collier-téléphone - 29
Combinaison de plongée - 140
Combinaison spatiale nouvelle génération - 176
CommuniCam - 35
Communication BN-1 - 85
Concorde - 211
Conker's Bad Fur Day - 17
Contrarotator - 58
Contrebasse-carotte - 30
Cool Summer antidérapant - 69
Cordes vocales artificielles - 167
Cosmos 1 - 173
Cossacks - 13
Costume antistress - 65
Coyote - 197
Craquelés effet Python (les) - 71
Creditcard GPRS - 102
Crossfire - 132
Crosskate - 201
Culotte intelligente et interactive - 67
Cupid - 160
Cyber.commander - 70
Cybiko - 24

D

Dancing Robot - 56
DAP Jukebox - 33
Data Projector Kit - 113
DataPlay - 110
DD-R - 108
DD-RW - 108
Débrancheur de fiches électriques - 61
Décorer son PC - 106
Deep Impact - 174
DeepWorker - 141
Delphis - 159
Delta park - 159
Designer 1 - 61
Desktop Robot - 86
Diana - 160
Didi - 86
DigiGuard - 97
Digimax 210 SE - 35
Digison - 167
Digital Dios - 51
Digital Movie Creator - 41
Digitrace - 60
Dirtsurf - 193
DiskOnKey - 108
Divescope - 141
DIVX - 41
Dog.com - 85
Doko Demo Issho - 108
Dolfing - 138
Dolly - 213
Doogie - 160
Draft Cola - 72
Draisienne - 206
Dream Force 01 - 88
DSC-P1 - 11
Duette - 196
Dumbo - 59
DVD Cam - 40
DynaSheet - 106

E

Eagle - 54
Easyplug - 98
EasyStopAqua - 78
EC 130 - 153
Écharpe communicante - 66
eCL34 - 36
Écrans en plastique - 111
Écrans organiques ultra plats électroluminescents - 110
Efni - 138
EFS-1 - 37
E-L@@k - 35
E-mail - 212
Emballage comestible - 73
Emblaze A2 video ASIC - 27
e-mini D - 35
Emotion Mouse - 105
Encre électronique - 50
Enjoy Fuel-Cell - 192
Épilepsie (prévention de l') - 162
e-pot - 58
Ergomia - 48
ERS-210 - 84
Escalader l'ocre - 190
Escam - 192
E-Skate - 198
Espace on line (l') - 176
Euro - 51
Eve Solal - 99
Evic (système) - 132
e-Wallet - 43
Explorer (fauteuil) - 101
Exubera - 163
Eyemodule 2 - 45

F

Facelab - 131
Fardier (le) - 207
FCHV-3 - 133
Festivio - 54
Feu - 202
Figaro Bénéteau - 137
Fil polyamide 6.6 - 69
Final Fantasy 9 - 15
Fine Pix 6800Z - 36
FinRing - 104
Fissa - 184
Flora-ie - 111
Flyer I (le) - 208
Flyfish - 137
Flying Ace - 105
Flylight - 106
Fontaine Verticale - 53
Footbag - 197
Football - 206
Forty-Nine - 122
Four à micro-ondes - 209
Freeplay S360 - 31
Freestyler Board - 16
Freshkiss - 74
Frog Mysh - 104
Fruits transgéniques - 160
FS-1 - 198
F-Type - 130
Fuite nucléaire (détecteur de) - 170
Fun Tech 50 - 143
Funpiercing - 164
Fusée - 209
F-Zero Maximum Velocity - 20

G

Game Boy Advance - 12
Gamecube - 15
Gastronome - 87
GBX - 119
G-CONTROL - 197
Gélule-caméra - 164
Gen 2 - 62
Global Hawk - 148
Go Chat - 105
Go-kart - 194
GraffitiWriter - 132
Gran Turismo 3 - 17
Grille-pain Hello-Kitty - 56
Grove - 78
GSM - 212
Guerlain Chicherit - 186

H

Habitat - 202
Half Keyboard - 111
HALone - 96
HALtwo - 96
Hand Mail - 22
Hand View - 27
Handera 330 - 42
Hango PJB 100 - 32
HDDC - 97
Hearing Hand - 68
Hélico individuel - 151
Hélios - 129
Herdy Gerdy - 12
Herse - 203
Hiéroglyphe - 203
Hi-Muse - 30
Homme sur la Lune (le premier) - 211
Hôpital cyber - 166
Hôtel bluetooth - 112
Housse de protection pour patin de planche - 189
Hovery - 194
HPI - 131
Hydre à 2 têtes - 159

I

IBM SSEC - 210
Idéogramme - 203
iDisck - 94
iDVD - 94
Iles artificielles flottantes - 136
iMac - 107
Implanom - 164
Imprimerie - 204
In-line Skate Speedometer - 195
Inmarsat-RNIS - 26
Installations sportives spatiales - 174
Instax 20 - 34
Insuline par inhalation - 163
Intel 4004 - 211
Intel Pentium 4 - 103
Internet - 212
Internet dans les cafétérias automatiques - 99
Internet Radio - 100
Intuitiv - 187
Intuitiv 74 - 187
Io - 177
Ir-V - 93
ISS - 172, 173, 174, 179
ISS Pro Evolution 2 - 20
iTunes - 94
Ixus 300 - 34

J

Jam Session - 15
Jam Studio - 98
Jean - 206
JEC 2000 - 171
Jeux vidéo - 211
J-NM1 - 24
J-SH 07 - 23

K

Kanko-Maru (fusée) - 174
KELVINE - 74
Kengo - 18
Kestrel - 78
Kickbike (KB) - 200
Kickspark - 189
Kingcat M270 - 140
Kit anniversaire - 58
Kitesurf - 182
Kwoon - 100

L

Laboratoire miniaturisé - 165
Laguna II - 132
Laser - 210
Laser à décharge de gaz - 211
Le Net via l'éléctricité - 98
L'Eau du Café - 76
L'Eau du Thé - 76
Légumes satellisés - 160
Lésions cardiaque (réparation des) - 169
Lestrheol - 138
Levier - 202
Lezzim@mbo - 87
LG-P610B - 115
Lighthouse - 54
Lin pour équipements automobiles - 128
Linux 2.4 - 97
Loft Story - 49
Logiciels pour non-voyants - 95
Loko Freeboard - 198
Los Angeles - 145
Lunette astronomique - 204
Lunettes - 204
lunettes aux verres ajustables - 169

Index des inventions

index des inventions

Lunettes chasseuses de radioactivité - 171
Lunettes holographiques - 39
Lunettes opaques pour poules - 157
Lunettes pour anticiper le XXIe siècle - 70

M

M72 - 125
Mac OS X - 94
Machine à calculer - 204
Machine à pop-corn - 56
Machine à vapeur - 205
Machine agricole - 202
MAESTRO - 178
Magcom - 24
Magnétoscope - 210
Magnétoscope couleur - 210
Magnétoscope numérique - 210
Maileva - 53
Main robotisée - 162
Mako - 146
Mannequin spatial - 172
Mara des Bois (fraise) - 74
Mars Express - 176
Mars Odyssey 2001 - 177
Mars Pathfinder - 213
Mars (réchauffement) - 177
Matériaux intelligents - 152
Matrice tactile pour non-voyants - 166
Matrix - 122
M-BOT - 89
Mcdo - 210
Me:2 Plum - 36
Mémo Lynote - 102
Mems - 93
Meow-Chi - 92
Metal Gear - 16
Métallurgie - 202
Micral - 212
Micro Bubble Jet Camera - 37
Micro Mobile - 57
Micro Top - 57
Microbus - 126
Micro-hélicoptère - 146
Micro-ordinateur - 211
Microprocesseur - 211
Micro-Robot - 90
Midori Linux - 95
Mini Yacht - 138
MIR - 172, 211
Mitévak - 59
MMADlock - 63
Mobile Printer - 27
Mode-7 - 20
Model X - 121
Moelle auto-réparatrice - 163
Moissonneuse - 203
Monarch 6015 - 42
Mondo - 44
Monstres & Cie - 38
Montre-téléphone - 29
Mood Hood - 33
Moonster - 127
Mooring Jacket - 55
Mosquito Stop - 230
Moteur à 4 temps - 207
Moteur à combustion interne - 207
Moteur à essence - 207
Moteur à plasma magnétique - 176
Moteur en V - 207
Motocyclette - 208
MOX - 171
MP3 S-P2450 - 31
MPEG-4 - 40
M-Ram - 97
Multimobile SX45 - 43
Myst 3 : Exile - 19

N

Navette spatiale - 213
Navigator - 66
Nebula - 63
NE-E8P - 30
Netune - 139
New Beetle Limousine - 119
No Ones Lives Forever - 10
NOTG1 - 79
Nouveau carburant - 128
Nouvelle nage voile - 137
Nylon - 209

O

O4 (Oldsmobile) - 125
Obésité (traitement) - 166
Objet sur Mars (le premier) - 213
Octane BM (Big Mountain) - 186
Octane P2 - 186
O'Dwyer VLE - 170
Oeil de verre révolutionnaire - 168
Olympe Compass - 194
Omelette déshydratée - 77
Optigraph - 158
Ordinateur - 210
Osée (Citroën) - 124
Outil de fer - 202
Ozone (reconstitution de la couche d') - 178

P

PaceBook - 107
Papillon génétiquement modifié - 161
Parachute (pour PDA) - 44
Parallex - 171
Pascaline - 205
Passage clouté illuminé - 120
Pastèque carrée - 73
Patch contraceptif - 163
Patient virtuel - 162
Patinette de La Poste - 198
Pax (système) - 119
PC-Ephone - 43
PD200 - 33
PDC-640M - 36
Peau artificielle - 165
Pekee - 93
Pénicilline - 209
Personal Cooling System™ 2.0 - 57
Petit Duc - 150
Pétunias génétiquement modifiés - 80
Phantasy Star Online - 21
Phonepen - 22
Phonographe - 206
Photo Max MP3 - 36
Photocube Levitator - 55
Photographie - 205
Photoshop - 94
Piaggio X9 500 - 144
Piège à images - 40
Pile électrique - 205
Piloter un avion à distance - 148
Plantes transgéniques - 213
Plastique - 208
Plastique à la patate douce - 130
Platine laser - 33
PlayStation2 - 10
Plouf - 141
Pneumatique - 207
Pocket Rocket - 186
Pokemon Pikachu Color - 199
Pommes taguées - 77
Pong - 86, 211
Porte-pot - 80
Poste - 203
Pot rafraîchissant - 60
Poudre à canon - 203
Poules dopées à l'urine - 157
Poules transgéniques - 157
PPT 2700 - 43
Praline au boudin - 74
Premières armes - 202
Presenter-to-Go - 44
Préservatif invisible - 167
Professeurs virtuels - 100
Project Justice - 12
Prothèses acoustiques - 168
Protrek Satellite Navi - 71
PS-02 - 32
PS2 - 10
PSO - 21
Puce électronique de surveillance des malades - 167
Puce électronique et caméra pour les aveugles - 166

Q-R

Quicklink Pen - 109
Quille pivotante - 134
R310S - 26
Radarange - 209
Radiance - 122
Ralentisseur gonflable - 120
Raquettes de neige - 183, 184
Ravenshoes - 67
Rayons X - 208
RDC-i700 - 36
Reconnaissance vocale - 103
Remontoir pour mobile - 29
Ricoh RDC7 - 34
Rita - 111
Robinets - 59
Robo-Chi - 89
Robo-Dent - 165
Robofly - 92
Robonagi - 91
Robot dégivrant - 92
Robot sauteur - 88
Robotichien - 84
Robots liquides - 92
Robot-seringue - 168
Roland SoundCanvas SC-D70 - 32
Roller fitness - 194
Roller Tout Terrain (RTT) - 201
Roma (chariot) - 75
Rotaxane - 70
Rotula - 203
Roue - 203
Roues à moteur électrique pour véhicule - 120
Rowing Bike - 194
RS-01 - 85
RST 1000 Futura - 142
RXX@ - 133

S

Sabia - 121
Sac@puces - 84
Safety Concept Car (SCC) - 124
Saliout - 211
Samba de Amigo - 14
Satellite - 210
Satellite (allonger l'existence d'un) - 175
Saumon transgénique - 158
Savon - 203
Sbarro BI-Moto Formula 1 - 123
Scaffolding - 161
Scootcar - 143
Scootschuss - 184
Scorpion-robot - 179
Scott-Mask - 182
Scotty - 28
Scramjet - 152
SDR-3X - 89
Segagaga - 18
Semantia - 101
SG20 - 42
Shadow of Memories - 13
Shell Eco-Marathon - 133
Signature électronique - 101
Silent Transport - 143
SILF 2000 - 90
Singe transgénique - 158
SK8up - 200
Skateboard tout terrain - 193
Skiboard - 195
Skier au supermarché - 183
Sky Shoes - 192
Skycar - 130
SkyCat 1000 - 151
Skylab - 211
SL 45 - 27
Slugbot - 87
Slyde - 185
Small Object Modeler (SOM) - 95
Smart berline - 126
Smart Bra - 67
Smart Card Life Cycle Management - 102
Smart coupé - 126
SmartBelt - 127
SmartPaper - 50
Snake - 16
Snake Glisse - 185
Snow Funboard - 189
Snowboard sur sable - 191
Snowskate - 191
Soc symétrique - 202
Soft - 182
Sojourner (ou Rocky) - 213
Sok - 88
Solar Sailor - 134
Sole Identity - 69
Sonic Cruiser - 148
Soude - 203
Sound Capture - 55
Souris porteuse d'ovaire - 161
Sous-marin - 204
Space War - 211
Spacelab - 211
Sparrow - 121
Spider-Man - 41
SPL 2000 - 32
SPLIT - 186
Spoutnik - 210
SPT 1700 - 43
Spy Cye - 62
SpyPen - 37
Square Eyes - 39
Squeekee - 106
SRO-73 - 140
Star Wars Galaxies - 21
START'UP - 49
Station orbitale (la première) - 211
Step Keeper - 44
Step Pac - 52
Step-in - 183
Steve - 100
Sticky Shocker - 170
Stinger - 96
Stopfast - 136
Super 8 Hemi - 118
Super Mini Optical Mouse - 104
Super Xantos - 73
Supermarché de demain - 75
SuperScout - 94
Surfbike - 135
Surrender Sennheiser - 31
Sweet and Coffee - 73
Système métrique - 205

T

Tablet PC - 108
Tannage de peaux à la rhubarbe - 65
Targus USB Charge-Sync Cable - 44
Taro - 170
Tartine météo - 72
Teddy (porte-clefs à capteurs solaires) - 68
Teddy Bar - 113
Téléphone - 22, 206
Téléphone en papier recyclable - 26
Téléphone portable - 212
Télétransmetteur universel infrarouge - 60
Télévision - 208
TGV - 212
The Aquaroids - 87
The World of ResidenSea - 139
Théorie de la relativité générale - 208
Thérapie génique pour l'œil - 164
Thermospot - 60
Thunderbird - 129
Timbre parfumé au chocolat - 51
Timex Internet Messenger (TIM) - 68
Titeuf - 39
Titi - 86
Tmax 500 - 144
TMSUK04 - 91
Tomate MacGregor - 213
Tony Hawk Pro Skater 2 - 14
Tour bionique - 63
Tourisme spatial - 172, 176, 177
TrailSkate - 196
Transistor - 209
Transition - 139
TransNote - 111
Transport de médicament dans l'organisme - 167
Trollo - 52
Troop - 186
Trotiski - 188
Trottibasket - 50
Tunnel sous la Manche - 213
Tyrannosaurus Rex - 86

U-V

ULDB - 175
Ultra Pocket Digital - 35
Ultrabra Airotic - 67
Ultramètre - 95
Urge Snowproducts - 188
V100 - 24
Vaccination - 205
Vaio C1 - 114
Vaio Note SR - 114
Vaisseaux sanguins (anneau inoxydable pour raccorder les) - 163
Vel Satis - 126
Vélo de Ville - 196
Vélocipède - 206
Vêtement d'éveil - 48
V-Flex 2001 - 188
Vigilant (Le) - 130
Viking - 114
Virtual Touch System - 105
Visor Prism - 45
VisorPhone - 45
VocaliD - 103
Vocaptch - 52
Voile carrée - 203
Voile latine - 203
Voilier spatial - 173
Voiture à pile combustible - 133
Voiture électrique tout en papier - 119
Vulcanisation - 207

W-X

Walkman (ou Baladeur) - 212
Waschflott - 62
Water-Gate - 80
Waveblocker - 26
W-BOT - 89
Web - 213
Web odorant - 98
Webfinger - 100
Weblish - 101
WebShot NETS - 171
Willys - 120
WonderBorg - 90
WR LM - 132
Wrist Camera - 68
X (coupé BMW) - 128
X24 - 196
X-37 - 150
X-40 - 150
X-43A - 152
X-45 - 150
X-Adventure Raid - 190
Xbox - 20
XP - 95

Y-Z

Y'aTooPartoo - 77
Yu-Gi-Oh - 38
Z (coupé Nissan) - 123
Zem Bike - 199
Zéro (tondeuse) - 79
Zoo cloné - 156

RÉALISATION

Coordination de la rédaction : Isabelle Pistono et Michèle Gavet-Imbert
avec la collaboration de
Maxence Layet, Frédéric Kerloch.

Secrétariat de rédaction : Marine Le Guen et Samia Adouane
avec la collaboration de Catherine Sagot.

Documentation et iconographie : Julia Cavanna, assistée d'Agathe Souvorof

Direction artistique et mise en page : Véronique Podevin

REMERCIEMENTS

Nous tenons à remercier : L'ambassade de Grande-Bretagne, L'ANVAR, L'INPI, M. Bernard Choquet (FNAFI), M. Gérard Dorey (AIFF), Le concours Lépine, Le Salon des Inventions de Genève, Le Salon international des Inventions de Lyon, M. Emmanuel Fouillard (GlobalPhoto), M. Emmanuel Molle (L'arc-en-ciel), Mme Martine Detier (Sipa Press), M. Mohamed Lounes (Gamma) Van Houten, Vetoquinol, Vittel, Volvo, Warner, Waterman, Zodiac et 3M.

Nous remercions enfin tous les lecteurs de la précédente édition qui nous ont écrit et tous les inventeurs qui nous ont fourni des informations sur leurs inventions.

CRÉDITS PHOTOGRAPHIQUES

Nous remercions le site d'illustrations photographiques en ligne www.photos12.com pour son étroite collaboration

Abiomed, 169 ; AFP Photo EPA/BELGA/Guy Mossay, 120 ; AFP Photo/John Gurzinski, 42 ; AFP Photo/Lucy Nicholson, 165 ; AFP Photo/Melbourne Age/Simon Schluter, 128 ; AFP Photo/Toshifumi Kitamura- (Electronic Image) Pool, 91 ; AFP Photo/Yoshikazu Tsuno, 43, 70, 89, 168 ; Airboard, 193 ; Airbus, 147 ; Alcatel, 25 ; Alesis, 31 ; Alphagrip, 39 ; AP Photo/PA, 161 ; Apple, 94, 95, 96, 107 ; Aprilia, 142, 145, 192 ; Arca, 123 ; Benjamin Dhie, 197 ; Berchet Media, 35, 110 ; BFGoodrich, 127 ; BMW AG, 128, 208 ; BossWave.com, 104 ; Brave Co. Ltd, 37 ; Bresagen, 156 ; Buca, 22 ; Burton, 186 ; Canon, 34 ; CargoLifter AG, 149 ; CatAlert TM, 80 ; Cemagref, 78 ; Corbin Motors, 121 ; Cosmos/J.Shaw/NHPA, 161 ; Cosmos/K.Kim/Photo Researchers, 168 ; Creative Labs, 33 ; Crosskate, 201 ; Cybiko, Inc., 24 ; DaimlerChrysler, 118, 120, 132 ; Dataplay, 110 ; de Grisogno, 29 ; Dieceland, 26 ; Disney/Pixar, 38 ; DR, 6, 10, 11, 12, 13, 14, 15, 16, 17, 18, 19, 20, 21, 22, 30, 32, 37, 48, 48, 51, 52, 53, 56, 57, 58, 58, 59, 61, 62, 64, 69, 71, 72, 73, 75, 80, 86, 87, 88, 93, 93, 97, 98, 99, 100, 101, 106, 107, 108, 109, 111, 112, 123, 133, 135, 136, 137, 138, 139, 140, 141, 145, 158, 164, 166, 167, 169, 171, 174, 176, 177, 185, 189, 193, 194, 197, 198, 201 ; DR-Hasbro MB, 49, 174 ; Dynastar, 187 ; East3com, 18 ; Electrolux, 54 ; Ericsson, 26, 35, 115 ; ESA/D. Ducros, 173 ; ESA/Denman productions, 176 ; Eurélios/Ph. Pailly, 167 ; Eurocopter, 153 ; FDB/Hironori Miyata, 90 ; FDB/Jean-François Vibert, 181, 191 ; FDB/Laurent Magnin, 185 ; FitSense Technology, 198 ; Ford Motor Company, 122, 124, 129 ; France Animation/Canal J/FR3/Ed Glénat/SMEC, 39 ; France Télécom-Jean-François Balarot, 98 ; France Télécom-Vernay, Frédéric. Vernay, Pierre-Polar Lys, 26 ; François Robineau-Jean-Pierre Soton-Dassault/Aviaplans, 150 ; Fujifilm, 34 ; Fujifilm numérique, 36 ; Future Sound Technologies, 30 ; Gamma Tokyo-Fuji-Sumiko Kurita, 88 ; Gamma/4176, 141 ; Gamma/7883, 87, 163 ; Gamma/Hosaka Naoto, 170 ; Gamma/Kurita Kaku, 85 ; Gamma/Space Adventures, 172 ; GateSkate, 196 ; General Motors, 121, 129 ; Getty Images/Jock McDonald, 155 ; Global Hawk, 148 ; Globalphoto/Hironori Miyata, 73 ; Gossard, 67 ; Hasbro Inc. 2001, 86 ; Havas Interactive, 97 ; Husqvarna/Electrolux motoculture, 81 ; IBM, 105, 111 ; IFA/Photononstop, 83 ; illustration Brunor, 214 ; Institut für Mikrotechnik Mainz GmbH, 146 ; Institute for Applied Autonomy, 132 ; Intel Play, 41 ; Ixilab, 55 ; Jacana/Saussez J.-P., 102-103 ; Jacques Lorin, 133 ; Jacques Marionnet G.F.A., 74 ; J-Ch. de Castelbajac, 27 ; Jeff Miller/UW-Madison University Communications, 166 ; Jérôme Pont-Senac/Sel d'argent, 40 ; Jody Sugrue, 122 ; Joué Club, 192 ; j-phone, 23 ; Kerbango, 100 ; Kickbike, 189, 200 ; La Poste, 53 ; La Poste Suisse, 51 ; La Poste/A.Tudela, 198 ; La Poste/Patrice Lecourt, 62 ; L'arc-en-ciel/E.Molle, 182, 183, 184, 187, 188, 189, 190, 191, 193, 194, 195 ; Leroy Merlin, 59 ; Levi Strauss & Co, 65 ; Lexon, 196 ; Ligier, 131 ; M. Baukloh/GMD, 179 ; Magcom SA, 24 ; Matias Corporation 2000, 111 ; Matra, 125 ; Mattel-Fisher Price, 84 ; MegaSecur Inc., 80 ; Michel Goiffon/Blédina, 76 ; Microsoft, 20, 108 ; Millenium Jet, Inc., 151 ; Millet, 184 ; Moller International, 130 ; Motorola, 24, 29, 33, 68 ; NASA, 150, 174, 177 ; NASA/Lunar and Planetary Laboratory, 178 ; NASA/Wallops, 175 ; NASA-Ames Research Center, 148 ; NASA-Jim Ross, 152 ; NASA-Tony Landis, 152 ; Nintendo, 12, 15, 199 ; Nokia, 23 ; Northumbria University, 66 ; Olympus, 11 ; OXS, 143 ; Paceblade, 107 ; Paula K. Wirth-IBM, 86 ; Paxar, 42 ; pc-ephone, 43 ; Peugeot, 7, 119, 127 ; Philips Design, 63, 113 ; photos12.com, 99, 202, 203, 204, 205, 206, 207, 208, 209, 210, 211, 212 ; photos12.com-Alcatel, 212 ; photos12.com-Alstom.JJD'Angelo, 212 ; photos12.com-ARJ, 208 ; photos12.com-coll.cinéma, 100 ; photos12.com-coll.cinéma, 109 ; photos12.com-coll.cinéma, 97 ; photos12.com-DuPont, 209 ; photos12.com-ESA, 210 ; photos12.com-Eurotunnel, 213 ; photos12.com-Gilles Rivet, 202 ; photos12.com-Intel-Sarraute, 211 ; photos12.com-Kodak, 205 ; photos12.com-Maryse Pistono, 213 ; photos12.com-Médiathèque EDF-E.Bernard, 213 ; photos12.com-Médiathèque EDF-P. Wallet, 211 ; photos12.com-NASA, 211 ; photos12.com-NASA, 213 ; photos12.com-Smithsonian Institution-Lockheed Corporation 1985, 207 ; photos12.com-Sony, 212 ; Pierre Ballif, 50 ; Pininfarina Osée, 124 ; Polaroid, 36 ; P'Référence, 76 ; Princeton University, 160 ; PSA, 131 ; Renault-Benoît Chiemens, 132 ; Richard Stroud, 70 ; Ricoh France-Philippe Demail, 36 ; Roboscience, 85 ; Salomon, 190 ; Samsung Electronics France, 31 ; Sandia National Laboratories/Randy Montoya, 90, 165 ; Scott Sports, 182, 186 ; Sean O'Neill-Nexia Biotechnologies, 160 ; Sharp, 38 ; Siemens, 23, 43 ; Silicon Film Technologies, 37 ; Singer, 20 ; Sipa Press/Chris Watt, 157 ; Sipa Press/Niko, 77 ; Sipa Press/Oregon Regional Primate Research Center, 158 ; Sipa Press/Ph. Cavalli, 99 ; Sipa Press/Philippe Warrin, 49 ; Sipa Press/Rex Features, 88, 117 ; Sipa Press/Saura Pascal, 23 ; SMal Camera Technologies, 35 ; Smart, 126 ; Solar Sailor, 134 ; Solarc, 28 ; Sony, 89 ; Stelpa-Denis Juhel, 138 ; Stéphane Pons, 28, 41, 105 ; Steve Murez, 4 ; Storm, 66 ; Sunset/Sichaux, 44 ; Sun-Star Stationery Co., 56 ; Tech International, 7, 55 ; Tefal/Groupe Seb, 60 ; The Image Bank-E. Salem Krieger, 47 ; The Kwoon, 100 ; The Planetary Society/Michael Carroll, 173 ; The Rolex Awards for Enterprise/Tomas Bertelsen, 60 ; Thomson Multimedia, 32 ; Tiger Electronics, 92 ; Timex, 68 ; Tomy, 36, 84, 85, 87, 91 ; Trium, 27, 29, 114 ; TSL, 183 ; Ubisoft, 5, 9 ; UC Berkeley MFI Project, 6, 92 ; UCSD, 163 ; Urge Snowproducts, 188 ; visor, 44, 45 ; visualparadox.com/Brian Kissinger, 96 ; Volkswagen, 126 ; Whirlpool, 52, 57, 61 ; Wolfgarten, 79 ; www.le-webstore.com, 31, 59 ; XiTact, 162 ; Yamaha, 144 ; Z (one) 4, 95 ; Zefa/Frink, 159 ; ZEM, 199.

Photos couverture : Core Design/Eidos Interactive ; Ubisoft ; Crash Bandicoot © Universal Interactive Studios. Édité par Universal Interactive Studios ; Vivendi Universal Interactive Publishing ; Worms. c 2001 TEAM 17 Software Limited. Original concept by Andy Davidson ; Abiomed ; DR ; Peugeot ; DR ; Airbus ; SeanO'Neill-Nexia Biotechnologies ; Gamma/7883 ; ESA/D. Ducros ; France Telecom/Jean-François Balarot ; Whirlpool.

Imprimé en France sur les presses de Maury-Imprimeur S.A. à Malesherbes en septembre 2001

ISBN : 2-84563-071-9
N° d'édition : 159
Dépôt légal : septembre 2001